U0266144

高职高专"十二五"规划教材

石油化工生产过程操作与控制

康明艳　王　蕾　主　编
佟　妍　副主编
申　奕　主　审

化学工业出版社

·北京·

本教材以石油化工的典型产品乙烯及其系列产品的生产、丙烯及其系列产品的生产为载体，遵循学生的认知规律，以工艺过程的操作顺序展开课程内容，着重培养学生的工艺选择能力、岗位操作能力、质量管理能力和 HSE 管理能力。教材分为十个项目，项目一介绍石油化工生产过程的组织，项目二为乙烯生产过程操作与控制，项目三～项目五为乙烯的典型下游产品，项目六为丙烯生产过程操作与控制，项目七～项目十为丙烯的典型下游产品。

　　本教材主要作为高职高专院校石油化工生产技术专业和炼油专业的专业课教学用书，同时也可供有机化工、煤化工、精细化工等相关专业教学使用。

图书在版编目（CIP）数据

　　石油化工生产过程操作与控制/康明艳，王蕾主编．—北京：化学工业出版社，2012.10（2018.2 重印）
　　高职高专"十二五"规划教材
　　ISBN 978-7-122-18540-2

　　Ⅰ.①石…　Ⅱ.①康…②王…　Ⅲ.①石油化工-生产过程控制-高等职业教育-教材　Ⅳ.①TE65

　　中国版本图书馆 CIP 数据核字（2013）第 231098 号

责任编辑：张双进　窦　臻	文字编辑：徐雪华
责任校对：边　涛	装帧设计：王晓宇

出版发行：化学工业出版社（北京市东城区青年湖南街 13 号　邮政编码 100011）
印　　装：大厂聚鑫印刷有限责任公司
787mm×1092mm　1/16　印张 13½　字数 334 千字　2018 年 2 月北京第 1 版第 2 次印刷

购书咨询：010-64518888（传真：010-64519686）　售后服务：010-64518899
网　　址：http://www.cip.com.cn
凡购买本书，如有缺损质量问题，本社销售中心负责调换。

定　　价：28.00 元

前　言

教职成［2011］11号文件指出：为了提升专业服务产业发展能力，整体提高高等职业学校办学水平和人才培养质量，提高高等职业教育服务国家经济发展方式转变和现代产业体系建设的能力，教育部、财政部决定2011～2012年实施"支持高等职业学校提升专业服务能力"项目，重点支持高等职业学校专业建设，提升高等职业教育服务经济社会能力。石油化工是国家的八大支柱产业之一，天津渤海职业技术学院的石油化工生产技术专业作为国家的特色专业，进行了为期两年的建设工作，本教材为与石油化工生产技术特色专业的专业建设相配套的，关于石油化工工艺操作的教材。

本教材以石油化工的典型产品乙烯及其系列产品的生产、丙烯及其系列产品的生产为载体，遵循学生的认知规律，以工艺过程的操作顺序展开课程内容，着重培养学生的工艺选择、能力、岗位操作能力、质量管理能力和HSE管理能力。

教材分为十个项目，项目一介绍石油化工生产过程的组织，重点让学生了解石油化工生产过程的原料、产品、催化剂、工艺流程的组织、产品质量的评价、生产过程HSE管理的基本内容，让学生对石油化工生产过程的组织有一个全面了解。项目二为乙烯生产过程操作与控制，分四大部分：乙烯生产的工艺路线选择，让学生了解现有的乙烯生产方法以及各自的优缺点，通过全面评价，学生选择一种最佳的乙烯生产方法；乙烯生产的工艺流程组织，让学生了解一种有代表性的乙烯生产的工艺原理、工艺流程、典型设备和操作条件；乙烯生产过程的操作与控制，让学生学会如何对乙烯生产过程开停车、正常操作和事故处理方法；乙烯生产过程的HSE管理，让学生了解乙烯生产的危险源、物质的毒性分析、"三废"处理等。项目三～项目五为乙烯的典型下游产品：氯乙烯、聚氯乙烯和乙二醇的生产过程操作与控制，项目六为丙烯生产过程操作与控制，项目七～项目十为丙烯的典型下游产品：丙烯腈、丁二烯、苯乙烯和苯酚的生产过程操作与控制。项目三～项目十的内容编排与项目二相同。

本教材的每一个项目在内容开始前都提出了知识目标和能力目标，在教材项目主要内容后的知识拓展部分都紧密结合生活实际，让学生能通过项目内容的学习解决和理解实际生活中的问题，增强学生学习的积极性。

本书的项目一、项目三由天津渤海职业技术学院康明艳编写，项目二、项目七、项目八由佟妍和李磊共同编写，项目四由夏君编写，项目五、项目九由王蕾编写，项目六由马永明编写，项目十由魏文静编写，全书由康明艳和王蕾统稿。全书由申奕主审。

在编写本书的过程中，我们参考了大量的文献资料，已列入参考文献中，在此特向文献资料的原作者表示衷心的感谢。

由于编者的水平有限，在编写的过程中对内容的把握以及取舍还存在不足，不妥之处难免，敬请广大专家和读者不吝指教。

编者

2013年6月

目　录

项目一　石油化工生产过程的组织

知识目标 ▶▶▶

1. 了解石油化工生产过程的原料和产品及其特点。
2. 了解石油化工生产过程的基本概念。
3. 掌握石油化工生产过程进行评价的关键指标的计算方法。
4. 了解石油化工工艺流程的组成、工艺流程中各部分的作用。
5. 了解石油化工工艺所用催化剂的结构、组成、性能评价及使用。
6. 了解石油化工生产过程中开停车操作的基本要求。
7. 了解石油化工生产过程中 HSE 管理的基本内容。

能力目标 ▶▶▶

1. 根据特定的石油化工工艺过程的特点选择适合该工艺的催化剂类型，会对给定的催化剂进行性能评价。
2. 根据石油化工工艺过程中原料、产品以及生产过程的特点，为石油化工工艺过程选择预处理的方法、进行反应过程的影响因素分析、为石油化工工艺选择后处理方案。
3. 根据石油化工生产开停车操作的原则判断某生产车间的开停车操作是否符合操作规范，并对其做出开停车操作方案的修订意见。
4. 能对石油化工生产车间的 HSE 管理进行简单评价。

任务一　认识石油化工生产过程的原料和产品

化学工业是指利用化学反应改变物质结构、成分、形态而生产化学品的制造工业。

广义的化学加工工业包括加工过程，主要表现为化学反应过程的所有生产部门。由于生产的发展，有的生产过程虽然表现为化学反应过程，但却已独立成为单独的工业部门，如冶金工业、建筑材料工业、造纸工业、制革工业、陶瓷工业和食品工业等。在中国，一种工业往往被狭义理解为某个工业部门所管辖的那部分行业和企业的整体。狭义的化学工业则是指"化学工业部"所管辖的那部分行业和企业的整体。随着行政管理体制的变更，化学工业部所管辖的范围时大时小，那么这样划分是不科学的。一般认为化学工业应介于上述广义和狭义的定义之间。

一、化学工业的原料和产品

如果考虑原料的来源和加工特点，化学工业则可分为石油化工、煤化工、天然气化工、生物化工等。

在化学工业各部门之间，由于原料与产品的关系，存在着相互依存和相互交叉的关系。例如，合成气是燃料化工的产品，又是无机化工（如合成氨）和有机化工（如甲醇）的原料；乙烯、丙烯等大量石油化学品，都是有机化工原料，也分别是聚乙烯、聚丙烯等聚合物的单体；二氧化钛既是无机盐工业的产品，又是颜料工业的产品；硝酸铵既可用作化肥，也可用作炸药；聚丙烯酰胺既是高分子化工的产品，又是一种油田化学品、水处理剂，后者属于精细化学品等，不胜枚举。这说明化学工业所属部门的划分不是绝对的，它依划分的角度而异，也随着生产的发展阶段和各国情况的不同而有所变化。

二、石油化工生产过程的原料和产品

石油化工是指以石油天然气为原料，生产基本有机化工原料，并进一步合成多种化工产品的工业。其原料来源主要有天然气、炼厂气、液体石油产品或原油。石油产品又称油品，主要包括各种燃料油（汽油、煤油、柴油等）和润滑油以及液化石油气、石油焦炭、石蜡、沥青等。生产这些产品的加工过程常被称为石油炼制，简称炼油。

石油化工产品以炼油过程提供的原料油进一步化学加工获得。生产石油化工产品的第一步是对原料油和气（如丙烷、汽油、柴油等）进行裂解，裂解反应是强烈的吸热反应，因此原料在管式炉（或蓄热炉）中经过 700～800℃甚至 1000℃以上的高温加热，所得裂解产物通常称为石油化工一级产品，通常称为三烯、三苯、一炔、一萘（乙烯、丙烯、丁二烯、苯、甲苯、二甲苯、乙炔和萘）。石油化工的一级产品再经过一系列加工则可得二级产品，如乙醇、丙酮、苯酚等二三十种重要有机原料。生产石油化工产品的第二步是以基本化工原料生产多种有机化工原料（约 200 种）及合成材料（塑料、合成纤维、合成橡胶）。

1920 年开始以丙烯生产异丙醇，这被认为是第一个石油化工产品。20 世纪 50 年代，在裂化技术基础上开发了以制取乙烯为主要目的的烃类水蒸气高温裂解（简称裂解）技术，裂解工艺的发展为发展石油化工提供了大量原料。同时，一些原来以煤为基本原料（通过电石、煤焦油）生产的产品陆续改由石油为基本原料，如氯乙烯等。在 20 世纪 30 年代，高分子合成材料大量问世。按工业生产时间排序为：1931 年为氯丁橡胶和聚氯乙烯，1933 年为高压法聚乙烯，1935 年为丁腈橡胶和聚苯乙烯，1937 年为丁苯橡胶，1939 年为尼龙 66。第二次世界大战后石油化工技术继续快速发展，1950 年开发了腈纶，1953 年开发了涤纶，1957 年开发了聚丙烯。

石油化工生产过程是从石油自然资源出发，经过石油化工过程得到的以碳氢化合物及其衍生物为主的基本有机化工原料，如乙烯、丙烯、丁二烯、苯、甲苯、二甲苯、甲醇等产品，以这些基本有机化工原料为原料经过各种化学合成过程可以生产出种类繁多、品种各异、用途广泛的有机化工产品，如由乙烯为原料进一步合成生产氯乙烯、环氧乙烷，由丙烯为原料生产丙烯腈等产品。

三、石油化工生产的基本概念

石油化工生产过程是从石油自然资源出发，经过石油化工过程得到的以碳氢化合物及其衍生物为主的基本有机化工原料，然后由这些基本有机化工原料合成为复杂的下游产品的过程。石油化工生产过程是一个复杂的过程，包含多个工艺过程，多个工艺过程相互联系，为了更好地理解石油化工生产过程，首先应该了解石油化工生产的基本概念。

1. 装置或车间

把多种设备、机器和仪表适当组合起来的加工过程称为生产装置。例如，石油烃热裂解装置是由原料油储罐、原料油预热器、裂解炉、急冷换热器、汽包、急冷器、油洗塔、燃料油汽提塔、裂解轻柴油汽提塔、水洗塔、油水分离器等设备，鼓风机、离心泵等机器，热电

偶、孔板流量计、压力计等仪表和自控器适当组合起来的。

2. 工艺流程

原料经化学加工制取产品的过程，是由单元过程和单元操作组合而成的。工艺流程就是按物料加工的先后顺序将这些单元表达出来。如果以方框来表达各单元，则称为流程框图；如果以设备外形或简图表达的流程图则称为工艺（原理）流程图。一般书中主要以这两种图形表达，以简明反映化工产品生产过程中的主要加工步骤，了解各单元设备的作用、物流方向及能量供给情况。而工厂生产装置的流程图需标明物料流动量、副产物及三废排放量、需供给或移出的能量、工艺操作条件、测量及控制仪表、自动控制方法等。

任务二 石油化工生产过程的工艺流程组织

一、石油化工生产过程的构成

1. 石油化工生产过程

石油化工工艺即石油化工技术或石油化学生产技术，指将原料物主要经过化学反应转变为产品的方法和过程，包括实现这一转变的全部措施。

石油化工生产过程一般可概括为三个主要步骤：原料预处理、化学反应和产品分离精制过程。图 1-1 给出了石油化工生产过程的构成。

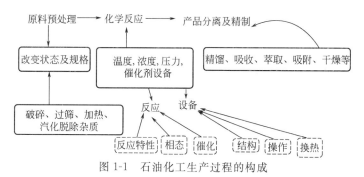

图 1-1 石油化工生产过程的构成

2. 原料预处理

原料预处理过程即为生产准备过程（原料工序），包括反应所需的主要原料、氧化剂、还原剂、溶剂、水等各种辅助原料的储存、净化、干燥以及配制等。为了使原料符合进行化学反应所要求的状态和规格，根据具体情况，不同的原料需要进行破碎、过筛、加热、汽化或脱出杂质等多种不同的预处理。

3. 化学反应

化学反应即反应过程，为全流程的核心。经过预处理的原料，在一定的温度、压力等条件下进行反应，以达到所要求的反应转化率和收率。反应类型是多样的，可以是氧化、还原、复分解、磺化、异构化、聚合等。通过化学反应来获得目的产物或其混合物。以反应过程为主，还要附设必要的加热、冷却、反应产物输送以及反应控制等。影响反应效果的主要为反应特性、相态、催化剂以及反应设备的结构、操作与换热。因此，化学反应过程涉及催化剂的准备过程，包括反应使用的催化剂和各种助剂的制备、溶解、储存、调制等。

4. 产品精制过程

产品精制过程包括产物的分离、未反应物料的回收，以及目的产物的后加工过程。

　　分离过程不仅指将反应生成的产物从反应系统分离出来，进行精制、提纯，得到目的产品的过程。还包括将未反应的原料、溶剂以及随反应物带出的催化剂、副反应产物等分离出来的过程。尽可能实现原料、溶剂等物料的循环使用。分离精制的方法很多，常用的有冷凝、吸收、吸附、冷冻、蒸馏、精馏、萃取、膜分离、结晶、过滤和干燥等。对于不同生产过程，可采用不同的分离精制方法。

　　回收过程是对反应过程生成的副产物，或一些少量的未反应原料、溶剂，以及催化剂等物料都应设有必要的精制处理以回收使用，因此要设置一系列分离、提纯操作，如精馏、吸收等。

　　后加工过程的目的是将分离过程获得的目的产物按成品质量要求进行必要的加工制作，以及储存和包装出厂的过程。

　　在石油化工生产过程中，为回收能量而设的过程（如废热利用）、为稳定生产而设的过程（如缓冲、稳压、中间储存）、为治理"三废"而设的过程（如废气焚烧）以及产品储运过程等。这些虽然属于辅助过程，但也不可忽视。

　　化工过程通常包括多步反应转化过程，因此除了起始原料和最终产品外，尚有多种中间产物生成，原料和产品也可能是多个。因此化工过程虽然是上述步骤相互交替，但是以化学反应为中心，将反应与分离有机地组织起来。

二、工艺流程的组织原则与评价方法

1. 石油化工生产的工艺流程

　　石油化工生产工艺流程指由若干个单元过程（反应过程和分离过程、动量和热量的传递过程等）按一定顺序组合起来，完成从原料变成为目的产品的生产过程。石油化工工艺流程的组织是确定各单元过程的具体内容、顺序和组合方式，并以工艺流程图解的形式表示出整个生产过程。

　　每一个化工产品都有自己特有的工艺流程。即便是同一种产品，由于选定的工艺路线不同，则工艺流程中各个单元过程的具体内容和相关联的方式也可能不同。此外，工艺流程的组成也与其实施工业化的时间、地点、资源条件、技术条件等有密切关系。但是，如果对一般化工产品的工艺流程进行分析、比较之后，发现组成整个流程的各个单元过程或工序所起的作用有共同之处，即组成流程的各个单元的基本功能具有一定的规律性。

2. 石油化工工艺流程评价的目的

　　对化工工艺流程进行评价的目的是根据工艺流程的组织原则来衡量被考察的化工生产过程是否达到最佳效果。对新设计的工艺流程，可以通过评价，不断改进，不断完善，使之成为一个优化组合的流程；对于既有的化工产品工艺流程，通过评价可以清楚该工艺流程有哪些特点，存在哪些不合理或可以改进的地方，与国内外相似工艺过程相比，又有哪些技术值得借鉴等，由此确立改进工艺流程的措施和方案，使其得到不断优化。

3. 石油化工生产的工艺流程评价的原则

　　在化工生产中评价工艺流程的标准不仅是技术上先进、经济上合理、安全上可靠，而且还应是符合国情、切实可行的。因此，评价和组织工艺流程时应遵循以下原则。

　　（1）物料及能量的充分利用原则

　　① 尽量提高原料的转化率和主反应的选择性。为了达到此目的，应采用先进的技术、合理的单元操作、安全可靠的设备，选用最适宜的工艺条件和高效催化剂。

　　② 充分利用原料。对未转化的原料应采用分离、回收等措施循环使用以提高总转化率。

副反应物也应当加工成副产品。对采用的溶剂、助剂等也应建立回收系统，减少废物的产生和排放。对废气、废液（包括废水）、废渣等应考虑综合利用，以免造成环境污染。

③ 认真研究换热流程及换热方案，最大限度地回收热量。尽可能采用交叉换热、逆流换热等优化的换热方案，注意安排好换热顺序，提高传热效率。

④ 注意设备位置的相对高低，充分利用位能输送物料。如高压设备的物料可自动进入低压设备，减压设备可以靠负压自动抽进物料，高位槽与加压设备的顶部设置平衡管可有利于进料等。

（2）工艺流程的连续化和自动化原则　对大批量生产的产品，工艺流程宜采用连续操作，且设备大型化和仪表自动化控制，以提高产品产量，降低生产成本和计算机控制；对精细化工产品以及小批量、多品种产品的生产，工艺流程应有一定的灵活性、多功能性，以便于改变产量和更换产品的品种。

（3）对易燃易爆因素采取安全措施原则　对一些因原料组成或反应特性等因素而存在的易燃、易爆等危险性，在组织流程时要采取必要的安全措施。可在设备结构上或适当的管路上考虑安装防爆装置，增设阻火器、保安氮气等。另外，工艺条件也要做相应的严格规定，安装自动报警系统及联锁装置以确保安全生产。

（4）合理的单元操作及设备布置原则　要正确选择合适的单元操作。确定每一个单元操作中的流程方案及所需设备的形式，合理安排各单元操作与设备的先后顺序。要考虑全流程的操作弹性和各个设备的利用率，并通过调查研究和生产实践来确定弹性的适宜幅度，尽可能使各台设备的生产能力相匹配，以免造成浪费。

根据上述工艺流程的组织原则，就可以对某一工艺流程进行综合评价。主要内容是根据实际情况讨论该流程有哪些地方采用了先进的技术并确认其合理性；论证流程中有哪些物料和热量充分利用的措施及其可行性；工艺上确保安全生产的条件等流程具有的特点。此外，也可同时说明因条件所限还存在有待改进的问题。

任务三　石油化工生产过程的催化剂选择

现代石油化工生产已广泛使用催化剂，在石油化工过程中，催化过程占 94% 以上，这一比例还在不断增长。采用催化方法生产，可以大幅度降低生产成本，提高产品质量，同时还能合成用其他方法不能制得的产品。石油化工许多重要产品的技术突破都与催化技术的发展有关。没有现代催化科学的发展和催化剂的广泛应用，就没有现代的石油化工。

一、催化剂的基本特征

催化剂是加入到反应中使化学反应速率明显加快，但在反应前后数量和化学性质不变的物质。催化剂的作用在于它与反应物生成不稳定中间化合物，改变了反应途径，活化能得以降低，从而加快反应速率。一般将能明显降低反应速率的物质称为负催化剂或阻化剂，而工业上用得最多的是加快反应速率的催化剂。催化剂有以下三个基本特征。

① 催化剂参与了反应，但在反应终了时，催化剂本身未发生化学性质和数量的变化。因此催化剂在生产过程中可以在较长时间内使用。

② 催化剂只能缩短达到化学平衡的时间（即加速作用），但不能改变平衡。即当反应体系的始末状态相同时，无论有无催化剂存在，该反应的自由能变化、热效应、平衡常数和平衡转化率均相同。因此催化剂不能使热力学上不可能进行的反应发生；催化剂是以同样的倍

率同时提高正、逆反应速率的，能加速正反应速率的催化剂，必然也能加速逆反应速率。因此，对于那些受平衡限制的反应体系，必须在有利于平衡向产物方向移动的条件下来选择和使用催化剂。

③ 催化剂具有明显的选择性，特定的催化剂只能催化特定的反应。催化剂的这一特性在石油化工领域中起了非常重要的作用，因为有机反应体系往往同时存在许多反应，选用合适的催化剂，可使反应向需要的方向进行。对于副反应在热力学上占优势的复杂体系，可选用只加速主反应的催化剂，导致主反应在动力学竞争上占优势，达到抑制副反应的目的。

二、催化剂的分类

按催化反应体系的物相均一性可将催化剂分为均相催化剂和非均相催化剂。

均相催化剂是指催化剂与其催化的反应物处于同一种物态（固态、液态或者气态）。例如，反应物是气体，催化剂也是一种气体。四氧化二氮是一种惰性气体，被用来作为麻醉剂。然而，当它与氯气和日光发生反应时，就会分解成氮气和氧气。这时，氯气就是一种均相催化剂，它把本来很稳定的四氧化二氮分解成了组成元素。

多相催化剂是指催化剂与其所催化的反应物处于不同的状态。例如，生产人造黄油时，通过固态镍催化剂，能够把不饱和的植物油和氢气两种物料转变成饱和的脂肪。固态镍是一种多相催化剂，被它催化的反应物则是液态（植物油）和气态（氢气）。

按反应机理可将催化剂分为氧化还原型催化剂、酸碱催化剂等。

按使用条件下的物态可将催化剂分为金属催化剂、金属氧化物催化剂、硫化催化剂、酸催化剂、碱催化剂、配合物催化剂和生物催化剂等。

催化剂有的是单一化合物，有的是配合物或混合物，在石油化工中应用较为广泛的是多相固体催化剂。

三、对催化剂的要求

为了在生产中能更多地得到目的产物、减少副产物、提高产品质量，并具有合适的工艺操作条件，要求催化剂必须具备以下特性。

① 具有良好的活性，特别是在低温下的活性；

② 对反应过程，具有良好的选择性，尽量减少或不发生不需要的副反应；

③ 具有良好的耐热性和抗毒性；

④ 具有一定的使用寿命；

⑤ 具有较高的机械强度，能够经受开停车和检修时物料的冲击；

⑥ 制造催化剂所需要的原材料价格便宜，并容易获得。

催化剂要达到上述要求，首先取决于催化剂的化学和物理性能，制备过程中，也必须采用合适的工艺条件和操作方法。

四、催化剂的化学组成

催化剂一般都由活性组分、助催化剂与载体等三部分组成。金属、金属氧化物、硫化物、羰基化物、氯化物、硼化物以及盐类，都可用作催化剂原料。适用的催化剂常常包括一种以上金属或者盐类。

1. 活性组分（主催化组分）

活性组分指的是对一定化学反应具有催化活性的主要物质，一般称为该催化剂的活性组分或活性物质。例如，加氢用的镍催化剂，其中镍为活性组分。

2. 助催化剂

助催化剂是催化剂中的少量物质，这种物质本身没有催化性能，但能提高活性组分的活性、选择性、稳定性和抗毒能力，一般称为助催化剂（又称添加剂）。例如，脱氢催化剂，其中的 CaO、MgO 或 ZnO 就是助催化剂。

在镍催化剂中加入 Al_2O_3 和 MgO 可以提高加氢活性。但当加入钡、钙、铁的氧化物时，则对苯加氢的活性下降。单独的铜对甲醇的合成无活性，但当它与氧化锌、氧化铬组合时，就成为合成甲醇的良好助催化剂。在催化裂化中，单独使用 SiO_2 或 Al_2O_3 催化剂时，汽油的生成率较低，如果两者混合作催化剂时，则汽油的生成率可提高。

3. 载体

载体是把催化剂活性组分和其他物质载于其上的物质。载体是催化剂的支架，又叫催化活性物质的分散剂。它是催化剂组分中含量最多，也是催化剂不可缺少的组成部分。载体能提高催化剂的机械强度和热传导性，增大催化剂的活性、稳定性和选择性，降低催化剂成本。特别是对于贵重金属催化剂，对降低成本作用更为显著。

石油化工所用的催化剂，多数属于固体载体催化剂。最常用的载体有 Al_2O_3、SiO_2、分子筛、硅藻土以及各种黏土等。载体有的是微粒子，是比表面积大的细孔物质；有的是粗粒子，是比表面积小的物质。根据构成粒子的状况，可大致分为微粒载体、粗载体和支持物三种。在工业生产中由于反应器形式不同，所以载体具有各种形状和大小。

五、催化剂的物理性质

催化剂的物理性质，如机械强度、形状、直径、密度、比表面、孔容积、孔隙率等都是十分重要的。它不仅影响催化剂的使用寿命，而且还与催化剂的催化活性密切相关，所以一个良好的催化剂，也应该同时具有良好的物理性质。

1. 催化剂的机械强度

催化剂的机械强度是催化剂的一个重要性质。随着石油化工工艺过程的发展，对催化剂的机械强度提出了更高的要求。如果在使用过程中，催化剂的机械强度不好，催化剂将破碎或粉化，结果导致催化剂床层压降增加，催化效能也会随之下降。

催化剂的机械强度大小与组成催化剂的物质性质、制备催化剂的方法、催化剂的机械强度、催化剂使用时的升温快慢、还原和操作条件以及气流组成等因素有关。

2. 催化剂的比表面积

当以 1g 催化剂为标准，计算其表面积时，称为催化剂的比表面积，以符号 S_0 表示，单位为 m^2/g。催化剂的比表面积可用下式计算。

$$S_0 = \frac{V_m N_A \sigma}{22.4 \times 1000 W}$$

式中　V_m——单分子层覆盖所需气体的体积（单分子层饱和吸附量），mL；

　　　N_A——阿伏伽德罗常数，6.023×10^{23}；

　　　W——催化剂的样品质量，g；

　　　σ——吸附分子的截面积，m^2。

不同的催化剂具有不同的比表面积，用不同的制备方法制备同一种催化剂，其比表面积也相差很大。催化剂比表面积的大小与催化剂的活性有关，通常是比表面积越大活性越高，但不成正比例关系，因此催化剂的比表面积只是作为表示各种处理对催化剂总表面积改变程度的一个参数。

3. 催化剂的孔容积

为了比较催化剂的孔容积，用单位质量催化剂所具有的孔体积来表示。通常以每克催化剂中颗粒内部微孔所占据的体积作为孔容积，以符号 V_s 表示，单位为 mL/g。

催化剂的孔容积实际上是催化剂内许多微孔容积的总和。各种催化剂均具有不同的孔容积。测定催化剂的孔容积，是为了帮助人们选定合适的孔结构，以便提高催化反应速率。

4. 催化剂的形状和粒度

在石油化工生产中，所用的固体催化剂有各种不同的形状，常用的有环状、球状、条状、片状、粒状、柱状和不规则形状等。催化剂的形状取决于催化剂的操作条件和反应器类型。例如，烃类蒸汽转化反应是将催化剂装在直径为 10cm 左右、高 9m 左右的管式反应器中，为了减少床层的阻力降，将催化剂制成环状有利。当反应为内扩散控制的气-固相催化反应时，一般将催化剂制成小圆柱状或小球状。

催化剂粒度大小的选择，一般由催化反应的特征与反应器的结构以及催化剂的原料来决定。例如，固定床反应器常用柱状或球状等直径在 4mm 以上的颗粒，流化床反应器常用 3～4mm 或更大粒径的球状催化剂，沸腾床常用直径为 20～150μm 或更大的微球颗粒催化剂，悬浮床常用直径为 1～2mm 的球形颗粒。总之，选择何种粒度的催化剂，既要考虑反应的特征，又要从工业生产实际出发。

5. 催化剂的密度

表示催化剂密度的方式有三种，即堆积密度、假密度与真密度。

(1) 堆积密度　堆积密度指单位堆积体积内催化剂的质量，用符号 ρ_0 表示，计算公式为 $\rho_0 = m/V_堆$，单位为 kg/L。堆积体积是指催化剂本身的颗粒体积（包括颗粒内的气孔）以及颗粒间的空隙。催化剂的堆积密度通常都是指催化剂活化还原前的堆积密度。催化剂堆积密度的大小与催化剂的颗粒形状、大小、粒度分布和装填方式有关。

工业生产中常用的测定方法是用一定容器按自由落体方式，放入 1L 催化剂，然后称量催化剂质量，经计算即得其堆积密度。

(2) 假密度　取 1L 催化剂，将对催化剂不浸润的液体（如汞）注入催化剂颗粒间的空隙，由注入的不浸润液体的体积，即可算出催化剂空隙的体积。1L 催化剂的质量除以催化剂空隙的体积，则为该催化剂的假密度，用符号 ρ_ϕ 表示。

$$\rho_\phi = \frac{m}{V_堆 - V_隙}$$

测定催化剂假密度的目的是计算催化剂的孔容积和孔隙率。

(3) 真实密度　将催化剂（1L）颗粒之间的空隙及颗粒内部的微孔，用某种气体（如氮）或液体（如苯）充满，用 1L 减去所充满的气体或液体的体积，即为催化剂的真实体积。以此体积除以质量，即为真密度，以符号 ρ_t 表示，单位为 kg/L。

$$\rho_t = \frac{m}{V_真}$$

6. 催化剂的孔隙率

催化剂的孔隙率是指在催化剂颗粒之间没有空隙，一定体积催化剂内所有孔体积的百分数，以符号 θ 表示。

$$\theta = \frac{\dfrac{1}{\rho_\phi} - \dfrac{1}{\rho_t}}{\dfrac{1}{\rho_\phi}}$$

7. 催化剂的寿命

催化剂从开始使用到经过再生也不能恢复其活性的时间，即为催化剂寿命。每种催化剂都有其随时间而变化的活性曲线（生命曲线），通常分成熟期、不变活性期、衰退期等三个阶段，如图1-2所示。

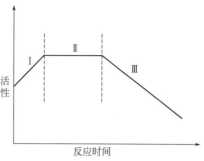

图1-2　催化剂的活性曲线
Ⅰ—成熟期；Ⅱ—不变活性期；Ⅲ—衰退期

（1）成熟期（诱导期）　一般情况下，催化剂开始使用时，其活性都会有所升高，这种现象可以看成是活性过程的延续。到一定时间即可达到稳定的活性，即催化剂成熟了，这一时期一般并不太长，如图1-2中线段Ⅰ所示。

（2）不变活性期（稳定期）　只要遵循最合适的操作条件，催化剂活性在一段时间内基本上稳定，即催化反应将按着基本不变的速率进行。催化剂的不变活性期是比较长的，催化剂的寿命就是指这一时期，如图1-2中线段Ⅱ所示。催化剂不变活性期的长短与使用催化剂的种类有关，可以从很短的几分钟到几年，催化剂的不变活性期越长越好。催化剂的寿命既决定于催化剂本身的特性（抗毒性、耐热性等），又取决于操作条件，要求在运转操作中选择最适宜的操作条件。

（3）衰退期　催化剂随着使用时间的增长，催化剂的活性将逐渐下降，即开始衰老。当催化剂的活性降低到不能再使用时，必须再生使其活化。如果再生无效，就要更换新的催化剂，如图1-2中线段Ⅲ所示。

不同的催化剂，对于这三个时期，无论其性质和时间长短都是各不相同的。催化剂的寿命愈长，生产运转周期愈长，它的使用价值就愈大。但是，对催化剂寿命的要求不是绝对的，如长直链烷烃脱氢的铂催化剂，在活性极高状态下，寿命只有40天。对容易再生或回收的催化剂，与其长时期在低活性下操作，不如在短时间内高活性下操作，这样从经济角度来衡量是合理的。

六、催化剂的活性与选择性

1. 活性

催化剂的活性是衡量催化剂催化效能的标准，根据使用的目的不同，催化剂活性的表示方法也不一样。活性的表示方法可一般分为两类：一类是在工业上衡量催化剂生产能力的大小；另一类是供实验室筛选催化活性物质或进行理论研究。

工业催化剂的活性，通常是以单位质量催化剂在一定条件下，在单位时间内所得的生成物质量来表示，其单位为 $kg/(kg \cdot h)$。工业催化剂的活性，也可用在一定条件下（温度、压力、反应物浓度、空速等）反应物转化的百分数（转化率）表示活性的高低。转化率越高，表示催化剂的活性越大。

$$转化率 = \frac{转化了的反应物的物质的量}{通过催化剂床层反应物的物质的量} \times 100\%$$

2. 选择性

当化学反应在理论上可能有几个反应方向（如平行反应）时，通常催化剂在一定条件下，只对某一个反应方向起加速作用，这种性能称为催化剂的选择性。

催化剂的选择性通常以转化为目的产物的原料对参加反应原料的摩尔分数（S）表示，

如下式所示。

$$S = \frac{\text{生成目的产物所消耗的原料物质的量}}{\text{通过催化剂层转化的物质的量}} \times 100\%$$

由于在工业生产过程中除主反应外，常伴有副反应，因此选择性总是小于100%。

七、催化剂中毒与再生

1. 催化剂中毒

在使用过程中，催化剂的活性与选择性可能由于外来微量物质（如硫化物）的存在而下降，这种现象叫做催化剂中毒，外来的微量物质叫做催化剂毒物。催化剂毒物主要来自原料及气体介质，毒物可能在催化剂制备过程中混入，也可能来自其他方面的污染。

催化剂中毒可分为可逆中毒和不可逆中毒两类。当毒物在催化剂活性表面上以弱作用力吸附时，可用简单的方法使催化活性恢复，这类中毒叫做可逆中毒，或叫暂时中毒。当毒物与表面结合很强、不能用一般方法将毒物除去时，这类中毒叫做不可逆中毒，或叫永久中毒。

在工业生产中，预防催化剂中毒和使已中毒的催化剂恢复活性是人们十分关注的问题。

在一个新型催化剂投入工业生产以前，需给出毒物的种类和允许的最高浓度。对于可逆中毒的催化剂，通常可以用氢气、空气或水蒸气再生。当反应产物在催化剂表面沉淀时，可造成催化剂活性下降，这对于催化剂的活性表面来说只是一种简单的物理覆盖，并不破坏活性表面的结构，因此只要将沉淀物烧掉，就可以使催化剂活性再生。

2. 催化剂再生

催化剂再生是指催化剂在生产运行中，暂时中毒而失去大部分活性时，可采用适当的方法（如燃烧或分解）和工艺操作条件进行处理，使催化剂恢复或接近原来的活性。工业上常用的再生方法有如下几种。

（1）蒸汽处理 如镍基催化剂处理积炭时，用蒸汽吹洗催化剂床层，可使所有的积炭全部转化为氢和二氧化碳。因此，工业上常用加大原料中的蒸汽含量，对清除积炭、脱除硫化物等均可收到较好的效果。

（2）空气处理 当炭或烃类化合物吸附在催化剂表面，并将催化剂的微孔结构堵塞时，可通入空气进行燃烧，使催化剂表面上的炭及其焦油状化合物与氧反应。例如，原油加氢脱硫，当铁铜催化制表面吸附一定量的炭或焦油状物时，活性显著下降。采用通入空气的办法，可将吸附物烧尽，恢复催化剂活性。

（3）氢或不含毒物的还原性气体处理 当原料气体中含氧或氧化物浓度过高时，催化剂受到毒害，通入氢气、氮气，催化剂即可获得再生。用加氢办法，也是除去催化剂中含焦油状物质的一个有效途径。

（4）酸或碱溶液处理 加氢用的骨架镍催化剂中毒后，通常采用酸或碱溶液恢复活性。

催化剂的再生操作可以在固定床、流化床或移动床内进行，再生操作取决于许多因素。

当催化剂的活性下降比较慢，例如能允许数月或一年后再生时，可采用固定床再生。对于反应周期短、需要进行频繁再生的催化剂，最好采用移动床或流化床连续再生，如石油馏分流化床催化裂化催化剂的再生。移动床或流化床再生需要两个反应器，设备投资较高，操作也较复杂，然而这种方法能使催化剂始终保持着新鲜的表面，为催化剂充分发挥催化效能提供了条件。

八、催化剂的使用技术

为了更好地发挥催化剂的作用，除了选取合适的催化剂外，在使用过程中还需要按其基本规律精心操作。

1. 催化剂的装填方法

催化剂的装填方法取决于催化剂的形状与床层的形式，对于条状、球状、环状催化剂，其强度较差容易粉碎，装填时要特别小心。对于列管床层，装填前必须将催化剂过筛，在反应管最下端先铺一层耐火球和铁丝网，防止高速气流将催化剂吹走。在装填过程中催化剂应均匀撒开然后耙平，使催化剂均匀分布。为了避免催化剂从高处落下造成破碎，通常采用装有加料斗的布袋装料，加料斗架于人孔外面。当布袋装满催化剂时缓慢提起，并不断移动布袋，直到最后将催化剂装满为止。不管用什么方法装填催化剂，最后都要对每根装有催化剂的管子进行阻力降测定，以保证在生产运行时每根管子的气量分布均匀。

2. 催化剂的活化

许多固体催化剂在出售时的状态一般是较稳定的，但这种稳定状态不具有催化性能，催化剂使用厂必须在反应前对其进行活化，使其转化成具有活性的状态。

不同类型的催化剂要用不同的活化方法，有还原、氧化、酸化、热处理等，每种活化方法均有各自的活化条件和操作要求，应该严格按照操作规程进行活化，才能保证催化剂发挥作用。

催化剂的升温还原活化，实际上是催化剂制备过程的继续，升温还原将使催化剂表面发生不同的变化，如结晶体的大小、孔隙结构等，其变化直接影响催化剂的使用性能。用于加氢或脱氢等反应的催化剂，常常是先制作成金属盐或金属氧化物，然后在还原性气体下活化（还原）。

催化剂的活化，必须达到一定温度后才能进行。铁、铅、镍、铜等金属催化剂一般在 $200 \sim 300 ℃$ 下用氢气或其他还原性气体，将其氧化物还原为金属或低价氧化物。因此，从室温到还原完成，都要对催化剂床层逐渐提升温度。催化剂从室温到还原开始，在外热供应下进行稳定、缓慢的升温，平稳地脱除催化剂表面所吸附的水分（即表面水）。这段时间的升温速率一般控制在每小时 $30 \sim 50 ℃$。为了使催化剂床层径向温度均匀分布，升温到一定温度时还要恒温一段时间，特别是在接近还原温度时，恒温更显得重要。还原开始后，大多数催化剂放出热量，对于放热量不大的催化剂，一般采用原料气作为还原气，在还原的同时也进行了催化过程。

催化剂升温所用的还原介质气氛因催化剂不同而不同，如氢、一氧化碳等均可作为还原介质。催化剂的还原温度也各不同，每一种金属催化剂都有一个合适的还原温度与还原时间。不管哪种催化剂，在升温还原过程中，温度必须均匀地升降。为了防止温度急剧升降，可采用惰性气体（氮气、水蒸气等）稀释还原介质，以便控制还原速率。还原时一般要求催化剂层要薄，采用较大的空速，在合适的较低的温度下还原，并尽可能在较短的时间内得到足够的还原度。

催化剂经还原后，在使用前不应再暴露于空气中，以免剧烈氧化引起着火或失活。因此，还原活化通常就在催化剂反应的床层中进行，还原以后即在该反应器中进行催化反应。已还原的催化剂，在冷却时常常会吸附一定量的活性状态的氢，这种氢碰到空气中的氧就能产生剧烈的氧化作用，引起燃烧。因此，当停车检修时，常用纯氮气充满反应器床层，以保护催化剂不与空气接触。

3. 催化剂储存

石油化工生产用的许多催化剂都是有毒、易燃，并且具有吸水性，一旦受潮，其活性将会降低。因此，对未使用的催化剂一定要妥善保管，要做到密封储存、远离火源且放在干燥处。在搬运、装填、使用催化剂时也要加强防护，并轻装轻卸，防止破碎。

由于催化剂活化后在空气中常容易失活，有些甚至容易燃烧，所以催化剂常以尚未活化的状态包装作为商品。商品催化剂多是装于圆形容器中，包装量为 10～100kg，要注意防潮，且保证在 80℃以下不会自燃。

任务四　石油化工生产过程的开停车操作

一、开车前安全检查及准备工作

1. 开车现场的安全要求

检查地面平整，安全通道及操作道路通畅，将安装、检修搭设的脚手架、起吊绳索及妨碍操作的构件一律拆除；检查是否有检修垃圾、废旧物质，设备表面是否有油污和灰垢；检查设备是否保温良好；做好安全工作，做好"三查"、"四定"和"三同时"。

2. 安全防毒及消防器材完好，好用

检查长管呼吸器、氧气呼吸器、隔离式防毒面具及防毒器材柜是否定置摆放，灵活、安全、好用；检查各种干粉及泡沫灭火器定置摆放完好无损；检查各消防水带、水枪是否齐全完好。

3. 照明及电源的要求

检查操作现场照明灯及电源良好；检查安全灯及电源是否符合安全生产要求，照明充足良好；正在检修的设备应拉开刀闸，挂上"有人工作，请勿启动"或"请勿送电"等警告牌。

4. 操作工用的机具齐全备用

检查开车所用的"F"扳手定置摆放；各操作报表、记录齐全；维修和维护所用的工具完好无缺。

5. 冷却水处于正常备用状态

检查各种泵、各类转动轴封、轴瓦、轴承使用的冷却水进出口阀开启，水流通畅；检查冷却水压力正常，无泄漏、无堵塞。

6. 防冻

检查冬季易存水的管道、阀门、容器设备、泵等零部件在其停车或备车状态下，勤检查防冻措施（放干吹净，勤盘车，多排放，保温加热等），防止结冰冻坏设备。

7. 设备基础检查

设备基础检查包括以下四个方面的检查：检查转动设备及电机基础地盘、基础，地脚螺栓不松动，无震动、无垃圾污垢；检查驱动装置：转动设备靠背轮、弹性联轴器的连接螺母不松动；检查安全护罩：转动设备的围栏、靠背轮护罩完好，护罩（电机或设备）上标注的转动方向与实际相一致；检查润滑状况：检查各油杯、油盒、油箱及各油枪注油点润滑充足，油位保持在 1/2 处。机体内使用刮油勺或甩油杯的转动润滑部位保持旋转润滑良好。检查各润滑油（脂）、加油点油品质符合设计要求，否则更

换油（脂）。

8. 温度计完好

测量电机温度、设备轴瓦温度的温度计完好、准确无误。

9. 检查泄漏

各类泵泵体、轴密封填料、吸入、排出阀，其动、静漏点应在规定范围内，必要时压紧螺母防止泄漏。

打开检查泵体吸入阀、排出阀阀头无脱落，并检查吸入、排出管道、阀门压力表无异常。排出管道上的止逆阀不内漏；转动设备手动盘车2～3圈，无卡阻摩擦及异常声；具备"自启动"功能的备用泵投入"自启"开关位置；备用泵吸入、排出口阀门全开，冷却水畅通，以备应急启动。

10. 电器检查

通知电工并协调检查电机绝缘、接地线，现场及控制室内的远距离开关、按钮、指示灯、继电器、电流、电压表、报警器、联锁开关准确好用；通知仪表人员检查测压、测温、测量点及测量元件和一次表灵敏好用；设计有两套功能的按钮开关、仪表装置（现场一套，控制室一套）以现场为准，进行校正控制室指示。控制室的停车开关只供远距离紧急停车使用；检查系统所有的安全阀按期校验，防爆膜按期校验，确保灵敏好用。

11. 通信联络

电话通信畅通；开车前与调度及相关的车间、岗位联系配合。

二、泵的通用规则

单级离心泵启动前开启吸入阀、排出阀及进出口排污阀，灌引水泵内气体可顺利排出，再关闭排出阀及进出口排污阀；对于离心泵，启动前稍开循环阀，启动后可较省力地开启泵排出阀。

各类泵可使用循环阀调整部分流量及泵出口压力；转子式容积泵及正位移柱塞泵开车前为防泵憋压损坏泵体，泵进、出口阀在启动前均应开启。

泵的倒车步骤：备用泵按开车程序开车，开车后压力达到正常，先并入运行管网，逐渐调整备用泵水量，逐渐关小运行泵出水量，最后停运行泵，注意倒车中不出现压力及流量波动。

对于具有"自启动"功能的泵，检查单向阀不得有大量内漏。备用泵日常生产中进、出口阀均开启，时刻处于备车紧急状态，不必盘车。

各类泵日常生产中进出口压力表根部阀处于开启状态，泵的冷却水均处于开启状态；冬季停车时，放掉泵内的存水，防止冻裂；对于输送颗粒的渣浆泵在开车前及停车后要及时冲洗泵的吸入、排出管道阀门及泵体；各类泵的日常加油（脂）一般在白班进行（缺油时例外）。

各类泵的出口管道上的安全阀每半年校正一次。

三、事故处理通用规则

（1）单台运转设备如遇到下列情况应做紧急停车处理，或迅速启动备用设备保证系统运行。

①电机冒烟、冒火或严重超温；

②机体剧烈震动，轴瓦超温或烧坏；

③ 机体内有激烈冲击摩擦声；

④ 与设备连接的管道、管件、阀门破裂，大量漏水、漏气或设备出现爆裂；

⑤ 大量煤气外泄，有可能引起着火及爆炸。

（2）具有"自启动"功能的泵如果运行不能保证系统正常运行，备用泵达不到备车要求，则请示申请系统停车。

（3）发现危及设备安全或造成后果严重的重大设备事故苗头，在来不及向上级汇报的情况下，操作人员有权自行组织停车，然后通知有关部门。

（4）发现运行管道、泵吸入或排出口堵塞、管道过滤器堵塞，则切换备用泵或管道过滤器，然后设法冲洗堵塞部分。

四、润滑通用规则

（1）设备润滑要定质、定量、定人、定点和定期对润滑部位清洗换油。

（2）各当班班组配备滤网，实行三级过滤（向油桶装油过滤；油桶向油壶装油过滤；油壶向设备注油点加注过滤）。

（3）滤网尺寸规定。透平油、冷冻机油、压缩机油、机械油、车用机油等滤网尺寸：一级 60 目；二级 80 目；三级 100 目。汽缸油、齿轮油滤网尺寸：一级 40 目；二级 60 目；三级 80 目。

（4）设备带有自动注油的润滑点，每小时检查一次油位油压、油温、注油泵油量，发现问题及时处理。

（5）各种丝杠的阀门和法兰螺栓，每月加润滑脂一次。

（6）各类转动设备润滑部位在主机启动前检查油润滑情况，不充足的要在启动前添加润滑油（脂）至标准范围。

任务五　石油化工生产过程的工艺评价

为了说明生产中化学反应进行的情况，反映某一反应系统中，原料的变化情况和消耗情况，需要引用一些常用的指标，用于工艺过程的研究开发及指导生产。

1. 生产能力

化工装置在单位时间内生产的产品量或在单位时间内处理的原料量，称为生产能力。其单位为 kg/h、t/d、kt/a、Mt/a 等。化工装置在最佳条件下可以达到的最大生产能力称为设计能力。

2. 转化率

转化率是表示进行反应器内的原料与参加反应的原料之间的数量关系。转化率越大，说明参加反应的原料量越多，转化程度越高。由于进行反应器的原料一般不会全部参加反应，所以转化率的数值小于 1。

工业生产中有单程转化率和总转化率之分。

（1）单程转化率

$$单程转化率 = \frac{参加反应的反应物量}{进入反应器的反应物量} \times 100\%$$

$$= \frac{进入反应器的反应物量 - 反应后剩余的反应物量}{进入反应器的反应物量} \times 100\%$$

（2）总转化率　对于有循环和旁路的生产过程，常用总转化率。

$$总转化率＝\frac{过程中参加反应的反应物量}{进入到过程的反应物总量}×100\%$$

3. 产率（或选择性）

产率表示了参加主反应的原料量与参加反应的原料量之间的数量关系。即参加反应的原料有一部分被副反应消耗掉了，而没有生成目的产物。产率越高，说明参加反应的原料生成的目的产物越多。

$$产率＝\frac{生成目的产物所消耗的原料量}{参加反应的原料量}×100\%$$

4. 收率

表示进入反应器的原料与生成目的产物所消耗的原料之间的数量关系。收率越高，说明进入反应器的原料中，消耗在生产目的产物上的数量越多。收率也有单程收率和总收率之分。

$$单程收率＝\frac{生成目的产物所消耗的原料量}{进入反应器的原料量}×100\%$$

$$总收率＝\frac{生成目的产物所消耗的原料量}{新鲜原料量}×100\%$$

5. 消耗定额

消耗定额是指生产单位产品所消耗的原料量，即每生产 1t 的产品所需要的原料数量。工厂中产品的消耗定额包括原料、辅助原料及动力的消耗情况。消耗定额的高低说明生产工艺水平的高低和操作技术水平的好坏。生产中应选择先进的工艺技术，严格控制各操作条件，才能达到高产低耗，即低的消耗定额的目的。

任务六　石油化工生产过程中的 HSE 管理

一、HSE 管理的基本概念

1. HSE

健康（health）、安全（safety）与环境（environment）英文字母的缩写组合，表示对安全、健康与环境三方面的一体化管理。

2. 危险源（hazard）

可能导致损害或疾病、财产损失、工作环境或这些情况组合的根源或状态。

3. 危险源辨识（hazard identification）

识别危险源的存在并确定其特性的过程。

4. 风险（risk）

某一特定危险情况发生的可能性和后果的组合。

5. 风险评价（risk assessment）

评估风险大小以及确定风险是否可容许的全过程。

6. 可容许风险（tolerable risk）

根据法律义务和方针，已降至可接受程度的风险。

7. 安全（safety）

免除了不可接受的损害风险的状态。

8. 职业健康安全（OHS，occupational health and safety）

影响工作场所内员工、临时工作人员、合同方人员、访问者和其他人员健康和安全的条件和因素。

9. 环境（environment）

运行活动的外部存在，包括空气、水、土地、自然资源、植物、动物、人，以及它们之间的相互关系。

10. 污染预防（prevention of pollution）

为了降低有害的环境影响而采用过程、惯例、技术、材料、产品、服务或能源，以避免、减少或控制任何类型的污染物或废物的产生、排放或废弃。

二、健康防护

1. 中毒

（1）中毒的分类　化工毒物所引起的中毒，可分急性中毒和慢性中毒。大量毒物进入人体并迅速引起全身症状甚至死亡者称之为急性中毒。如系分批少量的毒物侵入人体逐渐积累引起的中毒，称为慢性中毒。

发生中毒的因素很多：如毒物的物理化学性质，侵入人体的数量、作用时间和部位，中毒者的生理状况年龄、性别、体质，与温度等其他因素也有关。

（2）中毒的防止

① 密闭设备检修后必须对设备管道进行气密性检查，正确选择密封形式和填料质量。

② 排气通风，降低厂房内有毒气体的含量。

③ 齐全的劳保用具：有毒物品称量时应戴口罩或防毒面具；进入有毒气体储槽容器或聚合釜作业时，应事前排空置换合格，令专人监视，并设有安全梯、安全带。

2. 烧伤及机械伤害

（1）烧伤及防止　烧伤分化学烧伤和热烧伤。化学烧伤是由酸碱等物落到皮肤上引起的。热烧伤是由人体碰到蒸汽或热水和高温设备未保温部分引起的。但当碰到极易汽化物如液态氯乙烯会产生冻伤。

为了防止烧伤，一切高温设备和管道应进行保温。对其裸露部分，工作中尽量远离，并有适当的安全措施。对接触腐蚀性物质的操作人员要戴好防护眼镜、手套、帽子、胶皮衣靴。

对产生的热烧伤，可先涂上清凉油脂，然后到医务部门诊治。如遇化学烧伤可用大量清水冲洗后到医务部门诊治。

（2）机械伤害及防止　企业中绝大部分事故都属于机械性伤害事故。机械伤害大多由于工作方法不当、不正确的使用工具、缺少安全装置和适当的劳动保护造成，以及不遵守安全技术规程所引起。

为了防止机械伤害，在日常工作中应采取如下措施：

① 经常检查各种传动机械、液面计等是否有安全防护装置和防护栏杆；

② 操作人员必须穿规定的工作服，禁止穿宽大的衣服，女同志留辫子极易造成事故，应将辫子盘起戴好工作帽；

③ 经常注意各机械设备的运转情况及各转动部位的摩擦情况，以免机械损坏时飞出伤人，运转中的设备严禁修理；

④ 各带压容器设备，一律要将压力排空后检修。

3. 噪声的危害和防止

（1）耳聋　噪声可造成耳聋，分为轻度、中度、重度的噪声性耳聋。

（2）引起多种疾病　噪声刺激大脑皮层，引起精神紧张、心血管收缩、睡眠不好、神经衰弱或神经官能症、血压高、心动过速，影响胃分泌，使人感到疲劳。

（3）影响正常生活　如声响大于 50dB 即可影响人的睡眠。

（4）容易引起工作差错，降低劳动生产效率　在声响大于 120dB 时可对建筑物有破坏。

综上所述，一般均把噪声控制在 90dB 以下。

4. 粉尘的危害及防止

生产性粉尘是污染厂房和大气的重要因素之一，它不但影响人们的健康，而且还因生产中的原料、半成品、成品粉尘的大量飞扬造成经济上的损失；粉尘进入转动设备促使其损坏；精密仪器、仪表、设备等受粉尘的影响而使性能变坏。因此防止粉尘不仅具有卫生方面的意义，而且经济上也有重大意义。

生产粉尘，根据其不同的物理化学特性和作用部位，可在体内引起不同的病理过程。所以在易于产生粉尘岗位要戴防护用品，如口罩；工作过后应坚持洗浴；在易于造成粉尘飞扬部位，应装有除尘抽风系统，如料口、筛子、放料口、包装机等。

三、安全卫生防护措施

1. 防火和防爆

防火防爆是互相关联的，防爆的大部分措施也适用于防火。

（1）爆炸的分类　如果因反应激烈或受压容器、设备、管道机械强度降低，使压力超过了设备所能承受的限度，而使之造成爆炸，称为物理爆炸。

由一种或数种物质在瞬间内经过化学变化转为另外一种或几种物质，并在极短的时间内产生大量的热和气体产物，伴随着产生破坏力极大的冲击波，称之为化学性爆炸。

（2）爆炸形成的原因　产生化学性爆炸的原因很多，当爆炸性混合物中易爆物质和空气或氧混合达到一定的爆炸范围且激发能源又存在时可能发生爆炸。爆炸范围是指与空气组成的混合物中易燃易爆物质的浓度范围。其最高浓度称为爆炸上限，最低浓度称为爆炸下限。在此范围内遇有明火或火花，或温度升高达到着火点即行爆炸，在此浓度以外，气体不会爆炸。

爆炸浓度的上下限与气体混合物的温度和压力有关，压力升高使爆炸浓度上下限扩大。另外物理性爆炸和化学性爆炸常常相伴发生，同时着火可能是化学爆炸的直接原因，而爆炸也可能引起着火。

操作原因：由于操作控制不严细，造成反应激烈使设备超压。

设备缺陷：设备制造上带来的隐患（如裂纹、砂眼），安全装置不全、不灵（仪表，安全阀等）；使用日久受化学腐蚀等使设备承受压力降低，而又未及时发现纠正。

设备管道的泄漏使易爆气体逸出和外部的空气混合形成爆炸性气体混合物。此时如遇明火或火花则是产生爆炸的导火线。

（3）火灾原因及防止　由于明火和火花极易成为爆炸的导火线，故火灾的防止就有了特殊的意义，其原因和防止列举如下。

① 现场动火。现场的焊接和动火极易引起火灾和爆炸，所以要有严格的动火制度。凡有可能应尽力避免现场动火，如必须在现场动火时，应远离设备 30m 以外并经各有关安全技术部门批准，而且动火地点必须分析可燃气含量合格，经点火试燃后方能进行。动火时要有专人监督，注意风向以保证安全。

② 电器设备不良产生火源。应定期检查电器设备，凡接触到易燃易爆物，其电器设备应采用防爆型。

③ 摩擦与撞击。设备撞击摩擦极易产生火花，所以进入车间不允许穿钉子鞋，不允许用铁锤敲打设备及管道，应使用铜（70%以下）制品。

④ 静电。当介电液体、固体、气体在管道内很快流动或从管道中排出时，都能促使静电荷产生。静电荷的多少与管内介质流动的速度有关，流速越快，产生静电荷越多，所以一般要求液体在管道内的流速不超过 $4\sim5m/s$，气体不超过 $8\sim15m/s$。同时设备及管道应有接地设施，使产生的静电荷很快导入地下。转动设备应尽量减少皮带传动，不得已采用时应适当使用皮带油，以减少摩擦静电。

⑤ 引发剂及易燃品。引发剂，特别是过氧化物高效引发剂，因半衰期较短，在常温下易分解，甚至引起火灾，必须加强保管，要在冷库中保存。

所以有机溶剂均属易燃品，必须严格保管。限制使用范围。

（4）爆炸事故的防止

① 防止火源的产生；

② 密闭设备；

加强管理，杜绝设备的跑冒滴漏，注意各设备管道不得超过其允许压力，压缩机入口压力不允许产生负压，以防空气的漏入而形成爆炸混合物。

负压操作装置必须保证系统不漏，防止爆炸事故发生。

③ 分析、置换和通风。对易燃、易爆、有毒气体的控制都有赖于气体分析，它是化工生产中保证安全的重要手段。生产系统检修时，必须对设备管道中可能残存的可燃性气体，用氮气或蒸汽排除置换干净后分析合格，方可进行。

④ 设备应有安全装置。凡超过一个大气压以上的设备均应设置压力计，以便检查；一旦设备超过预定压力时，安全阀自行打开，将压力排放，保证设备安全。安全阀应定期校正，并应保持无堵塞现象以保证灵活好用；防爆膜一般设在没有安全阀又须防爆炸的地方；当带压设备超过一定压力值时，报警信号发出警告，以便操作人员及时采取措施。

2. 安全技术规定

① 严格遵守安全规程和操作法的操作程序，认真、准确进行操作。

② 严禁任何设备违反操作法规定的范围进行超压操作。

③ 设备运行中，必须严格按操作法规定的时间进行记录和动态巡视检查。

④ 特殊、异常现象应通知车间、工段技术人员、班长，研究处理意见后处理。

⑤ 严禁设备带压拆装、调整零部件，转动设备在运转情况下严禁检修和加填料。

⑥ 人员进入设备前必须进行含氧分析，含氧 19% 以上为合格；转动设备必须断电并设警示牌及专人监护。

⑦ 严禁在厂房内用铁器敲打和穿钉子鞋及携带引火物品进入岗位；2m 以上高空作业必须系好安全带。

⑧ 紧急情况需紧急处理时，必须先行处理，在处理过程中通知分厂及各有关单位，处理后详细记录处理情况、原因和经过。在岗人员应服从指挥，在危险地带处理必须有人监护。

⑨ 准确进行计量、入料等各项操作，非操作法规定的任何操作，必须经车间技术人员、分厂、技术科审批后方可执行。

⑩ 凡使用的过氧化类引发剂，在储存地及储槽之间严禁停留，配制完立即将储存运输的危险物等放在指定地点。严禁将过氧化物类引发剂与碱类或其他氧化剂类药品放在一起。

⑪ 严格遵守公司、分厂制定、颁发的各类安全技术规定及规程中的各有关条款。

⑫ 操作人员上岗必须按规定穿戴好劳动保护。

3. 设备维护保养制度

① 操作人员对本岗位设备要做到"四懂"、"三会"，即懂结构、懂原理、懂性能、懂用途，会使用、会维护保养、会排除故障。

② 严格执行设备操作规程，不超温、超压、超速、超负荷运行。

③ 按时定点巡回检查设备运转情况，及时做好调整、紧固、润滑等工作，保证设备安全正常运行。

④ 做好设备的经常性清洁维护工作。

⑤ 发现不正常现象应立即查找原因，及时反映，并采取果断措施进行处理。

⑥ 认真写好设备运行记录。

4. 操作工岗位责任制

① 熟悉本岗位工艺流程、设备结构原理、物料性质、生产原理及安全消防基本知识。

② 严格遵守岗位操作规程及各项规章制度。

③ 认真负责地做好以下工作。

a. 严格各工艺指标的控制，保证生产正常进行；

b. 及时处理、排除生产故障；

c. 完成上级布置的任务；

d. 按要求用仿宋体准确及时填写好生产原始记录。

④ 及时与上、下工序、岗位及工段联系，共同协作搞好生产。

⑤ 严格遵守劳动纪律，上班时间不准睡觉、不准干私活；操作室不准上锁闩门；操作工不得随意离岗、串岗，有特殊情况临时离岗应得到本岗位人员或班组长同意。

⑥ 操作工上班时间内受班（组）长、工段长及调度领导，并服从厂（公司）调度指挥。

四、环境保护

环境保护是石油化工生产企业的责任。在石油化工生产过程中为了做到环境保护需要注意到以下几点：有毒有害场所监测达标率100％；施工（生产）、生活场所达到环保要求；重大环境污染、文物破坏事故、事件为零；废弃物分类集中收集处理；噪声排放达标；试压用水、生活污水达标排放；污染物排放达标率100％。

任何一个工艺装置在开停工过程和正常生产过程中要密切关注废气、废液和废固的"三废"来源，"三废"的处理方法以及废气、废液和废固的排放标准。

化工生产四大规程的阅读

化工技术资料是化工生产上的重要文件，对化工产品的开发与生产均起到技术指导和借鉴的作用，因此必须学会阅读技术资料。

化工生产企业的一切生产经营活动，都是通过全体企业人员，经过科学分工、协调进行的。企业管理的主要内容之一是科学地确定职工在生产中的相互关系，规范每个人的行为。而各种规程是企业生产活动的主要依据，也是企业最重要、最基本的技术文件。规程与制度有本质区别：工艺规程、安全规程等所规定的内容，是生产过程中客观规律的反映，是必须遵守的客观自然规律；管理制度是为了贯彻执行各种规程人们所必须共同遵守的行为准则。各种规程是管理制度的基础和依据，深入学习各种相关的规程对化学工艺专业实习生来说十分重要。

化工生产中与工艺相关的规程很多，在此简要介绍工艺规程、岗位操作规程、分析检验规程和安全技术规程等。

（一）工艺规程

工艺规程是阐述某产品的生产原理、工艺路线、生产方法等一系列技术规定性的文件。工艺规程是企业生产活动的主要依据，也是企业制定各种生产性规程、制度的依据。

工艺规程一般包括以下十个方面的内容。

① 产品与原料规格说明。

② 根据单元操作和生产控制环节划分出不同生产工序，按生产过程顺序阐明工作原理的反应条件。

③ 按生产过程列出各个工艺控制点的技术指标控制范围。

④ 各项物料消耗定额及其说明。

⑤ 生产控制分析方法和检验方法。

⑥ 可能出现异常情况的原因及处理方法。

⑦ 设备一览表及其维护保养方法。

⑧ 生产装置的开、停车方法。

⑨ 安全生产基本要点，劳动保护设施。

⑩ 带控制点的工艺流程图。

工艺规程所规定的内容，反映了生产某产品过程中必须遵循的客观自然规律，也反映了安全生产的客观自然规律。

（二）岗位操作规程

岗位操作规程是操作者在岗位范围内，合理运用劳动生产资料完成本职工作的规定性文件，它是操作者进行生产活动的行为准则。岗位操作规程的内容如下。

1. 岗位责任制

（1）岗位任务　一般对生产装置中设备、管理、仪表、阀门等进行岗位界定，并要求操作人员按时对本岗位的设备等进行检查、维护和保养。操作人员应负责所属设施的管理和操作，熟知设备的运行状况，并认真执行操作规程，严格控制工艺指标，及时做好岗位记录，发现问题及时进行处理。对发生的事故应认真分析并如实写出事故报告，为保证本岗位的安全，对处理不了的事故应立即上报。

（2）从属关系　规定在岗位时，操作人员一律受班组长领导，岗位有两人以上的，其中一人为主操作工，其余为副操作工，副操作工要受主操作工的领导。当班操作人员对厂调度室或车间直接下达的指示和命令，应立即报告班组长，并按班组长指示实施。当班操作人员对岗位发生的异常现象或事故，应及时报告班组长，按班组长指示处理。

（3）权力与责任　岗位责任制规定了各岗位操作人员的具体权力和责任。操作人员应熟知技术规程和各种制度，做到懂流程，懂设备构造、性能和原理，会操作，会排除故障，会维护和保养，能够处理事故，防止事故扩大。操作人员有权对设备、仪表的检修和安装提出合理化意见和建议，有权动用及维护本岗位的设备，有权动用本岗位的所有防护器材，有权不准无证人员进入车间、工段。

2. 工艺操作技术规程

（1）岗位生产原理及流程。`

（2）主要设备规格及技术特征。

（3）正常操作及工艺指标。

（4）开、停车操作及注意事项。

（5）常见故障原因及处理方法。

（三）分析检验规程

分析检验规程是原材料以及辅料质量标准、检验方法等一系列规定性文件。分析规程一般包括：

① 质量检验引用标准；

② 产品质量技术要求；

③ 产品质量检验内容及方法；

④ 检验规则。

（四）安全技术规程

安全技术规程是根据化工生产特点、确保生产安全和约束在岗人员行为的一系列规定性文件，反映了客观规律的要求。安全技术规程一般包括以下的内容。

1. 车间生产特点及有害物质

化工生产具有高温、高压、易燃、易爆、易中毒的特点。化工生产中的原料及中间产品（如一氧化碳、氢等）与空气的混合物多为爆炸性物质，其爆炸极限也有很大差别。多数物质（如甲醇、硫化氢等）有毒性，而有些物质（二氧化碳、氮等）虽然无毒，但当其浓度高时也会使人窒息而死。

2. 预防和急救

预防为主，杜绝各种事故的发生。如发生事故，务必按照有关规定进行急救；应保持操作室良好的通风，以防有毒气超标；不准对带压设备、管道、阀门以及运转的机械进行任何修理，更不准挪动和取走机械防护装置，所有机械应经常检查，并保持清洁完好；操作中如发现不正常现象，应采取相应措施，必要时，可紧急停车；对修理中的机械设备，应在启动装置上，挂上"禁动"字样，并在开关上加安全锁；严格控制工艺指标，严禁超温，超压；当设备、管道大量泄漏时应立即进行处理，必要时可以部分停车或全部停车。

3. 安全操作规定

严格遵守岗位操作规程，严格控制工艺指标，工作时间内不得串岗位；不准打瞌睡和做与生产无关的事；严格履行交接班制度；随时检查设备运行情况，并按规定做好生产记录；操作中不得随意调节安全阀、仪表信号等；生产不正常时，应立即报告班组长及时处理；对紧急情况，按紧急停车处理。各种设备均需安装必要的安全装置。

4. 安全生产责任制

工段长、班组长、班组安全员、操作人员在安全生产中分工明确，互相配合。工段长、班组长负责对岗位安全规程及交接班制度的实施，组织岗位安全教育，督促所属职工做好机电设备、安全装车、防火设施、防火器材的维护保养，使之保持良好状态，发现不安全因素，及时组织人员加以消除，对发生的事故，必须组织抢救。

班组安全员应加强安全检查和安全教育，发现不安全因素，要及时处理，对违章作业应加以制止，并检查、督促本班操作人员正确使用防护用品。

操作人员要认真学习有关安全生产的规定和安全技术知识，熟悉并掌握安全生产基本功。

项目二　乙烯生产过程操作与控制

知识目标 ▶▶▶

1. 了解乙烯的性质与用途。
2. 了解乙烯的生产方法，理解各生产方法的优缺点。
3. 掌握管式炉裂解生产乙烯的工艺原理、工艺流程和工艺条件。
4. 掌握裂解法生产乙烯的裂解气的分离方法。
5. 了解裂解法生产乙烯工艺过程中所用设备的作用、结构和特点。
6. 了解裂解法生产乙烯的 HSE 管理。

能力目标 ▶▶▶

1. 能够通过分析比较各种乙烯生产方法，确定乙烯的生产路线。
2. 能识读并绘制带控制点的裂解法生产乙烯的工艺流程。
3. 能对裂解法生产乙烯的工艺过程进行转化率、收率、选择性等计算，通过给定的装置处理能力能进行装置的简单物料衡算。
4. 能对裂解法生产乙烯工艺过程进行工艺控制（包括工艺参数调节和开停车操作）。
5. 能对裂解法生产乙烯的工艺过程中可能出现的事故拟定事故处理预案。

任务一　乙烯生产的工艺路线选择

一、乙烯的性质与应用

乙烯是现代石油化工的带头产品，在石油化工中占主导地位，乙烯工业的发展，带动着其他有机化工产品的发展。因此，乙烯产量不仅标志着一个国家石油化工的发展水平，而且，乙烯的生产能力已经成为反映一个国家综合国力的重要标志之一。

1. 乙烯的性质

（1）物理性质　乙烯的分子式为 C_2H_4，相对分子质量为 28.06，无色气体，略具烃类特有的臭味，易燃，密度为 $0.61g/cm^3$，沸点为 $-103.9℃$，熔点为 $-169.4℃$，爆炸极限为 $2.7\%\sim36.0\%$（蒸气与空气混合物的体积分数），引燃温度为 $425℃$，不溶于水，微溶于乙醇、酮、苯，溶于醚、四氯化碳等有机溶剂。

（2）化学性质　乙烯可以与卤素单质（液体、水溶液、四氯化碳溶液等）、卤化氢、氢气、水、HCN 等发生加成反应；乙烯加聚生成聚乙烯；乙烯可以被强氧化剂氧化（如 $KMnO_4$ 溶液），燃烧则是完全氧化。

2. 乙烯的应用

乙烯是石油化工最重要的基础原料，可用来制成聚乙烯，采用不同的工艺技术可分别得到高密度聚乙烯、低密度聚乙烯和线型低密度聚乙烯，进而可加工成各种聚乙烯塑料制品。

乙烯还可以生产氯乙烯，经聚合得到聚氯乙烯，进而加工制成聚氯乙烯制品。

乙烯在银作用下直接氧化制得环氧乙烷。环氧乙烷水合生成乙二醇，同时副产二甘醇、多甘醇等。乙二醇是聚合的单体之一，也可用于制防冻液。环氧乙烷是聚醚的重要原料，也是精细化工、表面活性剂及农药的重要原料。副产物二甘醇、多甘醇是十分有用的助剂和表面活性剂的原料。

乙烯还可以和丙烯，或再加入第三单体，生产二元乙丙橡胶或三元乙丙橡胶。低分子乙丙胶用于涂覆材料和润滑油调黏，高分子乙丙胶用于生产橡胶制品。乙烯的主要用途如图2-1所示。

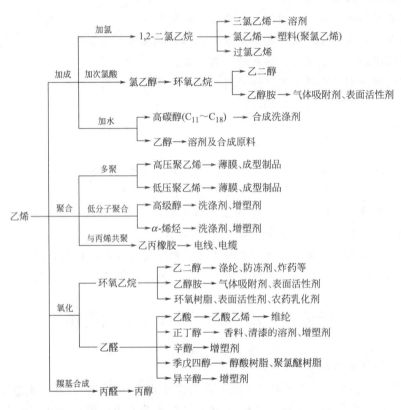

图 2-1　乙烯及其联产的其他产品的主要用途

乙烯最主要的应用是生产聚乙烯，占总量的一半左右。一般聚乙烯装置和乙烯装置同建在一个石油化工联合企业内。乙烯已可用专用船只或专用罐进行液相运输，国外企业之间互供乙烯的方式较多。

二、乙烯的主要生产方法

由于烯烃的化学性质很活泼，因此乙烯在自然界中独立存在的可能性很小。制取乙烯的方法很多，但以管式炉裂解技术最为成熟，其他技术还有催化裂解、合成气制乙烯等多种方法。

1. 管式炉裂解技术

反应器与加热炉融为一体，称为裂解炉。原料在辐射炉管内流过，管外通过燃料燃烧的高温火焰、产生的烟道气、炉墙辐射加热将热量经辐射管管壁传给管内物料，裂解反应在管内高温下进行，管内无催化剂，也称为石油烃热裂解。同时为降低烃分压，目前大多采用加入稀释蒸汽，故也称为蒸汽裂解技术。

2. 催化裂解技术

催化裂解即烃类裂解反应，在有催化剂存在下进行，可以降低反应温度，提高选择性和产品收率。

据俄罗斯有机合成研究院对催化裂解和蒸汽裂解的技术经济比较，认为催化裂解单位乙烯和丙烯生产成本比蒸汽裂解低 10％左右，单位建设费用低 13％～15％，原料消耗降低 10％～20％，能耗降低 30％。

催化裂解技术具有的优点，使其成为改进裂解过程最有前途的工艺技术之一。

3. 合成气制乙烯（MTO）

MTO 合成路线，是以天然气或煤为主要原料，先生产合成气，合成气再转化为甲醇，然后由甲醇生产烯烃的路线，完全不依赖于石油。在石油日益短缺的 21 世纪有望成为生产烯烃的重要路线。

采用 MTO 工艺可对现有的石脑油裂解制乙烯装置进行扩能改造。由于 MTO 工艺对低级烯烃具有极高的选择性，烷烃的生成量极低，可以非常容易分离出化学级乙烯和丙烯，因此可在现有乙烯工厂的基础上提高乙烯生产能力 30％左右。

三、乙烯生产技术的发展

近年来，各乙烯生产国均采用新技术、新工艺、新材料和新设备，对原有乙烯装置进行了改造或新建，以期提高乙烯收率，增加生产能力，扩大原料的灵活性，降低能耗和物耗，最终达到提高经济效益的目的。

乙烯生产技术的发展主要体现在以下四个方面：开发采用新的炉型；采用新技术、新设备降低能耗；采用计算机控制实现过程最佳化和研制结焦抑制剂控制裂解炉的结焦。

四、乙烯生产的工艺路线选择

到目前为止，世界乙烯 95％都是由管式炉蒸汽热裂解技术生产的，其他工艺路线由于经济性或者存在技术"瓶颈"等问题，至今仍处于技术开发或工业化实验的水平，没有或很少有常年运行的工业化生产装置。故本教材主要介绍石油烃热裂解生产乙烯的技术。

石油烃裂解生产乙烯装置是以石油烃为原料，通过高温短停留时间热裂解获得裂解气，然后，裂解气经冷却、洗涤、压缩、净化和分离等工序处理后得到乙烯，同时可得到丙烯、丁二烯、苯、甲苯、二甲苯及乙炔等重要的副产品的生产装置。

各国乙烯装置的流程虽有不同，但其共同点是均包括"裂解"和"分离"这两个基本过程。乙烯装置具有以下生产特点。

① 工艺技术复杂。乙烯生产技术集高度复杂性、密集性、相关性于一身，具有生产规模大、工艺流程长、物料流通量大、化工单元过程多等特点，是一个极其复杂的工艺过程。

② 设备种类繁多。乙烯装置的设备种类繁多，具有高温、低温、高压、低压、耐腐、大型、精密、特性、复杂的 18 字特点，堪称石油化工装置的典范。

③ 危险程度高。乙烯装置属甲级防火防爆区域，所用的原料、辅助原材料、产品、副产品及加工过程中的大部分中间产品都是易燃、易爆和有毒的。

④ 工艺条件苛刻。整个生产过程中的工艺条件极为苛刻，最高操作温度达 1200℃，最低操作温度为 -140℃，甚至 -160℃，最高操作压力达 12MPa。

⑤ 自动化控制水平高。乙烯装置的整个生产过程已采用 DCS 计算机监视控制，并已实现先进控制和局部甚至整体优化控制。

任务二 乙烯生产的工艺流程组织

一、石油烃热裂解生产乙烯的工艺原理

1. 石油烃热裂解的原料

裂解原料的来源主要有两个方面，一是天然气加工厂的轻烃，如乙烷、丙烷、丁烷等，二是炼油厂的加工产品，如炼厂气、石脑油、柴油、重油等，以及炼油厂二次加工油，如加氢焦化汽油、加氢裂化尾油等。

乙烯生产原料在乙烯生产成本中占 60%～80%，原料选择正确与否对于降低成本有着决定性的意义。在选择乙烯生产的原料时，应主要考虑石油和天然气的供应状况和价格；原料对能耗的影响；原料对装置投资的影响以及副产物的综合利用等四个方面。

2. 乙烯生产原理

在裂解原料中，主要烃类有烷烃、环烷烃和芳烃，二次加工的馏分油中还含有烯烃。尽管原料的来源和种类不同，但其主要成分是一致的，只是各种烃的比例有差异。烃类在高温下裂解，不仅原料发生多种反应，生成物也能继续反应，其中既有平行反应又有连串反应，包括脱氢、断链、异构化、脱氢环化、脱烷基、聚合、缩合、结焦等反应过程。因此，烃类裂解过程的化学变化是十分错综复杂的，生成的产物也多达数十种甚至上百种。见图 2-2。

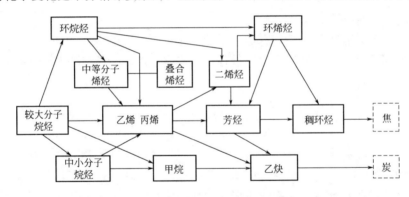

图 2-2 裂解过程中的部分化学变化

由图 2-2 可见，要全面描述这样一个十分复杂的反应过程是很困难的，所以人们根据反应的前后顺序，将它们简化归类分为一次反应和二次反应。

（1）烃类裂解的一次反应 所谓一次反应是指生成目的产物乙烯、丙烯等低级烯烃为主的反应。

① 烷烃热裂解。烷烃裂解的一次反应主要包括烷烃的断链反应和脱氢反应。

断链反应是 C—C 链断裂反应，反应后产物有两个，一个是烷烃，一个是烯烃，其碳原子数都比原料烷烃减少。其通式为：

$$R-CH_2-CH_2-R' \longrightarrow R-CH=CH_2 + R'H$$

或

$$C_{m+n}H_{2(m+n)+2} \longrightarrow C_mH_{2m} + C_nH_{2n+2}$$

$$CH_4 > C_2H_6 > C_3H_8 > \cdots\cdots > 高碳烷烃$$

脱氢反应是 C—H 链断裂的反应，生成的产物是碳原子数与原料烷烃相同的烯烃和氢

气。其通式为：

$$R{-}CH_2{-}CH_3 \rightleftharpoons R{-}CH{=}CH_2 + H_2$$

或

$$C_nH_{2n+2} \rightleftharpoons C_nH_{2n} + H_2$$

② 环烷烃热裂解反应。环烷烃的热稳定性比相应的烷烃好。环烷烃热裂解时，可以发生 C—C 链的断裂（开环）与脱氢反应，生成乙烯、丁烯和丁二烯等烃类。以环己烷为例，环烷烃热裂解时发生的断链反应如下所示。

$$C_6H_{12} \longrightarrow
\begin{cases}
C_2H_4 + C_4H_8 \\
C_2H_4 + C_4H_6 + H_2 \\
C_4H_6 + C_2H_6 \\
\frac{3}{2}C_4H_6 + \frac{3}{2}H_2
\end{cases}$$

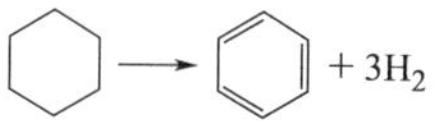

环烷烃裂解反应有如下规律：首先，侧链烷基比烃环易于裂解，长侧链先在侧链中央的 C—C 键断裂，有侧链的环烷烃比无侧链的环烷烃裂解时得到较多的烯烃；其次，环烷烃脱氢生成芳烃比开环生成烯烃容易；最后，五元环比六元环难裂解。

裂解原料中环烷烃含量增加时，乙烯收率会下降，丁二烯、芳烃的收率则有所增加。

环烷烃的脱氢反应生成的是芳烃，芳烃缩合最后生成焦炭，所以不能生成低级烯烃，即不属于一次反应。

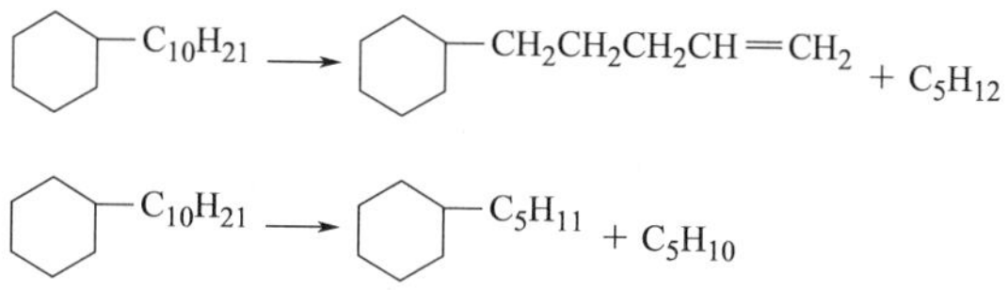

③ 芳香烃热裂解。芳烃的热稳定性很高，一般情况下，芳香烃不易发生芳环断裂反应，但可发生下列两类反应：一类是芳烃缩合反应，另一类是烷基芳烃的侧链发生断裂生成苯、甲苯和二甲苯等反应和脱氢反应。

芳香烃脱氢缩合反应，如：

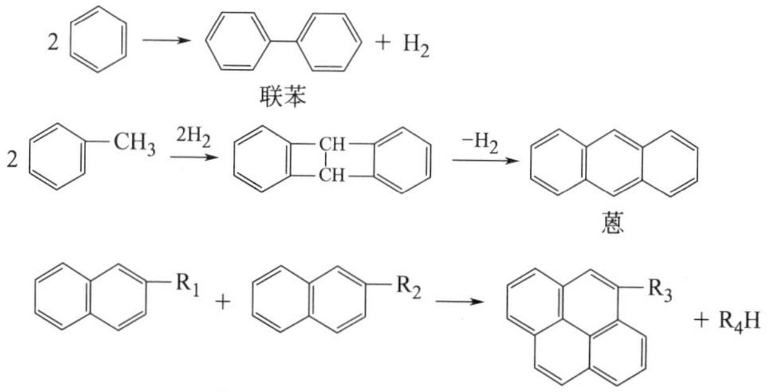

多环、稠环芳烃继续脱氢缩合生成焦油甚至结焦。

断侧链反应，如：

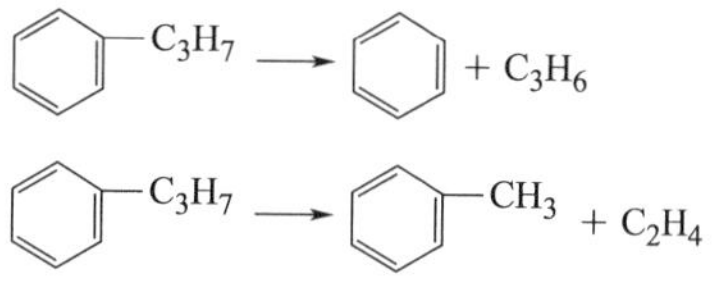

脱氢反应，如：

$$\text{（苯环）}-C_2H_5 \longrightarrow \text{（苯环）}-CH_2\!=\!CH_2 \ + H_2$$

④ 烯烃热裂解反应。天然石油中一般不含烯烃，但二次加工的馏分油中可能含有烯烃。烯烃在热裂解温度下可能发生断链反应和脱氢反应，生成乙烯、丙烯等低级烯烃和二烯烃。

$$C_nH_{2n} \longrightarrow C_mH_{2m}+C_{m'}H_{2m'} \quad (m+m'=n)$$

或

$$C_nH_{2n} \longrightarrow C_nH_{2n-2}+H_2$$

(2) 烃类裂解的二次反应　　所谓二次反应就是一次反应生成的乙烯、丙烯继续反应并转化为炔烃、二烯烃、芳烃直至生碳或结焦的反应。

烃类热裂解的二次反应比一次反应复杂。原料经过一次反应后，生成氢、甲烷和一些低分子量的烯烃如乙烯、丙烯、丁二烯、异丁烯、戊烯等，氢和甲烷在裂解温度下很稳定，而烯烃则可以继续反应。主要的二次反应有低分子烯烃脱氢反应、二烯烃叠合芳构化反应和结焦反应。

① 低分子烯烃脱氢反应的典型化学反应。低分子烯烃脱氢反应的典型化学反应主要是指乙烯、丙烯和丁烯的脱氢反应。

$$C_5H_{10} \begin{cases} \longrightarrow C_2H_4+C_3H_6 \\ \longrightarrow C_4H_6+CH_4 \end{cases}$$

丙烯裂解的主要产物是乙烯和甲烷。

② 烯烃的聚合、环化和脱氢反应。

$$2C_2H_4 \longrightarrow C_4H_6+H_2$$

$$C_2H_4+C_4H_6 \longrightarrow \text{（苯环）}+2H_2$$

$$C_3H_6+C_4H_6 \xrightarrow{-H_2} \text{芳烃}$$

③ 结焦反应。烃的结焦反应，要经过生成芳烃的中间阶段，芳烃在高温下发生脱氢缩合反应而形成多环芳烃，它们继续发生多阶段的脱氢缩合反应生成稠环芳烃，最后生成焦炭。

$$2\text{（苯环）} \xrightarrow{-H_2} \text{（联苯）} \xrightarrow{-nH_2} \text{（}\text{（环）}\text{）}_m \xrightarrow{-nH_2}$$

$$\text{（稠环芳烃）} \xrightarrow{-nH_2} \text{焦}$$

除烯烃外，环烷烃脱氢生成的芳烃和原料中含有的芳烃都可以脱氢发生结焦反应。

④ 烃分解生碳反应。在较高温度下，低分子烷烃、烯烃都有可能分解为碳和氢，这一过程是随着温度升高而分步进行的。如乙烯脱氢先生成乙炔，再由乙炔脱氢生成碳。

$$C_2H_2 \longrightarrow 2C+H_2$$
$$C_2H_4 \longrightarrow 2C+2H_2$$
$$C_2H_6 \longrightarrow 2C+3H_2$$
$$C_3H_6 \longrightarrow 3C+3H_2$$
$$C_3H_8 \longrightarrow 3C+4H_2$$

因此，实际上生碳反应只有在高温条件下才可能发生；并且乙炔生成的碳不是断链生成单个碳原子，而是脱氢稠合成几百个碳原子。

结焦和生碳过程二者机理不同，结焦是在较低温度下（＜927℃）通过芳烃缩合而成，生碳是在较高温度下（＞927℃），通过生成乙炔的中间阶段，脱氢生成稠合的碳原子。

由此可以看出，一次反应是生产的目的，而二次反应既造成烯烃的损失，浪费原料又会生炭或结焦，致使设备或管道堵塞，影响正常生产，所以是不希望发生的。因此，无论在选取工艺条件或进行设计，都要尽力促进一次反应，千方百计地抑制二次反应。

从以上讨论，可以归纳各族烃类的热裂解反应的规律。

烷烃，其中的正构烷烃最利于生成乙烯、丙烯，是生产乙烯的最理想原料。相对分子质量越小则烯烃的总收率越高。异构烷烃的烯烃总收率低于同碳原子数的正构烷烃。随着相对分子质量的增大，这种差别就减少。

在通常裂解条件下，环烷烃脱氢生成芳烃的反应优于断链（开环）生成单烯烃的反应。含环烷烃多的原料，其丁二烯、芳烃的收率较高，乙烯的收率较低。

无侧链的芳烃基本上不易裂解为烯烃；有侧链的芳烃，主要是侧链逐步断链及脱氢。芳烃倾向于脱氢缩合生成稠环芳烃，直至结焦。所以芳烃不是裂解的合适原料。

各类烃裂解的易难顺序可归纳如下：正构烷烃＞异构烷烃＞环烷烃＞芳香烃。

大分子的烯烃能裂解为乙烯和丙烯等低级烯烃，但烯烃会发生二次反应，最后生成焦和碳。所以含烯烃的原料如二次加工产品作为裂解原料不好。

所以，高含量的烷烃、低含量的芳烃和烯烃是理想的裂解原料。

二、石油烃热裂解生产乙烯的工艺流程

石油烃裂解的工艺过程主要包括石油烃裂解和裂解气的分离两大部分。

1. 石油烃裂解部分的工艺流程

石油烃裂解部分的工艺流程包括原料供给和预热系统、裂解和高压水蒸气系统、急冷油和燃料油系统、急冷水和稀释水蒸气系统。图2-3所示是轻柴油裂解工艺流程。

（1）原料油供给和预热系统 原料油从储罐1经预热器3和4与过热的急冷水和急冷油热交换后进入裂解炉的预热段。原料油供给必须保持连续、稳定，否则直接影响裂解操作的稳定性，甚至有损毁炉管的危险。因此原料油泵须有备用泵及自动切换装置。

（2）裂解和高压蒸汽系统 预热过的原料油入对流段初步预热后与稀释蒸汽混合，再进入裂解炉的第二预热段预热到一定温度，然后进入裂解炉辐射段5进行裂解。炉管出口的高温裂解气迅速进入急冷换热器6中，使裂解反应很快终止。

急冷换热器的给水先在对流段预热并局部汽化后送入高压汽包7，靠自然对流流入急冷换热器6中，产生11MPa的高压水蒸气，从汽包送出的高压水蒸气进入裂解炉预热段过热，过热至470℃后供压缩机的蒸汽透平使用。

（3）急冷油和燃料油系统 从急冷换热器6出来的裂解气再去油急冷器8中用急冷油直接喷淋冷却，然后与急冷油一起进入油洗塔9，塔顶出来的气体为氢、气态烃和裂解汽油以及稀释水蒸气和酸性气体。

裂解轻柴油从油洗塔9的侧线采出，经汽提塔13汽提其中的轻组分后，作为裂解轻柴油产品。裂解轻柴油含有大量的烷基萘，是制萘的好原料，常称为制萘馏分。塔釜采出重质燃料油。自油洗塔釜采出的重质燃料油，一部分经汽提塔12汽提出其中的轻组分后，作为重质燃料油产品送出，大部分则作为循环急冷油使用。循环急冷油分两股进行冷却，一股用来预热原料轻柴油之后，返回油洗塔作为塔的中段回流；另一股用来发生低压稀释蒸汽，急冷油本身被冷却后循环送至急冷器作为急冷介质，对裂解气进行冷却。

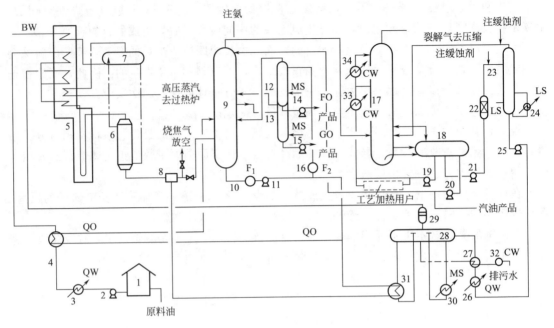

图 2-3　轻柴油裂解工艺流程

1—原料油储罐；2—原料油泵；3，4—原料油预热器；5—裂解炉；6—急冷换热器；7—汽包；
8—急冷器；9—油洗塔；10—急冷油过滤器；11—急冷油循环泵；12—燃料油汽提塔；13—裂解轻柴油汽提塔；
14—燃料油输送泵；15—裂解轻柴油输送泵；16—燃料油过滤器；17—水洗塔；18—油水分离器；
19—急冷水循环泵；20—汽油回流泵；21—工艺水泵；22—工艺水过滤器；23—工艺水汽提塔；
24—再沸器；25—稀释蒸汽发生器给水泵；26，27—预热器；28—稀释蒸汽发生器汽包；
29—分离器；30—中压蒸汽加热器；31—急冷油换热器；32—排污水冷却器；33，34—急冷水冷却器；
QW—急冷水；CW—冷却水；MS—中压水蒸气；LS—低压水蒸气；
QO—急冷油；BW—锅炉给水；GO—轻柴油；FO—燃料油

急冷油系统常会出现结焦堵塞而危及装置的稳定运转，结焦产生原因有二：一是急冷油与裂解气接触后超过 300℃ 时不稳定，会逐步缩聚成易于结焦的聚合物；二是不可避免地由裂解管、急冷换热器带来的焦粒。因此在急冷油系统内设置 6mm 滤网的过滤器 10，并在急冷器油喷嘴前设较大孔径的滤网和燃料油过滤器 16。

（4）急冷水和稀释水蒸气系统　裂解气在油洗塔 9 中脱除重质燃料油和裂解轻柴油后，由塔顶采出进入水洗塔 17，此塔的塔顶和中段用急冷水喷淋，使裂解气冷却，其中一部分的稀释水蒸气和裂解汽油就冷凝下来。冷凝下来的油水混合物由塔釜引至油水分离器 18，分离出的水一部分供工艺加热用，冷却后的水再经急冷水冷却器 33 和 34 冷却后，分别作为水洗塔 17 的塔顶和中段回流，此部分的水称为急冷循环水，另一部分相当于稀释水蒸气的水量，由工艺水泵 21 经过滤器 22 送入汽提塔 23，将工艺水中的轻烃汽提回水洗塔 17，保证塔釜中含油少于 100mg/L。此工艺水由稀释水蒸气发生器给水泵 25 送入稀释水蒸气发生器汽包 28，再分别由中压水蒸气加热器 30 和急冷油换热器 31 加热汽化产生稀释水蒸气，经气液分离器 29 分离后再送入裂解炉。这种稀释水蒸气循环使用系统，节约了新鲜的锅炉给水，也减少了污水的排放量。

油水分离槽 18 分离出的汽油，一部分由泵 20 送至油洗塔 9 作为塔顶回流而循环使用，另一部分从裂解中分离出的裂解汽油作为产品送出。经脱除绝大部分水蒸气和裂解汽油的裂解气，温度约为 40℃送至裂解气压缩系统。

2. 裂解气分离部分的工艺流程

（1）裂解气的组成　石油烃裂解的气态产品——裂解气是一个多组分的气体混合物，其中含有许多低级烃类，主要是甲烷、乙烯、乙烷、丙烯、丙烷与碳四、碳五、碳六等烃类，此外还有氢气和少量杂质如硫化氢和二氧化碳、水分、炔烃、一氧化碳等，其具体组成随裂解原料、裂解方法和裂解条件不同而异。表 2-1 列出了用不同裂解原料所得裂解气的组成。

表 2-1　不同裂解原料得到的几种裂解气组成　　单位：%（体积分数）

组　分	原料来源		
	乙烷裂解	石脑油裂解	轻柴油裂解
H_2O	4.34	4.98	5.40
H_2	34.0	14.09	13.18
$CO+CO_2+H_2S$	0.19	0.32	0.27
CH_4	4.39	26.78	21.24
C_2H_2	0.19	0.41	0.37
C_2H_4	31.51	26.10	29.34
C_2H_6	24.35	5.78	7.58
C_3H_4		0.48	0.54
C_3H_6	0.76	10.30	11.42
C_3H_8		0.34	0.36
C_4	0.18	4.85	5.21
C_5	0.09	1.04	0.51
$\geqslant C_6$		4.53	4.58

要得到高纯度的单一的烃，如重要的基本有机原料乙烯、丙烯等，就需要将它们与其他烃类和杂质等分离开来，并根据工业上的需要，使之达到一定的纯度，这一操作过程，称为裂解气的分离。裂解、分离、合成是有机化工生产中的三大加工过程。分离是裂解气提纯的必然过程，为有机合成提供原料，所以起到举足轻重的作用。

各种有机产品的合成，对于原料纯度的要求是不同的。有的产品对原料纯度要求不高，例如用乙烯与苯烷基化生产乙苯时，对乙烯纯度要求不太高。对于聚合用的乙烯和丙烯的质量要求则很严，生产聚乙烯、聚丙烯要求乙烯、丙烯纯度在 99.9% 或 99.5% 以上，其中有机杂质不允许超过 5~10mg/kg。这就要求对裂解气进行精细的分离和提纯，所以分离的程度可根据后续产品合成的要求来确定。

（2）裂解气分离方法　裂解气的分离和提纯工艺，是以精馏分离的方法完成的。精馏方法要求将组分冷凝为液态。甲烷和氢气不容易液化，碳二以上的馏分相对地比较容易液化。因此，裂解气在除去甲烷、氢气以后，其他组分的分离就比较容易。所以分离过程的主要矛盾是如何将裂解气中的甲烷和氢气先行分离。解决这对矛盾的不同措施，便构成了不同的分离方法。

工业生产上采用的裂解气分离方法，主要有深冷分离和油吸收精馏分离两种。

油吸收法是利用裂解气中各组分在某种吸收剂中的溶解度不同，用吸收剂吸收除甲烷和氢气以外的其他组分，然后用精馏的方法，把各组分从吸收剂中逐一分离。此方法流程简单，动力设备少，投资少。但技术经济指标和产品纯度差，现已被淘汰。

工业上一般把冷冻温度高于－50℃称为浅度冷冻（简称浅冷）；而在－50～－100℃之间称为中度冷冻；把等于或低于－100℃称为深度冷冻（简称深冷）。

深冷分离是在－100℃左右的低温下，将裂解气中除了氢和甲烷以外的其他烃类全部冷凝下来。然后利用裂解气中各种烃类的相对挥发度不同，在合适的温度和压力下，以精馏的方法将各组分分离开来，达到分离的目的。因为这种分离方法采用了－100℃以下的冷冻系统，故称为深度冷冻分离，简称深冷分离。

深冷分离法是目前工业生产中广泛采用的分离方法。它的经济技术指标先进，产品纯度高，分离效果好，但投资较大，流程复杂，动力设备较多，需要大量的耐低温合金钢。因此，适宜于加工精度高的大工业生产。本章重点介绍裂解气的精馏分离的深冷分离方法。

在深冷分离过程中，为把复杂的低沸点混合物分离开来需要有一系列操作过程组合。但无论各操作的顺序如何，总体可概括为三大部分。

① 压缩和冷冻系统。该系统的任务是加压、降温，以保证分离过程顺利进行。

② 气体净化系统。为了排除对后继操作的干扰，提高产品的纯度，通常设置有脱酸性气体、脱水、脱炔和脱一氧化碳等操作过程。

③ 低温精馏分离系统。这是深冷分离的核心，其任务是将各组分进行分离并将乙烯、丙烯产品精制提纯。它由一系列塔器构成，如脱甲烷塔、乙烯精馏塔和丙烯精馏塔等。

（3）裂解气的压缩　裂解气分离过程中需加压、降温，所以必须进行压缩与制冷来保证生产的要求。

在深冷分离装置中用低温精馏方法分离裂解气时，要求温度最低的部位是在甲烷和氢气的分离处，而且所需的温度随操作压力的降低而降低。例如，脱甲烷塔操作压力为3.0MPa时，为分离甲烷所需塔顶温度－90～－100℃，而为获得一定纯度的氢气，则所需温度更低。这不仅需要大量的冷量，而且要用很多耐低温钢材制造的设备，这无疑增大了投资和能耗，在经济上不够合理。所以生产中根据物质的冷凝温度随压力增加而升高的规律，可对裂解气加压，从而使各组分的冷凝点升高，即提高深冷分离的操作温度，这既有利于分离，又可节约冷冻量和低温材料。不同压力下某些组分的沸点如表2-2所示。

表 2-2　不同压力下某些组分的沸点　　　　单位：℃

组分	1.103×10^5 Pa	10.13×10^5 Pa	15.19×10^5 Pa	20.26×10^5 Pa	25.23×10^5 Pa	30.39×10^5 Pa
H_2	－263	－244	－239	－238	－237	－235
CH_4	－162	－129	－114	－107	－101	－95
C_2H_4	－104	－55	－39	－29	－20	－13
C_2H_6	－86	－33	－18	－7	3	11
C_3H_6	－47.7	9	29	37	44	47

从表2-2我们可以看出，乙烯在常压下沸点是－104℃，即乙烯气体需冷却到－104℃才能冷凝为液体，但当加压到10.13×10^5Pa时，只需冷却到－55℃乙烯气体即可以冷凝为液体。

对裂解气压缩冷却，能除掉相当量的水分和重质烃，以减少后继干燥及低温分离的负担。提高裂解气压力还有利于裂解气的干燥过程，提高干燥过程的操作压力，可以提高干燥剂的吸湿量，减少干燥器直径和干燥剂用量，提高干燥度。所以裂解气的分离首先需进行压缩。

裂解气经压缩后，不仅会使压力升高，而且气体温度也会升高，为避免压缩过程温升过大造成裂解气中双烯烃尤其是丁二烯之类的二烯烃在较高的温度下发生大量的聚合，以至形成聚合物堵塞叶轮流道和密封件，裂解气压缩后的气体温度必须要限制，压缩机出口温度一般不能超过 100℃，在生产上主要是通过裂解气的多段压缩和段间冷却相结合的方法来实现。

裂解气段间冷却通常采用水冷，相应各段入口温度一般为 38～40℃。采用多段压缩可以节省压缩做功的能量，效率也可提高，根据深冷分离法对裂解气的压力要求及裂解气压缩过程中的特点，目前工业上对裂解气大多采用三段～五段压缩。

压缩机采用多段压缩可减少压缩比，也便于在压缩段之间进行净化与分离，例如脱酸性气体、干燥和脱重组分可以安排在段间进行。

（4）裂解气的制冷　深冷分离裂解气需要把温度降到－100℃以下。为此，需向裂解气提供低于环境温度的冷剂。获得冷量的过程称为制冷。深冷分离中常用的制冷方法有两种：冷冻循环制冷和节流膨胀制冷。

① 冷冻循环制冷。冷冻循环制冷的原理是利用制冷剂自液态汽化时，要从物料或中间物料吸收热量因而使物料温度降低的过程。所吸收的热量，在热值上等于它的汽化潜热。液体的汽化温度（即沸点）是随压力的变化而改变的，压力越低，相应的汽化温度也越低。冷冻循环制冷包括氨蒸汽压缩制冷、丙烯制冷系统、乙烯制冷系统和乙烯-丙烯复迭制冷。

a. 氨蒸气压缩制冷。氨蒸气压缩制冷系统可由制冷、压缩、冷凝和膨胀四个基本过程组成。如图 2-4 所示。

在低压下液氨的沸点很低，当压力为 0.12MPa 时液氨的沸点为－30℃，液氨在此条件下，在蒸发器中蒸发变成氨蒸气，则必须从通入液氨蒸发器的被冷物料中吸取热量，产生制冷效果，使被冷物料冷却到接近－30℃。蒸发器中所得的是低温、低压的氨蒸气。为了使其液化，首先通过氨压缩机压缩，使氨蒸气压力升高。

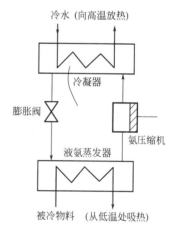

图 2-4　氨蒸气压缩制冷系统的工作过程示意图

高压下的氨蒸气的冷凝点较高，例如把氨蒸气加压到 1.55MPa 时，氨蒸气的冷凝点为 40℃，此时，可由普通冷水作冷却剂，使氨蒸气在冷凝器中变为液氨。

若液氨在 1.55MPa 压力下汽化，由于沸点为 40℃，不能得到低温，为此，必须把高压下的液氨，通过节流阀降压到 0.12MPa，若在此压力下汽化，温度可降到－30℃。节流膨胀后形成低压，低温的气液混合物进入蒸发器。在此液氨又重新开始下一次低温蒸发，形成一个闭合循环操作过程。

氨通过上述四个过程，构成了一个循环，称之为冷冻循环。这一循环，必须由外界向循环系统输入压缩功才能进行，因此，这一循环过程是消耗了机械功，换得了冷量。

氨是上述冷冻循环中完成转移热量的一种介质，工业上称为制冷剂或冷冻剂，冷冻剂本身物理化学性质决定了制冷温度的范围。如液氨降压到 0.098MPa 时进行蒸发，其蒸发温度为－33.4℃；如果降压到 0.011MPa，其蒸发温度为－40℃，但是在负压下操作是不安全的。因此，用氨作制冷剂，不能获得－100℃的低温。所以要获得－100℃的低温，必须用沸点更低的气体作为制冷剂。

原则上，沸点低的物质都可以用作制冷剂，而实际选用时，则需选用可以降低制冷装置投资、运转效率高，来源容易、毒性小的制冷剂。对乙烯装置而言，乙烯和丙烯为本装置产品，已有储存设施，且乙烯和丙烯已具有良好的热力学特性，因而均选用乙烯和丙烯作为制冷剂。在装置开工初期尚无乙烯产品时，可用混合 C_2 馏分代替乙烯作为制冷剂，待生产出合格乙烯后再逐步置换为乙烯。

b. 丙烯制冷系统。在裂解气分离装置中，丙烯制冷系统为装置提供 $-40℃$ 以上温度级的冷量。其主要冷量用户为裂解气的预冷、乙烯制冷剂冷凝、乙烯精馏塔、脱乙烷塔、脱丙烷塔塔顶冷凝等。最大用户是乙烯精馏塔塔顶冷凝器，占丙烯制冷系统总功率的 $60\%\sim70\%$；其次是乙烯制冷剂的冷凝和冷却占 $17\%\sim20\%$。在需要提供几个温度级冷量时，可采用多级节流多级压缩多级蒸发，以一个压缩机组同时提供几种不同温度级冷量，如丙烯冷剂从冷凝压力逐级节流到 $0.9MPa$、$0.5MPa$、$0.26MPa$、$0.14MPa$，并相应制取 $16℃$、$-5℃$、$-24℃$、$-40℃$ 四个不同温度级的冷量。

c. 乙烯制冷系统。乙烯制冷系统用于提供裂解气低温分离装置所需 $-40\sim-102℃$ 各温度级的冷量。其主要冷量用户为裂解气在冷箱中的预冷以及脱甲烷塔塔顶冷凝。如对高压脱甲烷的顺序分离流程，乙烯制冷系统冷量的 $30\%\sim40\%$ 用于脱甲烷塔塔顶冷凝，其余 $60\%\sim70\%$ 用于裂解气脱甲烷塔进料的预冷。大多数乙烯制冷系统均采用三级节流的制冷循环，相应提供三个温度级的冷量，通常提供 $-50℃$、$-70℃$、$100℃$ 左右三个温度级的冷量。

d. 乙烯-丙烯复迭制冷。用丙烯作制冷剂构成的冷冻循环制冷过程，把丙烯压缩到 $1.864MPa$ 的条件下，丙烯的冷凝点为 $45℃$，很容易用冷水冷却使之液化，但是在维持压力不低于常压的条件下，其蒸发温度受丙烯沸点的限制，只能达到 $-45℃$ 左右的低温条件，即在正压操作下，用丙烯作制冷剂，不能获得 $-100℃$ 的低温条件。

用乙烯作制冷剂构成冷冻循环制冷中，维持压力不低于常压的条件下，其蒸发温度可降到 $-103℃$ 左右，即乙烯作制冷剂可以获得 $-100℃$ 的低温条件，但是乙烯的临界温度为 $9.9℃$，临界压力为 $5.15MPa$，在此温度之上，不论压力多大，也不能使其液化，即乙烯冷凝温度必须低于其临界温度 $9.9℃$，所以不能用普通冷却水使之液化。为此，乙烯冷冻循环制冷中的冷凝器需要使用制冷剂冷却。工业生产中常采用丙烯作制冷剂来冷却乙烯，这样丙烯的冷冻循环和乙烯冷冻循环制冷组合在一起，构成乙烯-丙烯复迭制冷。见图 2-5。

在乙烯-丙烯复迭制冷循环中，冷水在换热器 2 中向丙烯供冷，带走丙烯冷凝时放出的热量，丙烯被冷凝为液体，然后，经节流膨胀降温，在复迭换热器中汽化，此时向乙烯气供冷，带走乙烯冷凝时放出的热量，乙烯气变为液态乙烯，液态乙烯经膨胀阀降压到换热器 1 中汽化，向被冷物料供冷，可使被冷物料冷却到 $-100℃$ 左右。在图 2-5 中可以看出，复迭换热器既是丙烯的蒸发器（向乙烯供冷），又是乙烯的冷凝器（向丙烯供热）。当然，在复迭换热器中一定要有温差存在，即丙烯的蒸发温度一定要比乙烯的冷凝温度低，才能组成复迭制冷循环。

用乙烯作制冷剂在正压下操作，不能获得 $-103℃$ 以下的制冷温度。生产中需要 $-103℃$ 以下的低温时，可采用沸点更低的制冷剂，如甲烷在常压下沸点是 $-161.5℃$，因而可制取 $-160℃$ 温度级的冷量。但是由于甲烷的临界温度是 $-82.5℃$，若要构成冷冻循环制冷，需用乙烯作制冷剂为其冷凝器提供冷量，这样就构成了甲烷-乙烯-丙烯三元复迭制冷。在这个系统中，冷水向丙烯供冷，丙烯向乙烯供冷，乙烯向甲烷供冷，甲烷向低于 $-100℃$ 冷量用户供冷。

② 节流膨胀制冷。节流膨胀制冷是气体由较高的压力通过一个节流阀迅速膨胀到较低

的压力，由于过程进行得非常快，来不及与外界发生热交换，膨胀所需的热量，必须由自身供给，从而引起温度降低。

工业生产中脱甲烷分离流程中，利用脱甲烷塔顶尾气的自身节流膨胀可降温到获得-130～-160℃的低温。

（5）裂解气的净化　裂解气在深冷精馏前首先要脱除其中所含杂质，包括脱酸性气体、脱水、脱炔和脱一氧化碳等。

① 酸性气体的脱除。裂解气中的酸性气体主要是指 CO_2 和 H_2S 和其他气态硫化物。此外尚含有少量的有机硫化物，如氧硫化碳（COS）、二硫化碳（CS_2）、硫醚（RSR′）、硫醇（RSH）、噻吩等，也可以在脱酸性气体操作过程中除去。

a. 酸性气体的来源。裂解气中的酸性气体，一部分是由裂解原料带来的，另一部分是由裂解原料在高温裂解过程中发生反应而生成的。

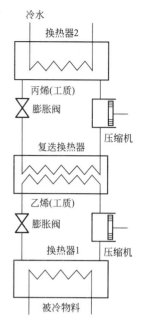

图 2-5　乙烯-丙烯复送制冷示意图

$$RSH + H_2 \longrightarrow RH + H_2S$$
$$CS_2 + 2H_2O \longrightarrow CO_2 + 2H_2S$$
$$COS + H_2O \longrightarrow CO_2 + H_2S$$
$$C + 2H_2O \longrightarrow CO_2 + 2H_2$$
$$CH_4 + 2H_2O \longrightarrow CO_2 + 4H_2$$

b. 酸性气体的危害。这些酸性气体含量过多时，对分离过程会带来危害：H_2S 能腐蚀设备管道，使干燥用的分子筛寿命缩短，还能使加氢脱炔用的催化剂中毒；CO_2 则在深冷操作中会结成干冰，堵塞设备和管道，影响正常生产。酸性气体杂质对于乙烯或丙烯的进一步利用也有危害，例如生产低压聚乙烯时，二氧化碳和硫化物会破坏聚合催化剂的活性。生产高压聚乙烯时，二氧化碳在循环乙烯中积累，降低乙烯的有效压力，从而影响聚合速率和聚乙烯的分子量。所以必须将这些酸性气体脱除。

c. 脱除的方法。工业生产中，一般采用吸收法脱除酸性气体，即在吸收塔内让吸收剂和裂解气进行逆流接触，裂解气中的酸性气体则有选择性地进入吸收剂中或与吸收剂发生化学反应。工业生产中常采用的吸收剂有 NaOH 或乙醇胺，用 NaOH 脱酸性气体的方法称碱洗法，用乙醇胺脱酸性气体的方法称乙醇胺法。两种方法具体情况比较如表 2-3 所示。

表 2-3　碱洗法与醇胺法脱除酸性气体的比较

方法	碱洗法	醇胺法
吸收剂	氢氧化钠(NaOH)	乙醇胺($HOCH_2CH_2NH_2$)
原理	$CO_2 + 2NaOH \rightleftharpoons Na_2CO_3 + H_2O$ $H_2S + 2NaOH \longrightarrow Na_2S + 2H_2O$	$2HOCH_2CH_2NH_2 + H_2S \rightleftharpoons (HOCH_2CH_2NH_3)_2S$ $2HOCH_2CH_2NH_2 + CO_2 + H_2O \rightleftharpoons (HOCH_2CH_2NH_3)_2CO_3$
优点	对酸性气体吸收彻底	吸收剂可再生循环使用,吸收液消耗少
缺点	碱液不能回收,消耗量较大	1. 醇胺法吸收不如碱洗彻底; 2. 醇胺法对设备材质要求高,投资相应增大(醇胺水溶液呈碱性,但当有酸性气体存在时,溶液 pH 值急剧下降,从而对碳钢设备产生腐蚀); 3. 醇胺溶液可吸收丁二烯和其他双烯烃(吸收双烯烃的吸收剂在高温下再生时易生成聚合物,由此既造成系统结垢,又损失了丁二烯)
适用情况	裂解气中酸性气体含量少时	裂解气中酸性气体含量多时

② 脱水．在乙烯生产过程中，为避免水分在低温分离系统中结冰或形成水合物，堵塞管道和设备，需要对裂解气、氢气、乙烯和丙烯进行脱水处理，以保证乙烯生产装置的稳定运行，并保证产品乙烯和丙烯中水分达到规定值。

a. 裂解气脱水。裂解气脱水的相关问题见表 2-4。

表 2-4 裂解气脱水问题总结

水的来源	水的危害	脱水的方法
由于裂解原料在裂解时加入一定量的稀释蒸汽，所得裂解气经急冷水洗和脱酸性气体的碱洗等处理，裂解气中不可避免地带一定量的水［约(400~700)×10⁻⁶］	在低温分离时，水会凝结成冰；另外在一定压力和温度下，水还能与烃类生成白色的晶体水合物，水合物在高压低温下是稳定的。冰和水合物结在管壁上，轻则增大动力消耗，重者使管道堵塞，影响正常生产	工业上对裂解气进行深度干燥的方法很多，主要采用固体吸附方法。吸附剂有硅胶活性氧化铝、分子筛等。目前广泛采用的效果较好的是分子筛吸附剂

b. 氢气脱水。裂解气中分离出的氢气用于碳二馏分和碳三馏分加氢的氢源时，也必经干燥脱水处理，否则会影响加氢效果，同时水分带入低温系统也会造成冻堵。氢气中多数水分是甲烷化法脱 CO 时产生的。

c. 碳二馏分脱水。实际生产中，碳二馏分加氢后物料中大约有 3mg/kg 的含水量，因此通常在乙烯精馏塔进料前设置碳二馏分干燥器。

d. 碳三馏分脱水。当部分未经干燥脱水的物料进入脱丙烷塔时，脱丙烷塔顶采出的碳三馏分含相当水分，必须进行干燥脱水处理。在碳三馏分气相加氢时，碳三馏分的干燥脱水设置在加氢之后，进入丙烯精馏塔之前；在碳三馏分液相加氢时，碳三馏分的干燥脱水一般安排在加氢之前。

③ 脱炔。

a. 炔烃的来源。在裂解反应中，由于烯烃进一步脱氢反应，使裂解气中含有一定量的乙炔，还有少量的丙炔、丙二烯。裂解气中炔烃的含量与裂解原料和裂解条件有关，对一定裂解原料而言，炔烃的含量随裂解深度的提高而增加。在相同裂解深度下，高温短停留时间的操作条件将生成更多的炔烃。

b. 炔烃的危害。少量乙炔、丙炔和丙二烯的存在可严重地影响乙烯、丙烯的质量。乙炔的存在还将影响合成催化剂寿命，恶化乙烯聚合物性能，若积累过多还具有爆炸的危险。丙炔和丙二烯的存在，将影响丙烯聚合反应的顺利进行。

c. 脱除的方法。在裂解气分离过程中，裂解气中的乙炔将富集于碳二馏分，丙炔和丙二烯将富集于碳三馏分。乙炔的脱除方法主要有溶剂吸收法和催化加氢法，溶剂法是采用特定的溶剂选择性将裂解气中少量的乙炔或丙炔和丙二烯吸收到溶剂中，达到净化的目的，同时也相应回收一定量的乙炔。催化加氢法是将裂解气中的乙炔加氢成为乙烯，两种方法各有优缺点。一般在不需要回收乙炔时，都采用催化加氢法脱除乙炔；丙炔和丙二烯的脱除方法主要是催化加氢法，此外一些装置也曾采用精馏法脱除丙烯产品中的炔烃。

选择性催化加氢法，是在催化剂存在下，炔烃加氢变成烯烃。它的优点是，不会给裂解气和烯烃馏分带入任何新杂质，工艺操作简单，又能将有害的炔烃变成产品烯烃。

碳二馏分加氢可能发生如下反应。

$$主反应：CH \equiv CH + H_2 \longrightarrow CH_2 = CH_2$$

$$副反应：CH \equiv CH + 2H_2 \longrightarrow CH_3 - CH_3$$

$$CH_2 = CH_2 + H_2 \longrightarrow CH_3 - CH_3$$

乙炔也可能聚合生成二聚、三聚等俗称绿油的物质。

碳三馏分加氢可能发生下列反应。

主反应：$CH{\equiv}C{-}CH_3 + H_2 \longrightarrow CH_2{=}CH{-}CH_3$

$\qquad\quad CH_2{=}C{=}CH_2 + H_2 \longrightarrow CH_2{=}CH{-}CH_3$

副反应：$CH_2{=}CH{-}CH_3 + H_2 \longrightarrow CH_3{-}CH_2{-}CH_3$

$\qquad\qquad nC_3H_4 \longrightarrow (C_3H_4)_n$（低聚物）

$\qquad\qquad C_4H_6 \longrightarrow$ 高聚物

生产中希望主反应发生，这样既可脱除炔烃，又可增加烯烃的收率；而不发生或少发生副反应，因为副反应虽除去了炔烃，乙烯或丙烯却受到损失，远不及主反应那样对生产有利。要实现这样的目的，最主要的是催化剂的选择，工业上脱炔用钯系催化剂为多，它是一种加氢选择性很强的催化剂，其加氢反应难易顺序为：丁二烯＞乙炔＞丙炔＞丙烯＞乙烯。

用催化加氢法脱除裂解气中的炔烃有前加氢和后加氢两种不同的工艺技术。在脱甲烷塔之前进行加氢脱炔称为前加氢，即氢气和甲烷尚没有分离之前进行加氢除炔，前加氢因氢气未分出就进行加氢，加氢用氢气是由裂解气中带入的，不需外加氢气，因此，前加氢又叫做自给加氢；在脱甲烷塔之后进行加氢脱炔称为后加氢，即裂解气中所含氢气、甲烷等轻质馏分分出后，再对分离所得到的碳二馏分和碳三馏分分别进行加氢的过程，后加氢所需氢气由外部供给。

前加氢由于氢气自给，故流程简单，能量消耗低，但前加氢有以下三个方面的不足。

首先，在加氢过程中，乙炔浓度很低，氢分压较高，因此，加氢选择性较差，乙烯损失量多；同时副反应的剧烈发生，不仅造成乙烯、丙烯加氢遭受损失，而且可能导致反应温度的失控，乃至出现催化剂床层温度飞速上升。

其次，当原料中乙炔、丙炔、丙二烯共存时，当乙炔脱除到合格指标时，丙炔、丙二烯却达不到要求的脱除指标。

最后，在顺序分离流程中，裂解气的所有组分均进入加氢除炔反应器，丁二烯未分出，导致丁二烯损失量较高，此外裂解气中较重组分的存在，对加氢催化剂性能有较大的影响，使催化剂寿命缩短。

后加氢是对裂解气分离得到的碳二馏分和碳三馏分，分别进行催化选择加氢，将碳二馏分中的乙炔，碳三馏分中的丙炔和丙二烯脱除，其优点有以下三个方面。

一是因为是在脱甲烷塔之后进行，氢气已分出，加氢所用氢气按比例加入，加氢选择性高，乙烯几乎没有损失；

二是加氢产品质量稳定，加氢原料中所含乙炔、丙炔和丙二烯的脱除均能达到指标要求；

三是加氢原料气体中杂质少，催化剂使用周期长，产品纯度也高。

但后加氢属外加氢操作，通入的本装置所产氢气中常含有甲烷。为了保证乙烯的纯度，加氢后还需要将氢气带入的甲烷和剩余的氢脱除，因此，需设第二脱甲烷塔，导致流程复杂，设备费用高。前加氢与后加氢的具体情况见表2-5。

所以前加氢与后加氢各有其优缺点，目前更多厂家采用后加氢方案，但前脱乙烷分离流程和前脱丙烷分离流程配上前加氢脱炔工艺技术，经济指标也较好。

④ 脱一氧化碳（甲烷化）。

a. CO的来源。裂解气中的一氧化碳是在裂解过程中由如下反应生成。

表 2-5　前加氢与后加氢技术的比较

项　目	前　加　氢	后　加　氢
工艺流程	比较简单	比较复杂(多第二脱甲烷塔)
反应器体积	较大	较小
能量消耗	较少	较多
操作难易	操作较易	较难
催化剂用量	较多,但不需经常再生	较少,但需经常再生
乙烯损失量	较多	较少

焦炭与稀释水蒸气反应：　　　　$C + H_2O \longrightarrow CO + H_2$

烃类与稀释水蒸气反应：　　　　$CH_4 + H_2O \longrightarrow CO + 3H_2$

$$C_2H_6 + 2H_2O \longrightarrow 2CO + 5H_2$$

b. CO 的危害。经裂解气低温分离，一氧化碳一部分富集于甲烷馏分中，另一部分富集于富氢馏分中。裂解气中少量的 CO 带入富氢馏分中，会使加氢催化剂中毒。另外，随着烯烃聚合高效催化剂的发展，对乙烯和丙烯的 CO 含量的要求也越来越高。因此脱除富氢馏分中的 CO 是十分必要的。

c. 脱除的方法。乙烯装置中采用的脱除 CO 的方法是甲烷化法，甲烷化法是在催化剂存在的条件下，使裂解气中的一氧化碳催化加氢生成甲烷和水，从而达到脱除 CO 的目的。其主反应方程式为如下所示。

$$CO + 3H_2 \longrightarrow CH_4 + H_2O$$

该反应是强放热反应，从热力学考虑温度稍低，对化学平衡有利。但温度低，反应速率慢。采用催化剂可以解决二者之间的矛盾。

(6) 裂解气的深冷分离流程　裂解气经压缩和制冷、净化过程为深冷分离创造了高压、低温和净化的条件。深冷分离的任务就是根据裂解气中各低碳烃相对挥发度的不同，用精馏的方法逐一进行分离，最后获得纯度符合要求的乙烯和丙烯产品。

深冷分离工艺流程比较复杂，设备较多，能量消耗大，并耗用大量钢材，故在组织流程时需全面考虑，因为这直接关系到建设投资、能量消耗、操作费用、运转周期、产品的产量和质量、生产安全等多方面的问题。裂解气深冷分离工艺流程，包括裂解气深冷分离中的每一个操作单元。每个单元所处的位置不同，可以构成不同的流程。目前具有代表性三种分离流程是：顺序分离流程，前脱乙烷分离流程和前脱丙烷分离流程。

① 顺序分离流程。顺序分离流程图 2-6 是按裂解气中各组分碳原子数由小到大的顺序进行分离，即先分离出甲烷、氢，其次是脱乙烷及乙烯的精馏，接着是脱丙烷和丙烯的精馏，最后是脱丁烷，塔底得 C_5 馏分。

裂解气经过离心式压缩机一、二、三级压缩，压力达到 1.0MPa，送入碱洗塔，脱去硫化氢、二氧化碳等酸性气体。碱洗后的裂解气经过压缩机的四五级压缩，压力达到 3.7MPa，经冷却到 15℃，去干燥器用 3A 干燥剂脱水，使裂解气的露点温度达到 -70℃ 左右。

干燥后的裂解气经过一系列冷凝冷却，在前冷箱中分出富氢和四股馏分，富氢经过甲烷化作为加氢用氢气；四股馏分进入脱甲烷塔的不同塔板，轻馏分温度低进入上层塔板，重的温度高进入下层塔板。脱甲烷塔塔顶脱去甲烷馏分。塔釜液是 C_2 以上馏分，进入脱乙烷塔，脱乙烷塔塔顶出 C_2 组分，塔釜液为 C_3 以上组分。

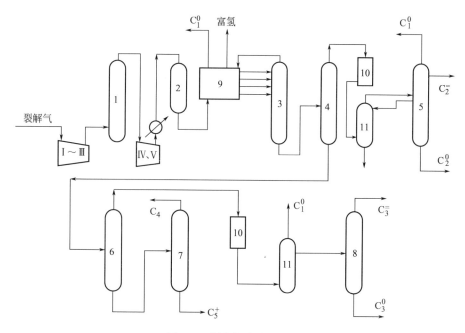

图 2-6　顺序深冷分离流程

1—碱洗塔；2—干燥器；3—脱甲烷塔；4—脱乙烷塔；5—乙烯塔；6—脱丙烷塔；

7—脱丁烷塔；8—丙烯塔；9—冷箱；10—加氢脱炔反应器；11—绿油塔

由脱乙烷塔塔顶出来的 C_2 馏分经过换热升温，进入气相加氢脱乙炔，在绿油塔中用乙烯塔来的侧线馏分洗去绿油，再经过 3A 分子筛干燥，然后送去乙烯塔。在乙烯塔的上部第八层塔板侧线引出纯度为 99.9％ 的乙烯产品，塔釜液为乙烷馏分，送回裂解炉作裂解原料，塔顶脱出甲烷、氢（在加氢脱乙炔时带入）。

脱乙烷塔釜液入脱丙烷塔，塔顶分出 C_3 馏分，塔釜液为 C_4 以上馏分，含有二烯烃，易聚合结焦，故塔釜温度不宜超过 100℃，并需加入阻聚剂。为了防止结焦堵塞，此塔一般有两个再沸器，以供轮换检修使用。

由脱丙烷塔蒸出的 C_3 馏分经过加氢脱丙炔和丙二烯，然后在绿油塔脱去绿油和加氢时带入的甲烷和氢，再入丙烯塔进行精馏，塔顶蒸出纯度为 99.9％ 的丙烯产品，塔釜液为丙烷馏分。脱丙烷塔的釜液在脱丁烷塔分成 C_4 馏分和 C_5 以上馏分，C_4 和 C_5 以上馏分分别送往下部工序，以便进一步分离和使用。

② 前脱乙烷分离流程。前脱乙烷分离流程如图 2-7 所示。该流程的压缩、碱洗及干燥等部分与顺序分离流程相同。不同的是干燥后的裂解气首先进入脱乙烷塔，塔顶分出 C_2 以下馏分，即甲烷、氢、C_2 馏分，然后送入（前）加氢反应器脱除乙炔，再经干燥器脱水后送入冷箱，冷箱作用与顺序分离流程相同，四股进料进入脱甲烷塔，塔顶分出甲烷、氢，塔釜的乙烷和乙烯送入乙烯精馏塔，经精馏塔顶得到乙烯产品；脱乙烷塔釜的 C_3 以上馏分，送入脱丙烷塔，后续流程与顺序分离流程相同。

③ 前脱丙烷分离流程。前脱丙烷分离流程是以脱丙烷塔为界限，将物料分为两部分，一部分为丙烷及比丙烷更轻的组分；另一部分为 C_4 及比 C_4 更重的组分，然后再将这两部分各自进行分离，获得所需产品。

前脱丙烷分离流程如图 2-8 所示。裂解气经 Ⅰ、Ⅱ、Ⅲ 段压缩后，经碱洗塔和干燥器首

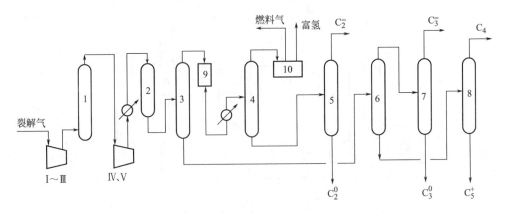

图 2-7　前脱乙烷分离流程工艺流程

1—碱洗塔；2—干燥器；3—脱乙烷塔；4—脱甲烷塔；5—乙烯塔；

6—脱丙烷塔；7—丙烯塔；8—脱丁烷塔；9—加氢脱炔反应器；10—冷箱

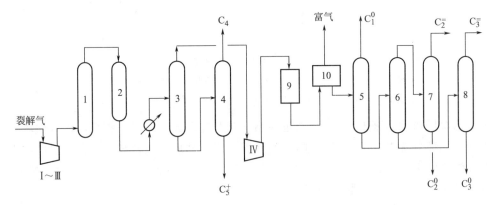

图 2-8　前脱丙烷深冷分离流程

1—碱洗塔；2—干燥器；3—脱丙烷塔；4—脱丁烷塔；5—脱甲烷塔；

6—脱乙烷塔；7—乙烯塔；8—丙烯塔；9—加氢脱炔反应器；10—冷箱

先进入脱丙烷塔，塔顶分出 C_3 以下馏分，即甲烷、氢、C_2 馏分和 C_3 馏分，再进入 Ⅳ、Ⅴ 段压缩，之后经冷箱进入脱甲烷塔，后序操作与顺序分离流程相同；脱丙烷塔釜得到的 C_4 以上馏分，送入脱丁烷塔，塔顶分出 C_4 馏分，塔釜得 C_5 馏分。

④ 三种流程的比较。三种工艺流程的比较见表 2-6 所示。

⑤ 脱甲烷。脱甲烷塔的中心任务是将裂解气中甲烷-氢和乙烯及比乙烯更重的组分进行分离，分离过程是利用低温，使裂解气中除甲烷-氢外的各组分全部液化，然后将不凝气体甲烷-氢分出。分离的轻组分是甲烷，重组分为乙烯。对于脱甲烷塔，希望塔釜中甲烷的含量应该尽可能低，以利于提高乙烯的纯度。塔顶尾气中乙烯的含量应尽可能少，以利于提高乙烯的回收率，所以脱甲烷塔对保证乙烯的回收率和纯度起着决定性的作用；同时脱甲烷塔是分离过程中温度最低的塔，能量消耗也最多，所以脱甲烷塔是精馏过程中关键塔之一。对整个深冷分离系统来说，设计上的考虑、工艺上的安排、设备和材料的选择，都是围绕脱甲烷塔而进行的。

在生产中，脱甲烷塔系统为了防止低温设备散冷，减少其与环境接触的表面积，常把节流膨胀阀、高效板式换热器、气液分离器等低温设备，封闭在一个有绝热材料做成的箱子

表 2-6　三种工艺流程的比较

比较项目	顺序分离流程	前脱乙烷分离流程	前脱丙烷分离流程
操作问题	脱甲烷塔在最前,釜温低,再沸器中不易发生聚合而堵塞	脱乙烷塔在最前,压力高,釜温高,如 C_4 以上烃含量多,二烯烃在再沸器聚合,影响操作且损失丁二烯	脱丙烷在最前,且放置在压缩机段间,低压时就除去了丁二烯,再沸器中不易发生聚合而堵塞
冷量消耗	全馏分都进入了脱甲烷塔,加重了脱甲烷塔的冷冻负荷,消耗高能级位的冷量多,冷量利用不够合理	C_3、C_4 烃不在脱甲烷而是在脱乙烷塔冷凝,消耗低能级位的冷量,冷量利用合理	C_4 烃在脱丙烷塔冷凝,冷量利用比较合理
分子筛干燥负荷	分子筛干燥是放在流程中压力较高、温度较低的位置,对吸附有利,容易保证裂解气的露点,负荷小	与顺序分离流程相同	由于脱丙烷塔在压缩机三段出口,分子筛干燥只能放在压力较低的位置,以吸附不利,且三段出口 C_3 以上重质烃不能较多冷凝下来,负荷大
加氢脱炔方案	多采用后加氢	可用后加氢,但最有利于采用前加氢	可用后加前,但加氢经济效果更好
塔径大小	脱甲烷塔负荷大,塔径大,且耐低温钢材耗用多	脱甲烷塔负荷小,塔径小,而脱乙烷塔塔径大	脱丙烷塔负荷大,塔径大,脱甲烷塔塔径介于前两种流程之间
对原料的适应性	对原料适应性强,无论裂解气轻、重均可	最适合 C_3、C_4 烃含量较多而丁二烯含量少的气体	可处理较重的裂解气,对含 C_4 烃较多的裂解气,本流程更能体现其优点
采用该流程的公司	美国鲁姆斯公司和凯洛格公司	德国林德公司和美国布朗路特公司	美国斯通-韦伯斯特公司

中,此箱称之为冷箱。冷箱可用于气体和气体、气体和液体、液体和液体之间的热交换,在同一个冷箱中允许多种物质同时换热,冷量利用合理,从而省掉了一个庞大的列管式换热系统,起到了节能的作用。

　　按冷箱在流程中所处的位置,可分为前冷(又称前脱氢)和后冷(又称后脱氢)两种。冷箱在脱甲烷塔之前的称为前冷流程,冷箱在脱甲烷塔之后的称为后冷流程。前冷流程适用于规模较大、自动化程度较高、原料较稳定、需要获得纯度较高的副产氢的场合。目前工业生产中应用前冷流程的较多。

　　⑥ 乙烯的精馏。乙烯精馏的目的是以混合 C_2 馏分为原料,分离出合格的乙烯产品,并在塔釜得到乙烷产品。C_2 馏分经加氢脱炔后,主要含有乙烷和乙烯。乙烷-乙烯馏分在乙烯塔中进行精馏,塔顶得到聚合级乙烯,塔釜液为乙烷,乙烷可返回裂解炉进行裂解。乙烯精馏塔是出成品的塔,它消耗冷量较大,为总制冷量的 $38\%\sim44\%$,仅次于脱甲烷塔。因此它的操作好坏,直接影响着产品的纯度、收率和成本,所以乙烯精馏塔也是深冷分离中的一个关键塔。

　　a. 乙烯精馏的方法。压力对乙烷-乙烯的相对挥发度有较大的影响,压力增大,相对挥发度降低,使塔板数增多或回流比加大,对乙烷-乙烯的分离不利。当压力一定时,塔顶温度就决定了出料组成。如操作温度升高,塔顶重组分含量就会增加,产品纯度就下降;如果温度太低,则浪费冷量,同时,塔釜温度控制低了,塔釜轻组分含量升高,乙烯收率下降;如釜温太高,会引起重组分结焦,对操作不利。

　　乙烯塔进料中乙烷和乙烯占 99.5%以上,所以乙烯塔可看作是二元精馏系统。根据相律,乙烯-乙烷二元气液系统的自由度为 2。塔顶乙烯纯度是根据产品质量要求来规定的。

所以温度与压力两个因素只能规定一个,例如规定了塔压,相应温度也就定了。所以生产中有低压开式热泵流程和高压乙烯精馏工艺流程。

低压乙烯精馏塔的操作压力一般为 0.5~0.8MPa,此时塔顶冷凝温度为-50~-60℃,塔顶冷凝器需要乙烯作为制冷剂。生产中常采用开式热泵。

高压乙烯精馏塔的操作压力一般为 1.9~2.3MPa,相应塔顶温度为-23~-35℃,塔顶冷凝器使用丙烯冷剂即可。

b. 乙烯精馏塔的节能。乙烯精馏塔与脱甲烷塔相比,前者精馏段的塔板数较多,回流比大。大回流比对精馏段操作有利,可提高乙烯产品的纯度,对提馏段则不起作用。为了回收冷量在提馏段采用中间再沸器装置,这是对乙烯塔的一个改进。

在后加氢工艺中乙烯精馏塔的进料还含有少量甲烷,它会带入塔顶馏分乙烯中,影响产品的纯度。因此,在乙烯精馏塔之前可设置第二脱甲烷塔,将甲烷脱去后再作乙烯精馏塔的进料。但目前工业上多不设第二脱甲烷塔,而采用侧线出料法,即在乙烯塔顶附近的几块塔板(7、8块),侧线引出高纯度乙烯,而塔顶引出含少量甲烷的粗乙烯回压缩系统,这是对乙烯精馏塔的第二个改进。这一改进就相当于一塔起到二塔的作用。由于塔顶段(侧线出料口至塔顶)采用了乙烯的大量回流,因而这对脱甲烷作用要比设置第二脱甲烷塔还有利,既简化了流程,又节省了能量。由于将第二个塔的负荷集中于一个塔进行,所以对塔的自动化控制程度要求较高,另外因为塔顶气相引入冷凝器的不是纯乙烯,故此时乙烯塔就不能采用热泵精馏。

⑦ 丙烯的精馏。丙烯精馏塔就是分离丙烯-丙烷的塔,塔顶得到丙烯,塔底得到丙烷。由于丙烯-丙烷的相对挥发度很小,彼此不易分离,要达到分离目的,就得增加塔板数、加大回流比,所以,丙烯塔是分离系统中塔板数最多、回流比最大的一个塔,也是运转费和投资费较多的一个塔。

目前,丙烯精馏塔操作有高压法与低压法两种。压力在 1.7MPa 以上的称高压法,高压法的塔顶蒸汽冷凝温度高于环境温度,因此,可以用工业水进行冷凝,产生凝液回流。塔釜用急冷水(目前较多的是利用水洗塔出来的约 85℃以上温度的急冷水作加热介质)或低压蒸气进行加热,这样设备简单,易于操作。缺点是回流比大,塔板数多。压力在 1.2MPa 以下的称低压法,低压法的操作压力低,有利于提高物料的相对挥发度,从而塔板数和回流比就可减少。由于此时塔顶温度低于环境温度,故塔顶蒸气不能用工业水来冷凝,必须采用制冷剂才能达到凝液回流的目的。工业上往往采用热泵系统。

由于操作压力不同,塔的操作条件和动力的相对消耗也有较大的差异。低压法(热泵流程)多消耗丙烯压缩动力,而少消耗水和蒸汽;高压法则少消耗丙烯压缩动力,而多消耗冷却水。

三、石油烃裂解生产乙烯的典型设备

1. 裂解炉

裂解条件需要高温、短停留时间,所以裂解反应的设备,必须是一个能够获得相当高温度的裂解炉,裂解原料在裂解管内迅速升温并在高温下进行裂解,产生裂解气。管式炉裂解工艺是目前较成熟的生产乙烯工艺技术,我国近年来引进的裂解装置都是管式裂解炉。管式炉炉型结构简单,操作容易,便于控制和能连续生产,乙烯、丙烯收率较高,动力消耗少,热效率高,裂解气和烟道气的余热大部分可以回收。

管式炉裂解技术的反应设备是裂解炉,它既是乙烯装置的核心,又是挖掘节能潜力的关

键设备。

（1）管式炉的基本结构　为了提高乙烯收率和降低原料和能量消耗，多年来管式炉技术取得了较大进展，并不断开发出各种新炉型。尽管管式炉有不同型式，但从结构上看，总是包括对流段（或称对流室）和辐射段（或称辐射室）组成的炉体、炉体内适当布置的由耐高温合金钢制成的炉管、燃料燃烧器等三个主要部分。

① 炉体。由两部分组成，即对流段和辐射段。对流段内设有数组水平放置的换热管用来预热原料、工艺稀释水蒸气、急冷锅炉进水和过热的高压蒸汽等；辐射段由耐火砖（里层）和隔热砖（外层）砌成，在辐射段炉墙或底部的一定部位安装有一定数量的燃烧器，所以辐射段又称为燃烧室或炉膛，裂解炉管垂直放置在辐射室中央。为放置炉管，还有一些附件，如管架、吊钩等。

② 炉管。炉管前一部分安置在对流段的称为对流管，对流管内物料被管外的高温烟道气以对流方式进行加热并汽化，达到裂解反应温度后进入辐射管，故对流管又称为预热管。炉管后一部分安置在辐射段的称为辐射管，通过燃料燃烧的高温火焰、产生的烟道气、炉墙辐射加热将热量经辐射管管壁传给物料，裂解反应在该管内进行，故辐射管又称为反应管。

在管式炉运行时，裂解原料的流向是先进入对流管，再进入辐射管，反应后的裂解产物离开裂解炉经急冷段给予急冷。燃料在燃烧器燃烧后，则先在辐射段生成高温烟道气并向辐射管提供大部分反应所需热量。然后，烟道气再进入对流段，把余热提供给刚进入对流管内的物料，然后经烟道从烟囱排放。烟道气和物料是逆向流动的，这样热量利用更为合理。

③ 燃烧器。燃烧器又称为烧嘴，它是管式炉的重要部件之一。管式炉所需的热量是通过燃料在燃烧器中燃烧得到的。性能优良的烧嘴不仅对炉子的热效率、炉管热强度和加热均匀性起着十分重要的作用，而且使炉体外形尺寸缩小、结构紧凑、燃料消耗低，烟气中NO_x等有害气体含量低。烧嘴因其所安装的位置不同分为底部烧嘴和侧壁烧嘴。管式裂解炉的烧嘴设置方式可分为三种：一是全部由底部烧嘴供热；二是全部由侧壁烧嘴供热；三是由底部和侧壁烧嘴联合供热。按所用燃料不同，又分为气体燃烧器、液体（油）燃烧器和气油联合燃烧器。

（2）管式裂解炉的炉型　由于裂解炉管构型及布置方式和烧嘴安装位置及燃烧方式的不同，管式裂解炉的炉型有多种，现列举一些有代表性的炉型。

① 鲁姆斯裂解炉。SRT 型裂解炉即短停留时间炉，是美国鲁姆斯（Lummus）公司于1963 年开发，1965 年工业化，以后又不断地改进了炉管的炉型及炉子的结构，先后推出了SRT-Ⅰ～Ⅵ型裂解炉，该炉型的不断改进，是为了进一步缩短停留时间，改善裂解选择性，提高乙烯的收率，对不同的裂解原料有较大的灵活性。

SRT 型炉是目前世界上大型乙烯装置中应用最多的炉型。中国的燕山石油化工公司、扬子石油化工公司和齐鲁石油化工公司的乙烯生产装置均采用此种裂解炉。

② 凯洛格毫秒裂解炉。超短停留时间裂解炉简称 USRT 炉，是美国凯洛格（Kellogg）公司在 20 世纪 60 年代开始研究开发的一种炉型。1978 年开发成功，在高裂解温度下，使物料在炉管内的停留时间缩短到 0.05～0.1s（50～100ms），所以也称为毫秒裂解炉。毫秒炉由于管径较小，所需炉管数量多，致使裂解炉结构复杂，投资相对较高。因裂解管是一程，没有弯头，阻力降小，烃分压低，因此乙烯收率比其他炉型高。我国兰州石化公司采用此技术。

③ USC 裂解炉。超选择性裂解炉简称 USC 炉。它是美国斯通-韦伯斯特（Stone &

Webster) 公司在 20 世纪 70 年代开发的一种炉型，USC 裂解技术是根据停留时间、裂解温度和烃分压条件的选择，使生成的产品中乙烷等副产品较少，乙烯收率较高而命名的。短的停留时间和低的烃分压使裂解反应具有良好的选择性。中国大庆石油化工总厂以及世界上很多石油化工厂都采用它来生产乙烯及其联产品。

目前，工业装置中所采用的管式炉裂解技术有十几种，除以上介绍的外，还有 KTI 公司的 GK 裂解炉，Linde 公司的 LSCC 型裂解炉等。

我国在 20 世纪 90 年代，北京化工研究院、中国石化工程建设公司、兰州化工机械研究院等单位对裂解炉技术进行深入研究和消化吸收，相继开发了多种具有同期世界先进水平的高选择性 CBL 裂解炉，并在辽化、齐鲁石化、吉化、抚顺石化、燕化、天津乙烯和中原乙烯建成投产了 9 台 CBL-Ⅰ、CBL-Ⅱ、CBL-Ⅲ和 CBL-Ⅳ型炉，主要技术经济指标与同期国际水平相当。

近年来，中国石化与 Lummus 公司合作开发了 SL-Ⅰ和 SL-Ⅱ型两种大型裂解炉技术，并已投产，目前正在合作开发 SL-Ⅲ型裂解炉技术。

（3）裂解过程对管式炉的要求　对一个性能良好的管式炉来说，主要有以下几方面的要求。

① 适应多种原料的灵活性。灵活性是指同一台裂解炉可以裂解多种石油烃原料。

② 炉管热强度高，炉子热效率高由于原料升温，转化率增长快，需要大量吸热，所以要求热强度大，管径小可使比表面积增大，可满足要求；燃料燃烧除提供裂解反应所需的有效总热负荷外，还有散热损失、化学不完全燃烧损失、排烟损失等，损失越少，则炉子热效率越高。

③ 炉膛温度分布均匀。目的是消除炉管局部过热所导致的局部结焦，达到操作可靠、运转连续、延长炉管寿命。

④ 生产能力大。裂解炉的生产能力一般以每台裂解炉每年生产的乙烯量来表示。为了适应乙烯装置向大型化发展的趋势，各乙烯技术专利商纷纷推出大型裂解炉。裂解炉大型化减少了各裂解装置所需的炉子数量，一方面降低了单位乙烯投资费用，减少了占地面积；另一方面，裂解炉台数减少，使散热损失下降，节约了能量，方便了设备操作、管理，降低了乙烯的生产成本、维修等费用。目前运行的单台气体裂解炉最大生产能力已达到 21 万吨，单台液体裂解炉最大生产能力达到 18 万～20 万吨。

⑤ 运转周期长。裂解反应不可避免地总有一定数量的焦炭沉积在炉管管壁和急冷设备管壁上。当炉内管壁温度和压力降达到允许的极限范围值时，必须停炉进行清焦。裂解炉投料后，其连续运转操作时间，称为运转周期，一般以天数表示。所以，减缓结焦速率、延长炉子运转周期同样是考核一台裂解炉性能的主要指标。

不同的乙烯生产技术对裂解炉要求不同，因而有各种不同炉型的裂解炉以适应并满足其要求。

2. 热泵

常规的精馏塔都是从塔顶冷凝器取走热量，由塔釜再沸器供给热量，通常塔顶冷凝器取走的热量是塔釜再沸器加入热量的 90% 左右，能量利用很不合理。如果能将塔顶冷凝器取走的热量传递给塔釜再沸器，就可以大幅度地降低能耗。但同一塔的塔顶温度总是低于塔釜温度，根据热力学第二定律，"热量不能自动地从低温流向高温"，所以需从外界输入功。这种通过做功将热量从低温热源传递给高温热源的供热系统称为热泵系统。该热泵系统是既向塔顶供冷又向塔釜供热的制冷循环系统。

常用的热泵系统有闭式热泵系统、开式 A 型热泵系统和开式 B 型热泵系统等几种。如图 2-9 所示。

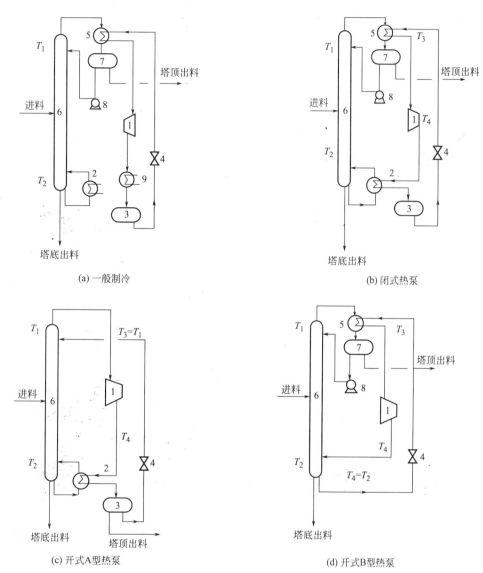

(a) 一般制冷　　　　　　　　　　　　　(b) 闭式热泵

(c) 开式A型热泵　　　　　　　　　　　(d) 开式B型热泵

图 2-9　热泵的几种形式

1—压缩机；2—再沸器；3—制冷剂储罐；4—节流阀；5—塔顶冷凝器；
6—精馏塔；7—回流罐；8—回流泵；9—冷剂冷凝器

闭式热泵：塔内物料与制冷系统介质之间是封闭的，而用外界的工作介质为制冷剂。液态制冷剂在塔顶冷凝器 5 中蒸发，使塔顶物料冷凝，蒸发的制冷剂气体再进入压缩机 1 升高压力，然后在塔釜再沸器 2 中冷凝为液体，放出的热量传递给塔釜物料，液体制冷剂通过节流阀 4 降低压力后再去塔顶换热，完成一个循环，这样塔顶低温处的热量，通过制冷剂而传到塔釜高温处。在此流程中，制冷循环中的制冷剂冷凝器与塔釜再沸器合成一个设备，在此设备中，制冷剂冷凝放热，而釜液吸热蒸发。闭式热泵特点是操作简便、稳定，物料不会污染，出料质量容易保证。但流程复杂，设备费用较高。

开式 A 型热泵流程，不用外来制冷剂，直接以塔顶蒸出低温烃蒸气作为制冷剂，经压缩提高压力和温度后，送去塔釜换热，放出热量而冷凝成液体。凝液部分出料，部分经节流降温后流入塔。此流程省去了塔顶换热器。

开式 B 型热泵流程，直接以塔釜出料为制冷剂，经节流后送至塔顶换热，吸收热量蒸发为气体，再经压缩升压升温后，返回塔釜。塔顶烃蒸气则在换热过程中放出热量凝成液体。此流程省去了塔釜再沸器。

开式热泵特点是流程简单，设备费用较闭式热泵少，但制冷剂与物料合并，在塔操作不稳定时，物料容易被污染，因此自动化程度要求较高。

在裂解气分离中，可将乙烯制冷系统与乙烯精馏塔组成乙烯热泵，也可将丙烯制冷系统与丙烯精馏塔组成丙烯热泵，两者均可提高精馏的热效率，但必须相应增加乙烯制冷压缩机或丙烯制冷压缩机的功耗。对于丙烯精馏来说，丙烯塔采用低压操作时，多用热泵系统。当采用高压操作时，由于操作温度提高，冷凝器可以用冷却水作制冷剂，故不需用热泵。对于乙烯精馏来说，乙烯精馏塔塔顶冷凝器是丙烯制冷系统的最大用户，其用量约占丙烯制冷总功率的 60%～70%，采用乙烯热泵不仅可以节约大量的冷量，有显著的节能作用，而且可以省去低温下操作的换热器、回流罐和回流泵等设备，因此乙烯热泵得到了更多的利用。

四、石油烃热裂解生产乙烯的操作条件

石油烃裂解所得产品收率与裂解原料的性质密切相关。而对相同裂解原料而言，则裂解所得产品收率取决于裂解过程的工艺条件。只有选择合适的工艺条件，并在生产中平稳操作，才能达到理想的裂解产品收率分布，并保证合理的清焦周期。

1. 裂解温度

从热力学分析，裂解是吸热反应，需要在高温下才能进行。温度越高对生成乙烯、丙烯越有利，但对烃类分解成碳和氢的副反应也越有利，即二次反应在热力学上占优势；从动力学角度分析，升高温度，石油烃裂解生成乙烯反应速率的提高大于烃分解为碳和氢的反应速率，即提高反应温度，有利于提高一次反应对二次反应的相对速率，有利于乙烯收率的提高，所以一次反应在动力学上占优势。因此应选择一个最适宜的裂解温度，发挥一次反应在动力学上的优势，而克服二次反应在热力学上的优势，既可提高转化率，也可得到较高的乙烯收率。

一般当温度低于 750℃时，生成乙烯的可能性较小，或者说乙烯收率较低；在 750℃以上生成乙烯可能性增大，温度越高，反应的可能性越大，乙烯的收率越高。但当反应温度太高，特别是超过 900℃时，甚至达到 1100℃时，对结焦和生碳反应极为有利，同时生成的乙烯又会经历乙炔中间阶段而生成碳，这样原料的转化率虽有增加，产品的收率却大大降低。表 2-7 温度对乙烷转化率及乙烯收率的关系正说明了这个结论。

表 2-7　温度对乙烷转化率及乙烯收率的关系

项　　目	832℃	871℃
按分解乙烷计的乙烯产率/%	89.4	86.0
停留时间/s	0.0278	0.0278
乙烷单程转化率/%	14.8	34.4

所以理论上烃类裂解制乙烯的最适宜温度一般在 750～900℃之间，而实际裂解温度的选择还与裂解原料、产品分布、裂解技术、停留时间等因素有关。

不同的裂解原料具有不同最适宜的裂解温度，较轻的裂解原料，裂解温度较高；较重的裂解原料，裂解温度较低。如某厂乙烷裂解炉的裂解温度是850～870℃，石脑油裂解炉的裂解温度是840～865℃，轻柴油裂解炉的裂解温度是830～860℃；若改变反应温度，裂解反应进行的程度就不同，一次产物的分布也会改变，所以可以选择不同的裂解温度，达到调整一次产物分布的目的，如裂解目的产物是乙烯，则裂解温度可适当地提高，如果要多产丙烯，裂解温度可适当降低；提高裂解温度还受炉管合金的最高耐热温度的限制，也正是管材合金和加热炉设计方面的进展，使裂解温度可从最初的750℃提高到900℃以上，目前某些裂解炉管已允许壁温达到1115～1150℃，但这不意味着裂解温度可选择1100℃以上，它还受到停留时间的限制。

2. 停留时间

停留时间是指裂解原料由进入裂解辐射管到离开裂解辐射管所经过的时间，即反应原料在反应管中停留的时间。停留时间一般用 τ 来表示，单位为 s。

如果裂解原料在反应区停留时间太短，大部分原料还来不及反应就离开了反应区，原料的转化率很低，这样就增加了未反应原料的分离、回收的能量消耗；原料在反应区停留时间过长，对促进一次反应是有利的，故转化率较高，但二次反应更有时间充分进行，一次反应生成的乙烯大部分都发生二次反应而消失，乙烯收率反而下降。同时二次反应的进行，生成更多焦和碳，缩短了裂解炉管的运转周期，既浪费了原料，又影响正常的生产进行。表2-8停留时间对乙烷转化率和乙烯收率的影响可以说明这一问题。

表 2-8 停留时间对乙烷转化率和乙烯收率的影响

项 目	832℃	871℃
停留时间/s	0.0278	0.0805
乙烷单程转化率/%	14.8	60.2
按分解乙烷计的乙烯收率/%	89.4	76.5

所以选择合适的停留时间，既可使一次反应充分进行，又能有效地抑制并减少二次反应。

停留时间的选择主要取决于裂解温度，当停留时间在适宜的范围内，乙烯的生成量较大，而乙烯的损失较小，即有一个最高的乙烯收率称为峰值收率。如图2-10中曲线2所示。不同的裂解温度，所对应的峰值收率不同，温度越高，乙烯的峰值收率越高，相对应的最适宜的停留时间越短，这是因为二次反应主要发生在转化率较高的裂解后期，如控制很短的停留时间，一次反应产物还没来得及发生二次反应就迅速离开了反应区，从而提高了乙烯的收率。

停留时间的选择除与裂解温度有关外，也与裂解原料和裂解工艺技术等有关，在一定的反应温度下，每一种裂解原料，都有它最适宜的停留时间，如裂解原料较重，则停留时间应短一些，原料较轻则可选择稍长一些；20世纪50年代由于受裂解技术限制，停

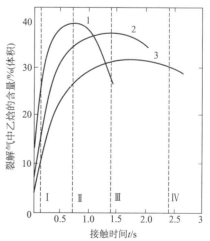

图 2-10 温度和停留时间
对乙烷裂解反应的影响

1—843℃；2—816℃；3—782℃

留时间为 1.8～2.5s，目前一般为 0.15～0.25s（二程炉管），单程炉管可达 0.1s 以下，即以毫秒计。

3. 裂解反应的压力

（1）压力对平衡转化率的影响　烃类裂解的一次反应是分子数增加的反应，降低压力对反应平衡向正反应方向移动是有利的，但是高温条件下，断链反应的平衡常数很大，几乎接近全部转化，反应是不可逆的，因此改变压力对断链反应的平衡转化率影响不大。对于脱氢反应，它是一可逆过程，降低压力有利于提高转化率。二次反应中的聚合、脱氢缩合、结焦等二次反应，都是分子数减少的反应，因此降低压力不利于平衡向产物方向移动，可抑制此类反应的发生。所以从热力学分析可知，降低压力对一次反应有利，而对二次反应不利。

（2）压力对反应速率的影响　烃类裂解的一次反应，是单分子反应，其反应速率可表示为

$$r_{裂} = k_{裂} C$$

烃类聚合或缩合反应为多分子反应，其反应速率为

$$r_{聚} = k_{聚} C_n , \quad r_{缩} = k_{缩} C_A C_B$$

压力不能改变速率常数 k 的大小，但能通过改变浓度 C 的大小来改变反应速率 r 的大小。降低压力会使气相的反应分子的浓度减少，也就减少了反应速率。由以上三式可见，浓度的改变虽对三个反应速率都有影响，但降低的程度不一样，浓度的降低使双分子和多分子反应速率的降低比单分子反应速率要大得多。

所以从动力学分析得出：降低压力可增大一次反应对于二次反应的相对速率。

故无论从热力学还是动力学分析，降低裂解压力对增产乙烯的一次反应有利，可抑制二次反应，从而减轻结焦的程度。表 2-9 说明了压力对裂解反应的影响。

表 2-9　压力对一次反应和二次反应的影响

因　　素		一次反应	二次反应
热力学因素	反应后体积的变化	增大	减少
	降低压力对平衡的影响	有利提高平衡转化率	不利提高平衡转化率
动力学因素	反应分子数	单分子反应	双分子或多分子反应
	降低压力对反应速率的影响	不利提高	更不利提高
	降低压力对反应速率的相对变化的影响	有利	不利

（3）稀释剂的降压作用　如果在生产中直接采用减压操作，因为裂解是在高温下进行的，当某些管件连接不严密时，有可能漏入空气，不仅会使裂解原料和产物部分氧化而造成损失，更严重的是空气与裂解气能形成爆炸性混合物而导致爆炸。另外如果在此处采用减压操作，而对后继分离部分的裂解气压缩操作就会增加负荷，即增加了能耗。工业上常用的办法是在裂解原料气中添加稀释剂以降低烃分压，而不是降低系统总压。

稀释剂可以是惰性气体（例如氮）或水蒸气。工业上都是用水蒸气作为稀释剂，其优点是以下六个方面。

① 易于从裂解气中分离。水蒸气在急冷时可以冷凝，很容易就实现了稀释剂与裂解气的分离。

② 抑制腐蚀。可以抑制原料中的硫对合金钢管的腐蚀。

③ 可脱除炉管的部分结焦。水蒸气在高温下能与裂解管中沉淀的焦炭发生如下反应：

$$C + H_2O \longrightarrow H_2 + CO$$

使固体焦炭生成气体随裂解气离开，延长了炉管运转周期。

④ 减轻了炉管中铁和镍对烃类气体分解生碳的催化作用。水蒸气对金属表面起一定的氧化作用，使金属表面的铁、镍形成氧化物薄膜，可抑制这些金属对烃类气体分解生碳反应的催化作用。

⑤ 稳定炉管裂解温度。水蒸气的比热容大，水蒸气升温时耗热较多，稀释水蒸气的加入，可以起到稳定炉管裂解温度，防止过热，保护炉管的作用。

⑥ 降低烃分压的作用明显。稀释蒸汽可降低炉管内的烃分压，水的摩尔质量小，同样质量的水蒸气其分压较大，在总压相同时，烃分压可降低较多。

加入水蒸气的量，不是越多越好，增加稀释水蒸气量，将增大裂解炉的热负荷，增加燃料的消耗量，增加水蒸气的冷凝量，从而增加能量消耗，同时会降低裂解炉和后部系统设备的生产能力。水蒸气的加入量随裂解原料而异，一般地说，轻质原料裂解时，所需稀释蒸汽量可以降低，随着裂解原料变重，为减少结焦，所需稀释水蒸气量将增大。

综上所述，石油烃热裂解的操作条件宜采用高温、短停留时间、低烃分压，产生的裂解气要迅速离开反应区，因为裂解炉出口的高温裂解气在出口温度条件下将继续进行裂解反应，使二次反应增加，乙烯损失随之增加，故需将裂解炉出口的高温裂解气加以急冷，当温度降到650℃以下时，裂解反应基本终止。

（4）脱甲烷塔的操作条件　影响脱甲烷的操作条件有进料中 CH_4/H_2 分子比、温度和压力。

① 进料中 CH_4/H_2 分子比。CH_4/H_2 分子比大，尾气中乙烯含量低，即提高乙烯的回收率。这是由于裂解气中所含的氢和甲烷都进入了脱甲烷塔塔顶，在塔顶为了满足分离要求，要有一部分甲烷的液体回流。但如有大量氢气存在，降低了甲烷的分压，甲烷气体的冷凝温度会降低，即不容易冷凝，会减少甲烷的回流量。所以在满足塔顶露点的要求条件下，在同一温度和压力水平下，分子比越大，乙烯损失率越小。

② 温度和压力。降低温度和提高压力都有利于提高乙烯的回收率，但温度的降低、压力的提高都受到一定条件的制约，温度的降低受温度级位的限制，压力升高主要影响分离组分的相对挥发度。所以工业中有高压法、中压法和低压法三种不同的压力操作方法。

低压法对应的操作条件为压力 0.6～0.7MPa，顶温 -140℃ 左右，釜温 -50℃ 左右。由于压力低，相对挥发度较大，所以分离效果好。又由于温度低，所以乙烯回收率高。虽然需要低温级冷剂，但因易分离，回流比较小，折算到每吨乙烯的能量消耗，低压法仅为高压法的 70% 多一些。低压法也有不利之处，如需要耐低温钢材、多一套甲烷制冷系统、流程比较复杂，同时低压法并不适合所有的裂解气分离，只适用于裂解气中的 CH_4/C_2H_4 比值较大的情况。

中压法对应的操作压力为 1.05～1.25MPa，脱甲烷塔顶温度为 -113℃。采用低压脱甲烷，为了满足脱甲烷塔顶温度的要求，低压脱甲烷工艺增加了独立的闭环甲烷制冷系统，因此低压脱甲烷只适用于以石脑油和轻柴油等重质原料裂解的气体分离，以保证有足够的甲烷进入系统，以提供一定量的回流。而对乙烷、丙烷等轻质原料进行裂解，则由于裂解气中甲烷量太少，不适宜采用低压脱甲烷工艺。为此 TPL 公司采用了中压脱甲烷的工艺流程。

高压法对应的操作压力为 3.1～4.1MPa，高压法的脱甲烷塔顶温度为 -96℃ 左右，不必采用甲烷制冷系统，只需用液态乙烯冷剂即可。由于脱甲烷塔顶尾气压力高，可借助高压尾气的自身节流膨胀获得额外的降温，比甲烷冷冻系统简单。此外提高压力可缩小精馏塔的容积，所以从投资和材质要求看，高压法是有利的，但分离效果不如低压法。

任务三 乙烯生产过程的操作与控制

一、乙烯生产过程的开车操作

（1）开车前应具备的条件

① 开车所需原辅材料，包括原料（加氢尾油、石脑油、重柴油、乙烷、轻烃 LPG）、调质油品、裂解汽油、乙烯、丙烯及化学药剂等备齐。

② 冷却水、电、仪表风、氮气、杂用风、蒸汽（高压蒸汽、中压蒸汽、低压蒸汽）锅炉水、凝液系统等公用工程系统具备使用条件。

③ 仪表系统具备使用条件。仪表单校和联校完成，调节阀动作正确，联锁系统动作正确。

④ 设备检修和检查进行完毕。静设备内件安装正确，设备封闭回装完成；动设备单机试转完成。

⑤ 装置内的盲板拆装正确，系统吹扫、气密、氮气置换合格，氧含量小于 0.2%（体积分数）。系统氮气保压 0.05MPa（绝对压力）。

⑥ 冷区系统干燥完毕，露点分析＜−70℃。

⑦ 反应器、干燥器内催化剂、干燥剂装填完毕，并完成活化或再生，具备使用条件。

⑧ 化工污水系统、生产排污系统具备使用条件。

⑨ 安全、消防设施具备使用条件。

（2）开车准备工作

① "四机"的试运转。裂解气压缩机、制冷压缩机（包括丙烯压缩机、乙烯压缩机、二元制冷压缩机）简称为乙烯装置"四机"。"四机"系统的正常运行，是乙烯装置开车的关键。乙烯装置开工前要进行"四机"的试运转，以检查其机械性能、仪表动作。"四机"的试运转一般包括油路系统的试运行、复水系统的试运转（对于背压式压缩机无此系统的试运转）、驱动汽轮机调速系统的检查和试验、驱动汽轮机单机试运转、压缩机的空负荷试运转、压缩机的带负荷试运转。

② 点火炬及燃料气的接收。在裂解炉进行烘炉前，装置内要引入燃料气。

③ 裂解炉的烘炉和安全阀定压。

④ 原料油的接收

在裂解炉蒸汽开车后，装置外接原料油。

（3）裂解炉开车 裂解炉开车主要工作包括汽包充水、启动风机并稳定炉膛负压进行炉膛置换、点燃火嘴、裂解炉升温至热备状态、裂解炉从烧焦线切换至汽油分馏塔及投油等。

（4）急冷系统开车 急冷系统开车主要包括急冷水循环和加热、急冷油的接收及循环和加热、稀释蒸汽发生系统的开车、裂解炉与急冷系统的连接和运转。

（5）压缩系统开车

（6）分离系统开车

二、乙烯生产过程的计划停车操作

计划停车是指根据事先安排好的时间及顺序，让装置进行有序的和受控制的停车。应根据装置运转情况和以往的停车经验，在确保装置安全、环保并尽量减少物料损失、回收合格产品的情况下停车，缩短停车时间。

1. 系统降低负荷

① 逐步降低低压脱丙烷塔和高压脱丙烷塔进料至正常的 70%，调整各塔系统的回流量以及再沸量和冷却量，保持各塔温度、压力在正常状况。

② 逐渐把各塔和回流罐的液位下降至 30% 左右。

③ 控制各系统的生产指标在正常值的范围内，准备下一步系统停车。

④ 若二号丙烯精馏塔丙烯不合格（低于 99%），走不合格罐。

2. 系统停车

① 切断到丙炔/丙二烯反应器的氢气，切断丙炔/丙二烯反应器的进料，同时打开丙炔/丙二烯反应器开车旁通线阀向丙烯精馏塔进料。

② 关闭低压脱丙烷塔进料流量控制阀，关闭低压脱丙烷塔进料阀门，停再沸器热源后，再逐渐停塔顶冷剂，控制塔压，视情况停低压脱丙烷塔回流泵、脱丙烷塔产品泵，关塔釜去脱丁烷塔的液量。

③ 高压脱丙烷塔在低压脱丙烷塔进料中断后，关闭进料阀门，停再沸器热源和塔顶冷凝器，控制塔压，视情况停高压脱丙烷塔回流泵。

④ 当氢气停止后，丙炔/丙二烯反应器系统进行循环运行，当床层温度降至合适时，停丙炔/丙二烯反应器的循环泵，停止循环。

⑤ 脱丁烷塔中断进料后，粗汽油停止外送，C₄ 外送阀关闭，停再沸器热源和逐渐停塔顶冷凝器，控制塔压，视情况停脱丁烷塔回流泵。

⑥ 丙烯精馏塔系统进料中断后，一号丙烯精馏塔、二号丙烯精馏塔全回流运行，丙烯停止外送，停再沸器的热源，逐渐停塔顶冷凝器，视情况停一号丙烯精馏塔回流泵、二号丙烯精馏塔回流泵保液位，压力由二号丙烯精馏塔塔顶压力控制阀控制。

3. 系统倒空

低压脱丙烷塔进料流量控制阀、低压脱丙烷塔底再沸器的蒸汽流量控制阀、低压脱丙烷塔塔顶压力控制阀关，低压脱丙烷塔返回高压脱丙烷塔流量控制阀开，打开低压脱丙烷塔釜，高压脱丙烷塔进出料换热器排液线手阀排液，打开低压脱丙烷塔回流罐，排液线手阀排液，液相排净后，关各手阀，开低压脱丙烷塔塔顶压力控制，泄压。

高压脱丙烷塔进料流量控制阀、高压脱丙烷塔去低压脱丙烷塔流量控制阀、高压脱丙烷塔塔顶压力控制阀关，高压脱丙烷塔底再沸器蒸汽流量控制阀开，打开高压脱丙烷塔塔釜，高压脱丙烷塔底再沸器排液线手阀排液，打开高压脱丙烷塔回流罐、高压脱丙烷塔回流泵排液线手阀排液，液相排净后，关各手阀，开高压脱丙烷塔塔顶压力控制，泄压。

将丙烯干燥器液全部排至丙烯精馏塔，泄液以后，泄压排至火炬。

丙炔/丙二烯反应器系统隔离，内部阀打开，打开丙炔/丙二烯反应器手阀，进行倒液，完毕后，泄压。

开一号丙烯精馏塔、二号丙烯精馏塔、二号丙烯精馏塔回流罐的排液阀，关闭一号丙烯精馏塔中部加热量控制阀，一号丙烯精馏塔中间再沸器进行倒液，倒液完毕后，关各手阀，关二号丙烯精馏塔塔顶压力控制阀泄压到火炬。

粗汽油外送阀脱丁烷塔釜出料流量控制阀关，C₄ 外送界区阀，开脱丁烷塔回流罐排液线阀倒液，完毕后关排液线阀，开脱丁烷塔塔釜。开一号丙烯精馏塔中部加热量控制阀泄压到火炬。

三、乙烯生产过程的紧急停车操作

在正常生产中，往往会出现一些突然的故障，当事故发生后，应按如下步骤着手考虑和处理。首先判断出发生事故的原因，做出是全面停车还是部分停车的判断，同时应尽量考虑到再次开车的方便。在保证人身安全的同时，也应避免火灾、跑油、冒罐、设备损坏。为了防止生产产品被污染，各产品都应返回原料缓冲罐，切断循环。

1. 装置停电

（1）裂解炉系统的处理步骤　关烃进料隔离阀，所有燃料（长明线除外）全部关闭，将DS（稀释蒸汽）流量设定到正常的100%。调节引风机挡板将炉膛负压控制在工艺范围之内。用蒸汽吹扫隔离阀下游的烃进料管线。打开清焦管线阀，同时关裂解气总管阀。当裂解炉出口温度温度低于400℃时将急冷锅炉的蒸汽包排放至常压，SS放空。当炉管出口温度低于200℃时，中断DS，关燃料气截止阀和DS截止阀。

（2）急冷系统的处理步骤　停止采出油洗塔柴油。停止裂解燃料油汽提塔、工艺水汽提塔底部汽提蒸汽。现场关闭水洗塔中部返回物料手操阀。水洗塔压力改为放空控制。维持稀释蒸汽发生器压力，供给裂解炉DS不足时由管网中补入。

（3）热分离部分

① 高压脱丙烷塔、低压脱丙烷塔系统　停止进料、各返回量，停塔釜加热、采出，停高压脱丙烷塔回流泵、低压脱丙烷塔回流泵、脱丙烷塔产品泵，关闭入出口阀。

丙炔/丙二烯反应器停车迅速切断反应器配氢阀、进料阀，床层物料自身打循环，降低温度。

② 一号丙烯精馏塔和二号丙烯精馏塔系统　停产品采出、停塔釜加热、停中部再沸器。停一号丙烯精馏塔回流泵和二号丙烯精馏塔回流泵，关进出口阀。

脱丁烷塔停止采出。停塔釜加热。停脱丁烷塔回流泵，关进出口阀。

2. 冷却水中断

裂解炉系统的处理步骤同上"装置停电"。而急冷系统的处理方法为：停油洗塔柴油采出，排油洗塔釜液至裂解燃料油汽提塔。通过QO循环降釜温。停止裂解燃料油汽提塔、工艺水汽提塔底部汽提蒸汽。现场关闭水洗塔中部返回物料手操阀，放空压力，液位不低于40%。维持稀释蒸汽发生器压力，供给裂解炉DS不足时由管网中补入。

3. 丙炔/丙二烯反应器飞温

迅速起用丙炔/丙二烯反应器的循环备用泵。在温度为65℃左右时，通过减少氢气的进量来控制床层温度。若温度达到80℃，发生联锁，则应按紧急停车处理，丙炔/丙二烯反应器停车时，迅速切断反应器配氢阀、进料阀、抽出阀、排放阀，使反应器完全泄压，以防反应器破裂。

任务四　乙烯生产过程的 HSE 管理

一、物质毒性分析

1. 氢气

氢气为生理非活性的气体，只有在浓度很高的情况下，由于氧气的正常分压降低，才引起窒息。氢气的麻醉作用只有在极高的压力下才表现出来。

2. 硫化氢

强烈的神经毒物，高浓度时可直接抑制呼吸中枢，引起迅速窒息而死亡。长期接触低浓度的硫化氢，引起神衰症及自主神经功能紊乱等。

3. 甲烷

无色无味气体，对人最初的窒息征象为脉搏加快，呼吸量增大。注意力及细小肌肉运动协调衰退。严重的疾患应在甲烷含量达 $25\%\sim30\%$ 及更高时发生。

4. 乙烯

无色、带甜香味，对眼及呼吸道黏膜有轻微刺激作用，吸入高浓度乙烯立即引起意识丧失，长期接触低浓度乙烯可有头昏、乏力等症状。

5. 丙烯

纯窒息剂和麻醉剂，具有轻微麻醉作用，高浓度下也会因把空气中的氧气稀释到不能维持生命的浓度而有致命危险，没有显著的毒性。

6. 二烯

无色无臭气体，具有麻醉及刺激作用。浓度高时，可引起急性中毒，较严重时，出现意识丧失和抽搐。浓度低时对黏膜有刺激作用，长期接触可引起慢性中毒症状。直接作用于皮肤，会引起皮肤冻伤或炎症。

二、装置安全危险性分析

1. 火灾、爆炸危险

乙烯装置可能采用的原料有重石脑油、卡塔尔凝析油以及抽余 C_4、C_5 馏分、抽余 C_6，装置中间产品和最终产品有氢气、甲烷、燃料气、乙烯、乙烷、丙烯、丙烷、混合 C_4、裂解汽油、裂解柴油、裂解尾油等，均为易燃或易爆介质，因此应严防泄漏和各种形式的点火源出现。

2. 腐蚀性物料的危害

在裂解气碱洗系统，用氢氧化钠溶液对裂解气中的微量酸性气（如硫化氢）进行洗涤脱除。酸性气对设备有腐蚀性，因此在对含有硫化氢介质的设备进行设计中，应严格按有关规范设计。当氢氧化钠的最大浓度为 20% 时，与人体接触会造成腐蚀烧伤。在热分馏区设置了混合 C_4 碱洗系统，因此也存在同样的腐蚀危险。

3. 其他危害

静电可能引起泄漏物质爆炸，因此设备和管道的设计要考虑对静电的预防措施。为了防止静电产生，对于液态烃的输送管线要求采取管道接地措施，例如法兰之间跨接，并要求地上管网系统每隔一定的距离应与接地线或专设的接地体相连接。对于防爆区的设备和非防爆区的关键设备也采用静电接地保护。

三、三废的来源及处理方法

1. 废气

乙烯装置产生的废气主要包括裂解炉烟气、裂解炉清焦烟气、反应器催化剂再生废气及废碱氧化单元所排工艺废气等。其中只有裂解炉烟气和废碱氧化单元所排工艺废气为连续排放，其他均为间断排放，排放周期与各自装置单元的运转周期相关。

乙烯装置在正常工况下需要进行处理的废气不能直接排入大气，一般将其送到全厂的动力中心锅炉或其他焚烧设施焚烧处理。

2. 废水

乙烯装置产生的生产污水主要来自稀释蒸汽发生器或稀释蒸汽罐、裂解气脱酸部分碱洗塔水洗段、废碱液氧化单元、急冷锅炉水力清焦及清焦罐排污、初期雨水和地面冲洗含油污水。另外，乙烯装置产生的清净废水主要来自高压蒸汽包的连续排污、急冷锅炉及高压蒸汽包的间断排污水。

碱洗塔排污中含有 S^{2-} 和 HS^- 等污染物，一般进入废碱氧化单元进行处理。

清净废水高压蒸汽包的连续排污一般不经处理直接回到乙烯装置内的碱洗/水洗塔作为补充水。急冷锅炉及高压蒸汽包的间断排污水温度较高，一般先经换热降温后再进入凝结水回收处理系统，达到脱盐水水质后回用。

乙烯装置的含油污水包括初期雨水和地面冲洗含油污水等，一般通过重力分离。

3. 固体废物

乙烯装置所形成的固体废物主要由废催化剂、废渣、废干燥剂、废吸附剂、脱水污泥和废黄油等组成。

乙烯装置固体废物处理的设施应结合大型石油化工企业乙烯装置的上下游其他工艺生产装置的固体废物以及相关配套装置的固体废物集中综合处理，即：统一规划、统一设计、统一建设、统一投用以达到资源综合利用的目的。因此，集中建设固废填埋场、固废焚烧炉并处理乙烯装置排放的固体废物是乙烯装置固废处理的最佳方案，该综合处理方案既节约建设投资，又降低操作费用。

乙烯-水果催熟剂

尚未成熟的水果是"青涩"的，一般而言硬而不甜。青来源于其中的叶绿素，涩来自于其中的单宁，而硬主要是果胶的功能，不甜则是因为淀粉还没有转化成糖。等到应该成熟的时候，植物中就会产生乙烯。乙烯一出现，水果中的各部分就像听到进攻的号角，纷纷起身，开始了夺取成熟的战斗。

当乙烯到来时，"蒂"中的细胞就活跃起来。尤其是果胶酶，分解了果胶之后，果实和母亲的联系就变得格外脆弱，稍有风吹草动它们就离开了母亲的怀抱。所以，如果牛顿真的是被苹果砸出了万有引力的灵感，那么实在是应该感谢那一刻附于苹果身上的乙烯们。

（一）遏制乙烯，保鲜的关键

水果一旦成熟，即使被摘下了，内部的生化反应还是难以遏制。比如说，糖转化成酒精、水果进一步变软……我们的肉眼看到的，就是水果"烂掉"了。而且，这个过程发生起来非常迅猛。比如香蕉，只要几天就够了。

既然知道了一切过程尽在乙烯的掌控中，那么我们就可以"擒贼专擒王"，控制住乙烯就好办了。比如香蕉，在很生的时候收割下来，放置在乙烯产生最慢的温度下（科学家们已经发现这个温度是 13～14℃），就可以放置很长的时间而不烂掉。如果包装的箱子或者箱内有能够吸附乙烯的材料，就更有助于把乙烯的浓度控制得更低，大大延长保存时间。到了需要的地方或者需要的时候，把昏睡的香蕉们用乙烯"唤醒"，就可以在几天之内变熟。一般而言，热带和温带的水果对乙烯都很敏感，除了香蕉，通常还有芒果、猕猴桃、苹果、梨、柠檬等采取这样的方式。

我们经常见到高档的水果被纸或者泡沫包着。不过这不仅仅是为了好看或者"高档"。就像人体受到外界刺激会产生防御反应，从而导致某些生理指标变化一样，水果"受伤"了也会刺激乙烯的分泌。在运输过程中，摩肩接踵的水果们难免磕磕碰碰，虽然只是小伤，但也足以使得它们产生更多的乙烯，加速成熟和腐烂。

那些经过保存运输的"生"水果，在分销之前需要进行"催熟"操作。乙烯是气体，使用起来显然不方便。现在一般用的是一种叫做"乙烯利"的东西。它本身跟乙烯是完全不同的化学试剂，最后会在植物体内转化成乙烯。因为它是固体，工业产品以液态方式存在，使用的时候进行高度稀释，所以使用很方便。低浓度的乙烯利安全无害，所以不用担心它"催熟"的水果有害健康。

（二）如何将家里的水果变软

一般来说，香蕉、苹果、葡萄之类的水果如果是未成熟采摘的，在分销之前都经过"催熟"才上市。但是芒果、柿子、猕猴桃，可能没有经过催熟或者没有完全熟透就摆上了货架。

如果买到的是这样的水果，最简单的当然是耐心地等到它们"慢慢变老"。如果想加速它们的成熟变软，也可以采取一些措施。因为苹果和香蕉都能产生相当量的乙烯，所以把它们和要催熟的水果，不管是梨、柿子、芒果还是猕猴桃放在一起，用袋子装起来，都能起到一定的"催熟作用"。考虑到香蕉比较容易坏，而乙烯主要由香蕉皮产生，也可以吃掉香蕉放香蕉皮就行了。

另外，从理论上说，伤害水果会促进乙烯的释放。在民间，有在柿子上插秸秆促进变软的说法，而西方也有"一个烂苹果破坏一整筐"的谚语。所以，在要催熟的水果上无关紧要的部位（比如蒂上）扎一些伤痕，或者直接在袋子里放敲坏的苹果，或许也有助于加速它们的成熟变软。

项目三　氯乙烯生产过程操作与控制

知识目标 ▶▶▶

1. 了解氯乙烯的性质与用途。
2. 了解氯乙烯的生产方法，理解各生产方法的优缺点。
3. 掌握氧氯化法生产氯乙烯的工艺原理、工艺流程和工艺条件。
4. 了解氧氯化法生产氯乙烯工艺过程中所用设备的作用、结构和特点。
5. 了解氧氯化法生产氯乙烯的开停车操作步骤和事故处理方法。
6. 了解氧氯化法生产氯乙烯的 HSE 管理。

能力目标 ▶▶▶

1. 能够通过分析比较各种氯乙烯生产方法，确定氯乙烯的生产路线。
2. 能识读并绘制带控制点的氧氯化法生产氯乙烯的工艺流程。
3. 能对氧氯化法生产氯乙烯的工艺过程进行转化率、收率、选择性等计算，通过给定的装置处理能力能进行装置的简单物料衡算。
4. 能对氧氯化法生产氯乙烯工艺过程进行工艺控制（包括工艺参数调节和开停车操作）。
5. 能对氧氯化法生产氯乙烯的工艺过程中可能出现的事故拟定事故处理预案。

任务一　氯乙烯生产的工艺路线选择

一、氯乙烯的性质与应用

1. 氯乙烯的性质

氯乙烯也称乙烯基氯，化学式为 CH_2CHCl，是卤代烃的一种，工业上大量用作生产聚氯乙烯（PVC）的单体。沸点 $-13.9℃$，临界温度 $142℃$，临界压力 $5.22MPa$。氯乙烯是无色有毒物质，有醚样的气味，肝癌与长期吸入和接触氯乙烯有关。

氯乙烯容易液化，易溶于丙酮、乙醇和烃类，微溶于水。它与空气形成爆炸混合物，爆炸极限 $4\%\sim22\%$（体积分数），在压力下更易爆炸，储运时必须注意容器的密闭及氮封，并应添加少量阻聚剂。

2. 氯乙烯的化学性质

氯乙烯易聚合，并能与乙烯、丙烯、醋酸乙烯酯、偏二氯乙烯、丙烯腈、丙烯酸酯等单体共聚，而制得各种性能的树脂，加工成管材。

3. 聚氯乙烯的应用

氯乙烯的主要用途是生产聚氯乙烯。氯乙烯还可用于合成 1,1,2-三氯乙烷和 1,1-二氯乙烯等。

二、氯乙烯的主要生产方法

氯乙烯的生产方法主要有两种，一种是以乙炔为原料的乙炔加成氯化法，另一种为以乙烯为原料的平衡乙烯氧氯化法。

1. 乙炔路线合成氯乙烯

原料为来自电石水解产生的乙炔和氯化氢气体，在催化剂氧化汞的作用下反应生成氯乙烯。

具体工艺过程：从乙炔发生器来的乙炔气经水洗一塔温度降至35℃以下，在保证乙炔气柜至一定高度时，进入升压机组加压至80kPa左右，加压后的乙炔气先进入水洗二塔深度降温至10℃以下，再进入硫酸清净塔中除去粗乙炔气中的S、P等杂质。最后进入中和塔中和过多的酸性气体，处理后的乙炔气经塔顶除雾器除去饱和水分，制得纯度达98.5%以上，不含S、P的合格精制乙炔气送氯乙烯合成工序。

2. 乙烯路线合成氯乙烯

乙烯氧氯化法由美国公司首先实现工业化生产，该工艺原料来源广泛，生产工艺合理，目前世界上采用本工艺生产的产能VCM约占总产能的VCM95%以上。

乙烯氧氯化法的反应工艺分为乙烯直接氯化制二氯乙烷（EDC）、乙烯氧氯化制EDC和EDC裂解3个部分，生产装置主要由直接氯化单元、氧氯化单元、EDC裂解单元、EDC精制单元和VCM单元精制等工艺单元组成。乙烯和氯气在直接氯化单元反应生成EDC。乙烯、氧气以及循环的HCl在氧氯化单元生成EDC。生成的粗EDC在EDC精制单元精制、提纯。然后在精EDC裂解单元裂解生成的产物进入VCM单元，VCM精制后得到纯VCM产品，未裂解的EDC返回EDC精制单元回收，而HCl则返回氧氯化反应单元循环使用。直接氯化有低温氯化法和高温氯化法；氧氯化按反应器型式的不同有流化床法和固定床法，按所用氧源种类分有空气法和纯氧法；EDC裂解按进料状态分有液相进料工艺和气相进料工艺等。具有代表性的INOVYL工艺是将乙烯氧氯化法提纯的循环EDC和VCM直接氯化的EDC在裂解炉中进行裂解生产VCM。HCl经急冷和能量回收后，将产品分离出HCl（循环用于氧氯化）、高纯度VCM和未反应的EDC（循环用于氯化和提纯）。来自VCM装置的含水物流被汽提，并送至界外处理，以减少废水的生化耗氧量（BOD）。采用该生产工艺，乙烯和氯的转化率超过98%，目前世界上已经有50多套装置采用该工艺技术，总生产能力已经超过470万吨/年。

三、氯乙烯生产技术的发展

为了充分利用富含乙烷的天然气资源，降低原料成本较低，Goodrich、鲁姆斯、孟山都、ICI及EVC等公司都在研究开发乙烷氧氯化制VCM的新工艺。其工艺的关键是研制开发出一种新型催化剂，可降低反应温度，减轻设备腐蚀并减少副产物的生成量，副产的氯代烃可转化成VCM，提高乙烷的转化率；另外，该新工艺将乙烷和氯气一步反应转化为VCM，仅使用1个反应器；由于不以乙烯为原料，所以VCM的生产不必依赖乙烯裂解装置。

新工艺与乙烯法工艺相比，因乙烷资源丰富，价格低廉，生产成本可降低20%～30%。EVC公司在德国Wilhelmshaven兴建了一套1000t/a乙烷法中试装置，该工艺的特点是其催化剂可使反应在低于400℃的温度下进行，降低了对建筑材料的依赖。反应器流出物部分冷凝后送入分离器，分成三种物流，即湿气相物流、湿氯化烃液相物流和含大量HCl的液相物流。HCl通过干燥塔进行回收。该工艺的关键之处是氧氯化反应器。送入的乙烷与再循环的氯化氢混合，并与氧气（或富含氧气的空气）和来自这个工艺中另一处的饱和氯化烃一起，导入到流化床反应器底部，反应生成 VCM。在墨西哥海湾地区建有一套 15 万吨/年工业生产装置，且还在筹建一套 30 万吨/年的新装置。

原料气乙烯在我国一直很短缺，但我国具有丰富的天然气和油气资源，其中乙烷含量很大，因此用乙烷法生产氯乙烯在我国不但具有很大的潜力和竞争力，而且还为综合利用油气和天然气开辟了更为广阔的途径，降低了 VCM 的生产成本。吉林大学与大庆油田有限责任公司天然气利用研究所合作，以乙烷为原料，经氧氯化催化合成 VCM。研究结果表明，该合成路线是制备 VCM 非常有应用前景的工艺路线。他们以 $\gamma\text{-}Al_2O_3$ 为载体，采用常规浸渍法制备了负载型 $CuCl_2\text{-}KCl\text{-}LaCl_3$ 三组分催化剂，并研究了其对乙烷氧化反应的催化性能。结果表明，该催化剂体系中乙烷的转化率较稳定，乙烯和氯乙烯初始选择性之和超过 80%。但随着反应时间的延长，氯乙烯的选择性和收率明显下降。XRD、N_2 吸附、TGA/DTA 和 XPS 测试结果表明，随着反应的进行，催化剂中的活性物种 Cu^{2+} 还原成 Cu^+，并且积炭的产生使催化剂的比表面积和孔容积减小。活性物种 Cu^{2+} 的减少及比表面积的降低是催化剂失活的主要原因。该结果对催化剂的改进及乙烷氧氯化制 VCM 的工业进程提供了必要的依据。

四、氯乙烯生产技术的工艺路线选择

乙炔法路线合成氯乙烯的工业化方法要求的设备工艺简单，但耗电量大，对环境污染严重。目前，该方法在国外基本上已经被淘汰，由于我国具有丰富廉价的煤炭资源，因此用煤炭和石灰石生成碳化钙电石，然后电石加水生成乙炔的生产路线具有明显的成本优势，我国的 VCM 生产目前仍以乙炔法工艺路线为主。乙炔与氯化氢反应生成 VCM 可采用气相或液相工艺，其中气相工艺使用较多。

与乙炔法相比，乙烯氧氯化法的能耗低，当原油价格下调或生产乙烯可用的原料增加、乙烯生产能力提高时，乙烯氧氯化法生产氯乙烯的成本优势更加明显。但乙烯氧氯化法生产氯乙烯装置的设备投资较高，设备折旧在成本中所占比重较大。

从全球 VCM 生产技术现状和发展趋势看，乙烯氧氯化法路线的原料来源广泛，生产工艺合理，目前世界上采用本工艺生产 VCM 的产能约占 VCM 总产能的 95% 以上。在富含乙烷天然气资源的地区乙烷法更有发展前景，乙炔法在国外虽然已经退出 VCM 生产领域，但在我国仍将为主要的生产方法。

乙烯氧氯化法方法是现今工业生产 VCM 的主导方法。目前，采用该方法生产 VCM 装置在催化剂的开发应用和工艺改进方面取得了很大的进展，今后应该继续加大新型催化剂以及现有生产工艺的节能改进，以进一步降低生产成本，提高装置的利用率。对于乙炔法生产工艺，今后应该继续集中于改进传统的生产工艺、解决汞催化剂污染，回收利用 VCM 尾气，降低能耗及节省资源等方面的研究开发，以进一步提高生产技术水平，实现节能减排，促进我国 PVC 等行业健康快速发展。

任务二　乙烯氧氯化法生产氯乙烯的工艺流程组织

一、氯乙烯生产的工艺原理

1. 化学反应

乙烯氧氯化法生产氯乙烯的化学反应由三步构成：乙烯直接氯化生成 1,2-二氯乙烷，

二氯乙烷裂解生成氯乙烯；乙烯氧氯化生成二氯乙烷。

① 乙烯直接氯化　$CH_2=CH_2+Cl_2 \longrightarrow CH_2ClCH_2Cl$

② 二氯乙烷裂解　$2CH_2ClCH_2Cl \longrightarrow 2CH_2=CHCl+2HCl$

③ 乙烯氧氯化　$CH_2=CH_2+2HCl+1/2O_2 \longrightarrow CH_2ClCH_2Cl+H_2O$

总反应式　$2CH_2=CH_2+Cl_2+1/2O_2 \longrightarrow 2CH_2=CHCl+H_2O$

其工艺过程示意框图如图 3-1 所示。

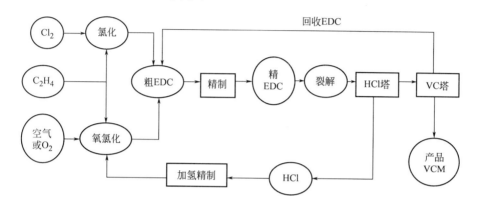

图 3-1　乙烯平衡氧氯化法生产氯乙烯的工艺流程框图

此图可见，该法生产氯乙烯的原料只需乙烯、氯和空气（或氧），氯可以全部被利用，其关键是要计算好乙烯与氯加成和乙烯氧氯化两个反应的反应量，使 1,2-二氯乙烷裂解所生成的 HCl 恰好满足乙烯氧氯化所需的 HCl。这样才能使 HCl 在整个生产过程中始终保持平衡。该法是目前世界公认为技术先进、经济合理的生产方法。

2. 反应原理

① 乙烯直接氯化部分。

主反应：$CH_2=CH_2+Cl_2 \longrightarrow CH_2ClCH_2Cl$　　$\Delta H=-171.7kJ/mol$

该反应可以在气相中进行，也可以在溶剂中进行。气相反应由于放热大、散热困难而不易控制，因此工业上采用在极性溶剂存在下的液相反应，溶剂为二氯乙烷。

副反应：

$$CH_2ClCHCl+Cl_2 \longrightarrow CH_2ClCHCl_2+HCl$$

$$CH_2ClCHCl_2+Cl_2 \longrightarrow CHCl_2CHCl_2+HCl$$

主要生成多氯乙烷。乙烯中的少量甲烷和微量丙烯亦可发生氯代和加成反应形成相应副产物。

② 二氯乙烷裂解部分。

主反应：　$CH_2ClCH_2Cl \xrightleftharpoons{\triangle} CH_2=CHCl+HCl$　　$\Delta H=79.5kJ/mol$

此反应是吸热可逆反应。

副反应：

$$CH_2=CHCl \longrightarrow CH\equiv CH+HCl$$

$$CH_2=CHCl+HCl \longrightarrow CH_3CHCl_2$$

$$CH_2ClCH_2Cl \longrightarrow H_2+2HCl+2C$$

$$nCH_2=CHCl \xrightarrow{聚合} 聚氯乙烯$$

③ 乙烯氧氯化部分。

主反应：$CH_2=CH_2+2HCl+1/2O_2 \longrightarrow CH_2ClCH_2Cl+H_2O$ $\Delta H=-251kJ/mol$

这是一个强放热反应。

副反应：

$$CH_2=CH_2+2O_2 \longrightarrow 2CO+2H_2O$$

$$CH_2=CH_2+3O_2 \longrightarrow 2CO_2+2H_2O$$

$$CH_2=CHCl+HCl \longrightarrow CH_3CH_2Cl$$

$$CH_2ClCH_2Cl \xrightarrow{-HCl} CH_2=CHCl \xrightarrow{HCl+O_2} CH_2ClCHCl_2$$

还有生成其他氯衍生物的副反应反生。这些副产物的总量仅为二氯乙烷生成量的1%以下。

3. 催化剂

乙烯液相氯化反应的催化剂常用 $FeCl_3$。加入 $FeCl_3$ 的主要作用是抑制取代反应，促进乙烯和氯气的加成反应，减少副反应增加氯乙烯的收率。

二氯乙烷裂解反应是在高温下进行，不需要催化剂。

乙烯氧氯化制二氯乙烷需在催化剂存在下进行。工业常用催化剂是以 $\gamma\text{-}Al_2O_3$ 为载体的 $CuCl_2$ 催化剂。根据氯化铜催化剂的组成不同，可分为单组分催化剂、双组分催化剂和多组分催化剂。近年来，发展了非铜催化剂。

二、氯乙烯生产的工艺流程

1. 乙烯直接氯化生产二氯乙烷

乙烯液相氯化生产二氯乙烷，催化剂为 $FeCl_3$。早期开发的乙烯直接氯化流程，大多采用低温工艺，反应温度控制在53℃左右。乙烯液相氯化生产二氯乙烷的工艺流程如图3-2所示。

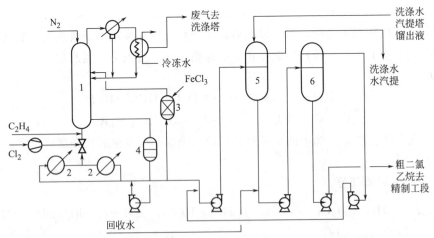

图 3-2　乙烯液相氯化生产二氯乙烷工艺流程图

1—氯化塔；2—循环冷却器；3—催化剂溶解槽；4—过滤器；5,6—洗涤分层器

乙烯液相氯化是在氯化塔1中进行，氯化塔内部安装有套筒内件，内充以铁环和作为氯化液的二氯乙烷液体，乙烯和氯气从塔底进入套筒内，溶解在氯化液中而发生加成反应生成二氯乙烷。为了保证气液相的良好接触和移除反应释放出的热量，在氯化塔外连通两台循环冷却器2。反应器中氯化液由内套筒溢流至反应器本体与套筒间环形空隙，再用循环泵将氯

化液从氯化塔下部引出，经过滤器 4 过滤后，把反应生成的二氯乙烷送至洗涤分层器 5，其余的经循环冷却器 2 用水冷却除去反应热后，循环回氯化塔。在反应过程中损失的 $FeCl_3$ 的补充是通过将 $FeCl_3$ 溶解在循环液内，从氯化塔的上部加入，氯化液中 $FeCl_3$ 的浓度维持在 2.5×10^{-4} 左右。

随着反应的进行，产物二氯乙烷不断地在反应器内积聚，通过反应器侧壁溢流口将产生的氯化液移去，从而保证了反应器内的液面恒定。反应产物经过滤器 4 过滤后，送入洗涤分层器 5、6，在两级串联的洗涤分层器内经过两次洗涤，除去其中包含的少量 $FeCl_3$ 和 HCl，所得粗二氯乙烷送去精馏。氯化塔顶部逸出的反应尾气经过冷却冷凝回收夹带的二氯乙烷后，送焚烧炉处理。

低温氯化法反应所释放出的大量热量没有得到充分利用，而且反应产物夹带出的催化剂需经水洗处理，洗涤水需经汽提，故能耗较大；反应过程中需不断补加催化剂，过程的污水还需专门处理。为此，近年来开发出高温工艺，使反应在接近二氯乙烷沸点的条件下进行。二氯乙烷的沸点为 83.5℃，当反应压力为 0.2～0.3MPa 时，操作温度可控制在 120℃左右。反应热靠二氯乙烷的蒸出带出反应器外，每生成 1mol 二氯乙烷，大约可产生 6.5mol 二氯乙烷蒸气。由于在液相沸腾条件下反应，未反应的乙烯和氯会被二氯乙烷蒸气带走，而使二氯乙烷的收率下降。为解决此问题，高温氯化反应器设计成一个 U 形循环管和一个分离器的组合体。高温氯化法的工艺流程如图 3-3 所示。

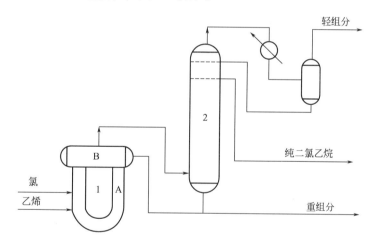

图 3-3　高温氯化法制取二氯乙烷的工艺流程

A—U 形循环管；B—分离器；1—反应器；2—精馏塔

乙烯和氯通过喷散器在 U 形管上升段底部进入反应器 1，溶解于氯化液中立即进行反应生成二氯乙烷，由于该处有足够的静压，可以防止反应液沸腾。至上升段的 2/3 处，反应已基本完成，然后液体继续上升并开始沸腾，所形成的气液混合物进入分离器 B。离开分离器的二氯乙烷蒸气进入精馏塔 2，塔顶引出包括少量未转化乙烯的轻组分，经塔顶冷凝器冷凝后，送入气液分离器。气相送尾气处理系统，液相作为回流返回精馏塔塔顶。塔顶侧线获得产品二氯乙烷；塔釜重组分中含有大量的二氯乙烷，大部返回反应器，少部分送二氯乙烷-重组分分离系统，分离出三氯乙烷、四氯乙烷后，二氯乙烷仍返回反应器。

高温氯化法的优点是二氯乙烷收率高，反应热得到利用；由于二氯乙烷是气相出料，不会将催化剂带出，所以不需要洗涤脱除催化剂，也不需补充催化剂；过程中没有污水排放。

尽管如此，这种型式的反应器要求严格控制循环速率，循环速率太低会导致反应物分散不均匀和局部浓度过高，太高则可能使反应进行得不完全，导致原料转化率下降。

与低温氯化法相比，高温氯化法可使能耗大大降低，原料利用率接近99%，二氯乙烷纯度可超过99.99%。

2. 二氯乙烷裂解制氯乙烯工艺流程

由乙烯液相氯化和氧氯化获得的二氯乙烷，在管式炉中进行裂解得产物氯乙烯。管式炉的对流段设置有原料二氯乙烷的预热管，反应管设置在辐射段。二氯乙烷裂解制氯乙烯的工艺流程如图3-4所示。

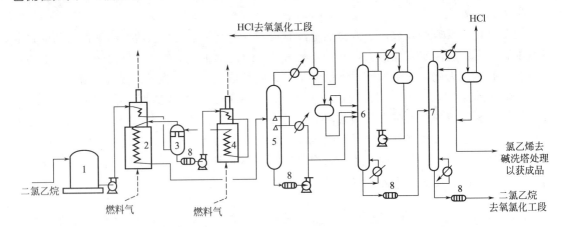

图 3-4　二氯乙烷裂解制取氯乙烯的工艺流程

1—二氯乙烷储槽；2—裂解反应炉；3—气液分离器；4—二氯乙烷蒸发器；

5—骤冷塔；6—氯化氢塔；7—氯乙烯塔；8—过滤器

用定量泵将精二氯乙烷从储槽1送入裂解反应炉2的预热段，借助裂解炉烟气将二氯乙烷物料加热并达到一定温度，此时有一小部分物料未汽化。将所形成的气-液混合物送入气液分离器3，未汽化的二氯乙烷经过滤器8过滤后，送至蒸发器4的预热段，然后进该炉的汽化段汽化。汽化后的二氯乙烷经气液分离器3顶部进入裂解炉2的辐射段。在0.558MPa和500~550℃条件下，进行裂解获得氯乙烯和氯化氢。裂解气出炉后，在骤冷塔5中迅速降温并除炭。为了防止盐酸对设备的腐蚀，急冷剂不用水而用二氯乙烷，在此未反应的二氯乙烷会部分冷凝。出塔气体再经冷却冷凝，然后气液混合物一并进入氯化氢塔6，塔顶采出主要为氯化氢，经制冷剂冷冻冷凝后送入储罐，部分作为本塔的塔顶回流，其余送至氧氯化部分作为乙烯氧氯化的原料。

骤冷塔塔底液相主要含二氯乙烷，还含有少量的冷凝氯乙烯和溶解氯化氢。这股物料经冷却后，部分送入氯化氢塔进行分离，其余返回骤冷塔作为喷淋液。

氯化氢塔的塔釜出料，主要组成为氯乙烯和二氯乙烷，其中含有微量氯化氢，该混合液送入氯乙烯塔7，塔顶馏出的氯乙烯经用固碱脱除微量氯化氢后，即得纯度为99.9%的成品氯乙烯。塔釜流出的二氯乙烷经冷却后送至氧氯化工段，一并进行精制后，再返回裂解装置。

3. 以空气作氧化剂的乙烯流化床氧氯化制二氯乙烷的工艺流程

（1）乙烯氧氯化反应部分　乙烯氧氯化反应部分的工艺流程如图3-5所示。

来自二氯乙烷裂解装置的氯化氢预热至170℃左右，与H₂一起进入加氢反应器1，在

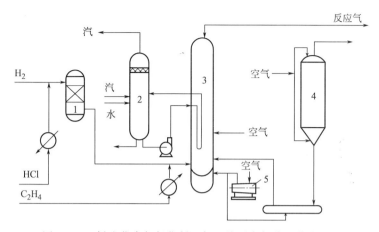

图 3-5　乙烯流化床氧氯化制二氯乙烷反应部分工艺流程图

1—加氢反应器；2—汽水分离器；3—流化床反应器；4—催化剂储槽；5—空气压缩机

载于氧化铝上的钯催化剂存在下，进行加氢精制，使其中所含有害杂质乙炔选择加氢为乙烯。原料乙烯也预热到一定温度，然后与氯化氢混合后一起进入流化床反应器 3。氧化剂空气则由空气压缩机 5 送入反应器，三者在分布器中混合后进入催化床层发生氧氯化反应。放出的热量借冷却管中热水的汽化而移走。反应温度则由调节汽水分离器的压力进行控制。在反应过程中需不断向反应器内补加催化剂，以抵偿催化剂的损失。

（2）二氯乙烷的分离和精制部分　二氯乙烷分离和精制部分的工艺流程如图 3-6 所示。自氧氯化反应器顶部出来的反应气含有反应生成的二氯乙烷，副产物 CO_2、CO 和其他少量的氯代衍生物，以及未转化的乙烯、氧、氯化氢及惰性气体，还有主、副反应生成的水。此反应混合气进入骤冷塔 1 用水喷淋骤冷至 90℃并吸收气体中氯化氢，洗去夹带出来的催化剂粉末。产物二氯乙烷以及其他氯代衍生物仍留在气相，从骤冷塔顶逸出，在冷却冷凝器中冷凝后流入分层器 4，与水分层分离后即得粗二氯乙烷。分出的水循环回骤冷塔。

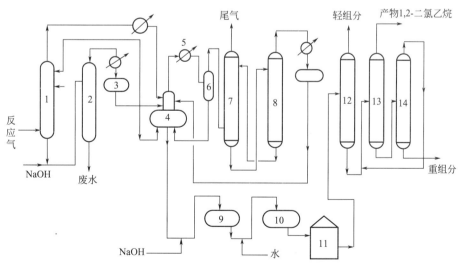

图 3-6　二氯乙烷分离和精制部分工艺流程图

1—骤冷塔；2—废水汽提塔；3—受槽；4—分层器；5—低温冷凝器；6—气液分离器；7—吸收塔；
8—解吸塔；9—碱洗罐；10—水洗罐；11—粗二氯乙烷储槽；12—脱轻组分塔；
13—二氯乙烷塔；14—脱重组分塔

从分层器出来的气体再经低温冷凝器 5 冷凝，回收二氯乙烷及其他氯代衍生物，不凝气体进入吸收塔 7，用溶剂吸收其中尚存的二氯乙烷等后，含乙烯 1% 左右的尾气排出系统。溶有二氯乙烷等组分的吸收液在解吸塔 8 中进行解吸。在低温冷凝器和解吸塔回收的二氯乙烷，一并送至分层器。

自分层器 4 出来的粗二氯乙烷经碱洗罐 9 碱洗、水洗罐 10 后进入储槽 11，然后在 3 个精馏塔中实现分离精制。第一塔为脱轻组分塔 12，以分离出轻组分；第二塔为二氯乙烷塔 13，主要得成品二氯乙烷；第三塔是脱重组分塔，在减压下操作，对高沸物进行减压蒸馏，从中回收部分二氯乙烷。精制的二氯乙烷，送去作裂解制氯乙烯的原料。

骤冷塔塔底排出的水吸收液中含有盐酸和少量二氯乙烷等氯代衍生物，经碱中和后进入汽提塔进行水蒸气汽提，回收其中的二氯乙烷等氯代衍生物，冷凝后进入分析器。

空气氧化法排放的气体中尚含有 1% 左右的乙烯，不再循环使用，故乙烯消耗定额较高，且有大量排放废气污染空气，需经处理。

(3) 二氯乙烷裂解制备氯乙烯的工艺流程　二氯乙烷裂解制氯乙烯工艺流程如图 3-7 所示。进入装置的纯净二氯乙烷加压到 3.9MPa，分两股进入裂解炉对流段的顶部，以回收烟道气的热量。原料在被强制通过热盘管时，二氯乙烷被预热、汽化并裂解。裂解炉盘管入口温度为 40℃，出口温度为 515℃，压力为 1.96MPa，二氯乙烷转化率为 55%，氯乙烯的选择性为 98.6%。两股物料在离开炉子前最终汇合在一起，作为一股物料进入急冷塔，在急冷塔中用 40℃ 左右的循环液体直接冷却。

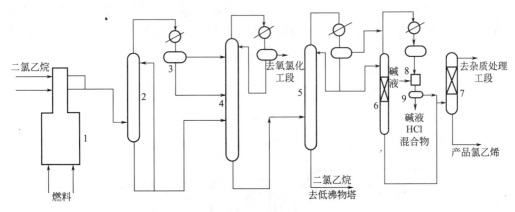

图 3-7　二氯乙烷裂解制氯乙烯工艺流程

1—裂解炉；2—急冷塔；3,9—分离器；4—氯化氢塔；5,6—1 号、2 号氯乙烯精馏塔；7—干燥器；8—混合器

急冷塔的操作压力为 1.96MPa，塔顶温度为 70℃，塔底温度为 96℃，冷凝液大部分经冷却后循环至急冷塔，在维持急冷塔液位的情况下，其余凝液送氯化氢塔。急冷塔顶物料经冷凝后在分离器中将气液分开，并分别进入氯化氢塔。

氯化氢塔的作用是从氯乙烯和二氯乙烷混合物中分离氯化氢，操作压力为 1.18MPa，塔顶温度为 -24℃，塔底温度为 110℃，回流比为 0.6。塔的进料分三股，由于塔顶塔底温差大，为了保证塔的稳定操作，设置了中间冷却器。塔顶气体经冷凝后回流，不凝气体送氧氯化工段，作为氧氯化反应的原料。塔底物料主要是氯乙烯和二氯乙烷混合物，去氯乙烯 1号精馏塔。

氯乙烯 1 号精馏塔的作用是从二氯乙烷中分离出氯乙烯。塔顶氯乙烯气经冷凝后一部分回流，大部分凝液进入氯乙烯 2 号精馏塔；塔底二氯乙烷去低沸塔重新精制。1 号精馏塔操作压力为 0.54MPa，塔顶温度为 43℃，塔底温度为 163℃。

　　氯乙烯 2 号精馏塔的任务是将氯乙烯中的氯化氢汽提出来。塔顶物料与氯乙烯 1 号塔顶不凝气一起送入混合槽与碱液混合，在分离器中将氯化氢和碱液分离，氯乙烯再与氯乙烯 2 号精馏塔底物料一起去干燥器。干燥器中装有固碱，以除去物料含有的水分和酸性杂质。经干燥后的氯乙烯即为本装置产品。氯乙烯 2 号精馏塔为填料塔，操作压力为 0.49MPa，塔顶温度为 40℃，塔底温度为 41℃。

　　为了保护环境，降低成本，对废物需进行处理，故本装置还设有废物处理工段。

三、氯乙烯生产的典型设备

1. 乙烯直接氯化反应器

　　乙烯直接氯化反应器是在液体沸腾温度下操作的液相反应的设备，反应器的基本结构如图 3-8 所示。

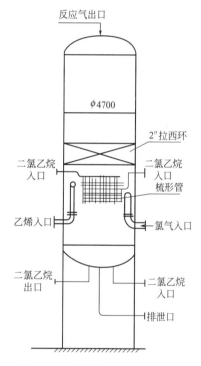

　　反应器为不锈钢圆筒体，下部装有梳形管结构的气体分布器，使进入反应器的物料有效而均匀地分布。气体分布器分上下两层，每层由两组组成，上层是喷入乙烯的垂直喷管，共 224 根管，下层为 192 根喷氯气的垂直喷管。梳形管的垂直喷管为一套管形，中间的管是二氯乙烷吹除管，以防喷追被催化剂堵塞，氯气或乙烯从两管之间的环形间隙喷出。反应器中部装有 0.5m 高的拉西环填料，作用是打碎反应过程中产生的气泡，并使反应液成为乳化状态，以加大接触面，使反应更加完全。

2. 氧氯化反应器

　　乙烯氧氯化反应的反应器通常采用流化床反应器，催化剂在流化床反应器内处于沸腾状态，床层内又装有换热器，可以有效地引出反应热，因此反应易于控制，床层温度分布均匀。这种反应器适用于大规模的生产，但缺点是催化剂损耗量大，单程转化率低。流化床反应器是钢制圆柱形容器，高度约为直径的十倍左右，其结构如图 3-9 所示。

　　在反应器底部水平插入空气进料管，进料管上方设置具有多个喷嘴的板式分布器，用于均匀分布进入的空

图 3-8　乙烯直接氯化反应器简图

气。在反应段设置了一定数量的直立冷却管组，管内通入加压热水，使其汽化以移出反应热，并产生相当压力的水蒸气。在反应器上部设置三组三级旋风分离器，用于分离回收反应气体所夹带的催化剂。在生产中催化剂的磨损量每天约有 0.1%，故需补加催化剂催化剂，自气体分布器上方用压缩空气送入反应器内。

　　由于氧氯化反应过程有水产生，若反应器的某些部位保温不好，温度会下降，当温度达到露点时，水就凝结，将使设备遇到严重的腐蚀。因此，反应器各部位的温度必须保持在露点以上。

3. 二氯乙烷裂解炉

　　裂解炉是本装置的主要设备，其基本结构如图 3-10 所示。裂解炉由两个矩形叠置燃烧

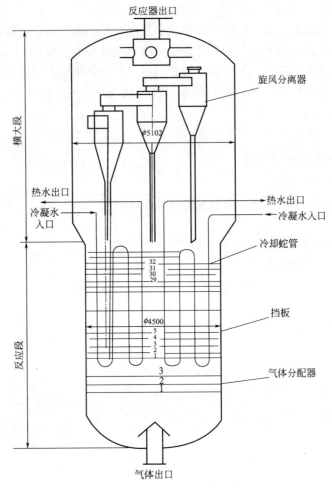

图 3-9　流化床乙烯氧氯化反应器结构图

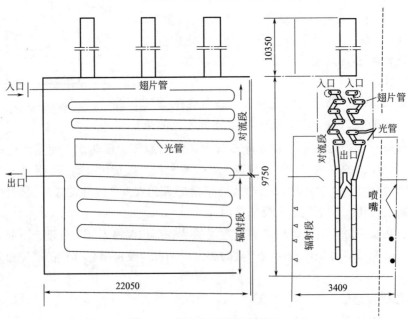

图 3-10　二氯乙烷裂解炉简图

室（对流段和辐射段）组成，加热盘管平行排列，对流段由 36 根 $\phi89mm\times5mm$ 翅片管和 8 根 $\phi89mm\times5mm$ 裸管直管组成，辐射段有 40 根 $\phi114mm\times6.5mm$ 直管。裂解炉加热由 136 副烧嘴组成，烧嘴分八排，平分在炉的两壁。

四、氯乙烯生产的操作条件

1. 乙烯直接氯化部分

（1）原料配比　乙烯与氯气的摩尔比常采用 1.1：1.0。略过量的乙烯可以保证氯气反应完全，使氯化液中游离氯含量降低，减轻对设备的腐蚀并有利于后处理。同时，可以避免氯气和原料气中的氢气直接接触而引起的爆炸危险。生产中控制尾气中氯含量不大于 0.5%，乙烯含量小于 1.5%。

（2）反应温度　乙烯液相氯化是放热反应，反应温度过高，会使甲烷氯化等反应加剧，对主反应不利；反应温度降低，反应速率相应变慢，也不利于反应。一般反应温度控制在 53℃左右。

（3）反应压力　从乙烯氯化反应式可看出，加压对反应是有利的。但在生产实际中，若采用加压氯化，必须用液化氯气的办法，由于原料氯加压困难，故反应一般在常压下进行。

2. 二氯乙烷裂解部分

（1）原料纯度　在裂解原料二氯乙烷中若含有抑制剂，则会减慢裂解反应速率并促进生碳。在二氯乙烷中能起强抑制作用的杂质是 1,2-二氯丙烷，其含量为 0.1%～0.2% 时，二氯乙烷的转化率就会下降 4%～10%。如果提高裂解温度以弥补转化率的下降，则副反应和生焦量会更多，而且 1,2-二氯丙烷的裂解产物氯丙烯有更强的抑制裂解作用。杂质 1,1-二氯乙烷对裂解反应也有较弱的抑制作用。其他杂质如二氯甲烷、三氯甲烷等，对反应基本无影响。铁离子会加速深度裂解副反应，故原料中含铁量要求不大于 10^{-4}。水对反应虽无抑制作用，但为了防止对炉管的腐蚀，水分含量控制在 5×10^{-6} 以下。

（2）反应温度　二氯乙烷裂解是吸热反应，提高反应温度对反应有利。温度在 450℃时，裂解反应速率很慢，转化率很低，当温度升高到 500℃左右，裂解反应速率显著加快。

反应温度过高，二氯乙烷深度裂解和氯乙烯分解、聚合等副反应也相应加速。当温度高于 600℃，副反应速率将显著大于主反应速率。因此，反应温度的选择应从二氯乙烷转化率和氯乙烯收率两方面综合考虑，一般为 500～550℃。

（3）反应压力　二氯乙烷裂解是体积增大的反应，提高压力对反应平衡不利。但在实际生产中常采用加压操作，其原因是为了保证物流畅通，维持适当空速，使温度分布均匀，避免局部过热；加压还有利于抑制分解生碳的副反应，提高氯乙烯收率；加压还利于降低产品分离温度，节省冷量，提高设备的生产能力。目前，工业生产采用的有低压法（约 0.6MPa）、中压法（1MPa）和高压法（＞1.5MPa）等几种。

（4）停留时间　停留时间长，能提高转化率，但同时氯乙烯聚合、生碳等副反应增多，使氯乙烯收率降低，且炉管的运转周期缩短。工业生产采用较短的停留时间，以获得高收率并减少副反应。通常停留时间为 10s 左右，二氯乙烷转化率为 50%～60%。

（5）燃烧方式　局部过热最容易引起局部结焦，还会引起炉管烧坏。所以，要经常调节燃烧分布，以便选择合适的燃烧方式抑制结焦，达到加热方式平稳均匀。

3. 乙烯氧氯化部分

（1）反应温度　乙烯氧氯化反应是强放热反应，反应热可达 251kJ/mol，因此反应温度的控制十分重要。升高温度对反应有利，但温度过高，乙烯完全氧化反应加速，CO_2 和 CO 的生成量增多，副产物三氯乙烷的生成量也增加，反应的选择性下降。温度升高催化剂的活性组分 $CuCl_2$ 挥发流失快，催化剂的活性下降快，寿命短。一般在保证 HCl 的转化率接近全部转化的前提下，反应温度以低些为好。但当低于物料的露点时，HCl 气体就会与体系中生成的水形成盐酸，对设备造成严重的腐蚀。因此，反应温度一般控制在 220～300℃。

（2）反应压力　常压或加压反应皆可，一般在 0.1～1MPa。压力的高低要根据反应器的类型而定，流化床宜于低压操作，固定床为克服流体阻力，操作压力宜高些。当用空气进行氧氯化时，反应气体中含有大量的惰性气体，为了使反应气体保持相当的分压，常用加压操作。

（3）原料配比　按乙烯氧氯化反应方程式的计量关系，$C_2H_4 : HCl : O_2 = 1 : 2 : 0.5$（摩尔比）。在正常操作情况下，$C_2H_4$ 稍有过量，O_2 过量 50% 左右，以使 HCl 转化完全。实际原料配比为 $C_2H_4 : HCl : O_2 = 1.05 : 2 : (0.75～0.85)$（摩尔比）。若 HCl 过量，则过量的 HCl 会吸附在催化剂表面，使催化剂颗粒胀大，使密度减小；如果采用流化床反应器，床层会急剧升高，甚至发生节涌现象，以至不能正常操作。C_2H_4 稍过量，可保证 HCl 完全转化，但过量太多，尾气中 CO 和 CO_2 的含量增加，使选择性下降。氧的用量若过多，也会发生上述现象。

（4）原料气纯度　原料乙烯纯度越高，氧氯化产品中杂质就越少，这对二氯乙烷的提纯十分有利。原料气中的乙炔、丙烯和碳四烯烃含量必须严格控制。因为它们都能发生氧氯化反应，而生成四氯乙烯、三氯乙烯、1,2-二氯丙烷等多氯化物，使产品的纯度降低而影响后加工。原料气 HCl 主要由二氯乙烷裂解得到，一般要进行除炔处理。

（5）停留时间　要使 HCl 接近全部转化，必须有较长的停留时间，但停留时间过长会出现转化率下降的现象，这可能是由于在较长的停留时间里，发生了连串副反应，二氯乙烷裂解产生 HCl 和氯乙烯。在低空速下操作时，适宜的停留时间一般为 5～10s。

任务三　乙烯氧氯化生成氯乙烯的操作与控制

一、乙烯氧氯化生成氯乙烯的开车操作

① 正常开车执行岗位操作法。开车必须编制开车方案（包括应急事故救援预案），检查并确认水、电、汽（气）符合开车要求，各种原料、材料、辅助材料的供应齐备、合格后，按规定办理开车操作票。投料前必须进行分析验证。

② 检查阀门开闭状态及盲板抽堵情况，保证装置流程畅通，各种机电设备及电器仪表等均处于完好状态。

③ 保温、保压及清洗的设备要符合开车要求，必要时应重新置换、清洗和分析，使之合格。

④ 确保安全、消防设施完好，通信联络畅通，并通知消防、气防及医疗卫生部门。危险性较大的生产装置开车，相关部门人员应到现场。消防车、救护车处于备防状态。

⑤ 必要时停止一切检修作业，无关人员不准进入开车现场。

⑥ 开车过程中要加强与有关岗位和部门之间的联络，严格按开车方案中的步骤进行，严格遵守升降温、升降压和加减负荷的幅度（速率）要求。

⑦ 开车过程中要严格注意工艺的变化和设备的运行情况，发现异常现象应及时处理，

情况紧急时应终止开车，严禁强行开车。

二、乙烯氧氯化生成氯乙烯的正常停车操作

① 正常停车按岗位操作法执行。较大系统停车必须编制停车方案，并严格按停车方案中的步骤进行。

② 系统降压、降温必须按要求的幅度（速率）并按先高压后低压的顺序进行。

③ 凡需保温、保压的设备（容器），停车后要按时记录压力、温度的变化。

④ 大型转动设备的停车，必须先停主机、后停辅机。

⑤ 设备（容器）卸压时，应对周围环境进行检查确认，要注意易燃、易爆、有毒等危险化学物品的排放和扩散，防止造成事故。

⑥ 冬季停车后，要采取防冻保温措施，注意低位、死角及水、蒸汽管线、阀门、疏水器和保温伴管的情况，防止冻坏设备。设备放水时，打开顶部放空阀，以防设备内形成真空，损坏设备。

⑦ 发现或发生紧急情况，必须先尽最大努力妥善处理，防止事态扩大，避免人员伤亡，并及时向有关方面报告。

⑧ 工艺及机电设备等发生异常情况时，应迅速采取措施，并通知有关岗位协调处理，必要时，按步骤紧急停车。

⑨ 发生停电、停水、停气（汽）时，必须采取措施，防止系统超温、超压、跑料及机电设备的损坏。

⑩ 发生爆炸、着火、大量泄漏等事故时，应首先切断气（物料）源，同时迅速通知相关岗位采取措施，并立即向上级报告。

三、乙烯氧氯化生成氯乙烯的紧急停车操作

乙烯氧氯化生成氯乙烯的生产过程中出现了反应器温度失控、裂解炉炉管破裂、加热炉着火等紧急情况时需要紧急停车。

紧急停车前，先通知调度、原料车间和成品车间做好停止供原料油和接收不合格成品油的准备。

紧急停车时应该先降温、再降量，停车后及时用置换气进行吹扫，停压缩机等。

任务四　乙烯氧氯化生成氯乙烯的 HSE 管理

氯乙烯为易燃易爆物品，在空气中其爆炸范围是 $4\%\sim21.7\%$（体积分数），因此要加强设备管路的维护，严禁跑、冒、滴、漏。同时要保持室内通风良好。在操作中，严禁铁器相击，敲打时可用铜棒，所有设备管线均需接地以防静电。

开车时严禁动火，在特殊情况下，需要动火时，必须取样分析，空气中氯乙烯含量在 0.5% 以下，并经安全处、分厂批准方能动火，而且在动火现场要设有防火措施、防火器材，并有专人监督。

氯乙烯有毒，少量吸入人身体有麻醉感觉，氯乙烯浓度在 $20\%\sim40\%$ 时可能发生急性中毒，甚至死亡，长期与氯乙烯接触会引起多种病症，因此进入釜内工作，一定要排尽釜内氯乙烯，用空气置换，并分析氯乙烯含量在 0.5% 以下，氧气含量在 18% 以上，并且切断搅拌电源，阀门加锁，釜上设专人监护，必要时应戴防毒面具。

知识拓展

氯乙烯的安全储运

依据常用危险化学品的分类及标志（GB 13690—92）规定，氯乙烯属于第 2.1 类易燃气体。1987 年国务院发布的《化学危险物品安全管理条例》、化劳发〔1992〕677 号《化学危险物品安全管理条例实施细则》和〔1996〕劳部发 423 号《工作场所安全使用化学品规定》等法规，分别对化学危险品的安全使用、生产、储存、运输、装卸等方面做了相应规定。

（一）氯乙烯的包装与储存

氯乙烯应该储存于阴凉、通风的库房。远离火种、热源。库房的温度不宜超过 30℃。应与氧化剂分开存放，切忌混储，采用防爆型照明、通风设施。

禁止使用易产生火花的机械设备和工具，应使用钢质气瓶、玻璃瓶、塑料瓶或金属桶（罐）外普通木箱，储区应备有泄漏应急处理设备。

（二）氯乙烯的运输

运输信息主要包括危险货物编号为 21037，UN 编号为 1086，包装类别为 052。运输过程中的注意事项包括如下几方面。铁路运输时应严格按照铁道部《危险货物运输规则》中的危险货物配装表进行配装。采用钢瓶运输时必须戴好钢瓶上的安全帽。钢瓶一般平放，并应将瓶口朝同一方向，不可交叉；高度不得超过车辆的防护栏板，并用三角木垫卡牢，防止滚动。运输时运输车辆应配备相应品种和数量的消防器材。装运该物品的车辆排气管必须配备阻火装置，禁止使用易产生火花的机械设备和工具装卸。严禁与氧化剂、食用化学品等混装混运。夏季应早晚运输，防止日光暴晒。中途停留时应远离火种、热源。公路运输时要按规定路线行驶，禁止在居民区和人口稠密区停留。铁路运输时要禁止溜放。

（三）氯乙烯的泄漏应急处理

如果出现氯乙烯的泄漏，应迅速组织人员撤离至泄漏污染区上风处，并进行隔离。在污染没有清除干净之前，严格限制出入。如果发生大规模泄漏，应撤离顺风向 800m 以内的全部人员。切断火源。在安全许可的情况下，尽可能切断泄漏源。应急处理人员要佩戴自给正压式呼吸器，穿防静电工作服。如果要进入密闭区域，要先对该区域进行通风换气，喷洒水雾稀释、溶解。用工业覆盖层或吸附/吸收剂盖住泄漏点附近的下水道等地方，避免氯乙烯流入下水道或其他狭隘空间内，构筑围堤或挖坑收容产生的大量废水。如果泄漏量较小，可用吸收垫将泄漏的液体氯乙烯吸收；如果泄漏量较大，先用吸收条将泄漏区域围拢，再由外向内放置吸收枕。处理结束后，应将所有吸收材料装入塑料袋中，集中焚烧处理，焚烧炉排出的卤化氢通过酸洗涤器除去。

项目四　聚氯乙烯生产过程操作与控制

知识目标 ▶▶▶

1. 了解聚氯乙烯的性质与用途。
2. 了解聚氯乙烯的生产方法，理解各生产方法的优缺点。
3. 掌握悬浮法生产聚氯乙烯的工艺原理、工艺流程和工艺条件。
4. 了解悬浮法生产聚氯乙烯工艺过程中所用设备的作用、结构和特点。
5. 了解引发剂、分散剂和终止剂等添加剂在氯乙烯悬浮聚合中的作用。
6. 了解悬浮法生产聚氯乙烯的开停车操作步骤和事故处理方法。
7. 了解悬浮法生产聚氯乙烯的 HSE 管理。

能力目标 ▶▶▶

1. 能够通过分析比较各种聚氯乙烯生产方法，确定聚氯乙烯的生产路线。
2. 能识读并绘制带控制点的悬浮法生产聚氯乙烯的工艺流程。
3. 能对悬浮法生产聚氯乙烯的工艺过程进行转化率、收率、选择性等计算，通过给定的装置处理能力能进行装置的简单物料衡算。
4. 能对悬浮法生产聚氯乙烯工艺过程进行工艺控制（包括工艺参数调节和开停车操作、何时加入各种不同的添加剂，添加剂的用量以及回收）。
5. 能对悬浮法生产聚氯乙烯的工艺过程中可能出现的事故拟定事故处理预案。

任务一　聚氯乙烯生产的工艺路线选择

一、聚氯乙烯的性质与应用

聚氯乙烯由氯乙烯单体通过自由基聚合而成，聚合度 n 一般在 $500 \sim 20000$ 范围内，其分子结构式如下。

$$+CH_2-CH\underset{\underset{Cl}{|}}{}\,]_n$$

从产品分类看，PVC 属于三大合成材料（合成树脂、合成纤维、合成橡胶）中的合成树脂类，其中包括五大通用树脂，聚乙烯（PE）、聚氯乙烯（PVC）、聚丙烯（PP）、聚苯乙烯（PS）和 ABS 树脂。

1. 聚氯乙烯的性质

聚氯乙烯（polyvinyl chloride polymer，PVC）是一种无毒、无臭的白色粉末。电绝缘性优良，一般不会燃烧，在火焰上能燃烧并放出 HCl，但离开火焰即自熄，是一种具有"自熄性"和"难燃性"物质。

（1）物理性质

相对分子质量：30000～187500；

外观：白色无定形粉；

热导率（λ）：0.16W/（m·K）；

吸水率（ASTM）：0.01%～0.4%；

比热容（C）：0.9kJ/（kg·K）

相对密度：1.35～1.46（20℃）；

折射率 n_D^{20}：1.544

力学性质：抗冲击强度较高

毒性：无毒无嗅

（2）化学稳定性　聚氯乙烯化学稳定性很高，除若干有机溶剂外，常温下可耐任何浓度的盐酸，90%以下的硫酸，50%～60%的硝酸及20%以下的烧碱溶液，此外，对于盐类也相当稳定。

（3）热性能　聚氯乙烯没有明显的熔点，在80～85℃开始软化。加热到130℃以上时变为皮革状，同时分解变色，在180℃时开始流动，约在200℃以上即完全分解，在加压条件下，145℃即开始流动。

（4）溶解性　不溶于水、汽油、酒精和氯乙烯，分子量较低者可溶于丙酮及其他酮类、酯类或氯烃类溶剂中，分子量较高者则仅具有有限的溶解度，通常只能制得含1%～10%聚合体的酮类溶液。

（5）光性能　纯聚氯乙烯在紫外线单色光的照射下显示弱蓝绿荧光色，在长期光线照射下发生老化并使之色泽变暗。

（6）电性能　聚氯乙烯具有特别良好的介电性能，它对于交流电和直流电的绝缘能力可与硬橡胶媲美，它的制品的介电性能与温度、增塑剂、稳定剂等因素有关。

2. 聚氯乙烯的应用

聚氯乙烯（PVC）是国内外高速发展的合成材料中五大热塑性合成树脂之一，以其价廉物美的特点，占合成树脂消费量的29%左右，仅次于聚乙烯（PE），居第二位。由于它具有优良的耐化学腐蚀性、电绝缘性、阻燃性、物理及力学性能、抗化学药品性能、质轻、强度高且易加工、成本低，可通过模压、层合、注塑、挤塑、压延、吹塑中空等方式进行加工，是一种能耗少、生产成本低的产品。因而聚氯乙烯（PVC）制品广泛用于工业、农业、建筑、电子电气、交通运输、电力、电信和包装及人们生活中的各个领域。

以PVC树脂为基料和增塑剂、填料、稳定剂、着色剂和改性剂等多种助剂混合后经塑化、成型加工而成的聚氯乙烯塑料应用相当广泛。

日常生活中常见的电缆外皮、防水卷材、农用膜、密封材料等一般由SG2和SG3树脂和30%～70%含量的增塑剂加工而成，属于软制品，主要通过吹塑、压延、模塑和滚塑等加工方法实现。塑钢门窗、上下水管、硬制板材和管件等一般由SG5型以上树脂和含量为0～6%的增塑剂加工而成，称为硬制品，采用压延、挤出和注塑成型工艺。近年来世界和中国聚氯乙烯树脂消耗比例分别见表4-1和表4-2。

二、聚氯乙烯的生产方法

目前，世界上PVC的主要生产方法有4种：悬浮法、本体法、乳液法和微悬浮法。其中以悬浮法生产的PVC占PVC总产量的近90%，在PVC生产中占重要地位，近年来该技术已取得突破性进展。

表 4-1　世界聚氯乙烯树脂消费组成

品　　种		比例/%	品　　种		比例/%
PVC 硬制品	管材	33	PVC 软制品	薄膜和片材	13
	护墙板/型材	8		地板地砖	3
	薄膜和片材	8		合成皮革	3
	吹塑制品	5		电线电缆	8
	其他	6		其他	13
	合计	60		合计	40

表 4-2　中国聚氯乙烯树脂消费组成

品　　种		比例/%	品　　种		比例/%
PVC 硬制品	板材	14	PVC 软制品	薄膜、片材	11
	管材	18		铺地材料	8
	异型材	15		革制品	7
	吹塑制品	5		电缆料	4
	其他	5		其他	13
	合计	57		合计	43

1. 本体法聚合生产工艺

本体聚合生产工艺，其主要特点是反应过程中不需要加水和分散剂。聚合分两步进行，第一步在预聚釜中加入定量的 VCM（氯乙烯）单体、引发剂和添加剂，经加热后在强搅拌（相对第二步聚合过程）的作用下，釜内保持恒定的压力和温度进行预聚合。当 VCM 的转化率达到 8%～12% 停止反应，将生成的"种子"送入聚合釜内进行第二步反应。聚合釜在接收到预聚合的"种子"后，再加入一定量的 VCM 单体、添加剂和引发剂，在这些"种子"的基础上继续聚合，使"种子"逐渐长大到一定的程度，在低速搅拌的作用下，保持恒定压力进行聚合反应。当反应转化率达到 60%～85%（根据配方而定）时终止反应，并在聚合釜中脱气、回收未反应的单体，而后在釜内汽提，进一步脱除残留在 PVC 粉料中的 VCM，最后经风送系统将釜内 PVC 粉料送往分级、均化和包装工序。

2. 乳液聚合生产工艺

氯乙烯乳液聚合方法的最终产品为制造聚氯乙烯增塑糊所用的的聚氯乙烯糊树脂（E-PVC），工业生产分两个阶段。第一阶段氯乙烯单体经乳液聚合反应生成聚氯乙烯胶乳，它是直径 $0.1～3\mu m$ 聚氯乙烯初级粒子在水中的悬浮乳状液。第二阶段将聚氯乙烯胶乳，经喷雾干燥得到产品聚氯乙烯糊树脂，它是初级粒子聚集而成的直径为 $1～100\mu m$（主要是 $20～40\mu m$）的聚氯乙烯次级粒子。这种次级粒子与增塑剂混合后，经剪切作用崩解为直径更小的颗粒而形成不沉降的聚氯乙烯增塑糊，工业上称之为聚氯乙烯糊。

3. 悬浮聚合生产工艺

因采用悬浮法 PVC 生产技术易于调节品种，生产过程易于控制，设备和运行费用低，易于大规模组织生产而得到广泛的应用，成为诸多生产工艺中最主要的生产方法。

悬浮聚合生产工艺的工艺特点：悬浮聚合法生产聚氯乙烯树脂的一般工艺过程是在清理后的聚合釜中加入水和悬浮剂、抗氧剂，然后加入氯乙烯单体，在去离子水中搅拌，将单体分散成小液滴，这些小液滴由保护胶加以稳定，并加入可溶于单体的引发剂或引发剂乳液，保持反应过程中的反应速率平稳，然后升温聚合，一般聚合温度在 45～70℃之间。使用低温聚合时（如 42～45℃），可生产高分子质量的聚氯乙烯树脂；使用高温聚合时（一般在 62～71℃）可生产出低分子质量（或超低分子质量）的聚氯乙烯树脂。近年来，为了提高聚合速率和生产效率，国外还研究成功两步悬浮聚合工艺，一般是第一步聚合度控制在 600℃左右，在第二步聚合前加入部分新单体继续聚合。采用两步法聚合的优点是显著缩短了聚合周期，生产出的树脂具有良好的凝胶性能、模塑性能和机械强度。现在悬浮法聚氯乙烯品种日益广泛，应用领域越来越广，除了通用型的树脂外，特殊用途的专用树脂的开发越来越引起 PVC 厂家的关注，球形树脂、高表观密度建材专用树脂、消光树脂、超高（或超低）分子质量树脂等已成为开发的热点。

三、聚氯乙烯生产技术的发展

1. 世界聚氯乙烯产能分析

2006 年全球 PVC 产能约 4291.1 万吨，较 2005 年的 4041.1 万吨，增长了 6.48%，其中：北美 866.6 万吨，南美 143.5 万吨，西欧 628.5 万吨，东欧 252.2 万吨，亚洲 2160.5 万吨，中东 227.5 万吨。2003～2006 年全球 PVC 产能状况见表 4-3。据统计，2006 年世界主要 PVC 生产商的产能状况为：信越化学 345 万吨/年，台塑 287 万吨/年，OxyVI-NyLs176.9 万吨/年，欧洲乙烯基 132.5 万吨/年，LG 化学 127 万吨/年，吉昂 122.5 万吨/年。这几家 PVC 生产商产能占 2006 年总产能的 27.75%。

表 4-3　2003～2006 年全球 PVC 产能　　　　　　　　单位：万吨/年

地区	2003 年	2004 年	2005 年	2006 年
北美	857	854.3	868	866.6
南美	139.5	139.5	143.5	143.5
西欧	618	618	618	628.5
东欧	232.2	232.2	252.2	252.2
亚洲	1535.4	1671.4	1950.1	2160.5
中东	144.5	144.5	186.5	227.5
全球总计	3526.6	3656.9	4018.3	4278.8
增幅	178.5	133.3	358.4	260.5
增长率/%	5.33	3.78	9.79	6.48

受 2004 年全球经济转好的影响，2005 年是 PVC 产能增加最多的一年，增长率由 2004 年的 4.19% 增加到 9.72%，尤其仅中国产能就增加了 280 万吨，增长率达到 35.45% 之多。中东地区 PVC 产能长期短缺，为了适应需求增长，一些厂家也开始扩大产能，2005 年产能增幅也达到了 29%。2008 年以后北美 PVC 产能增加接近 100 万吨，增幅达到 12.60%。

2. 我国聚氯乙烯工业产能分析

进入"十一五"期间，中国聚氯乙烯工业保持了相当快的发展速度，其中 2005 年中国聚氯乙烯产能增长率高达 46.4%，这很大程度上是受 2004 年聚氯乙烯行业的高额利润吸引。2007 年之后，尤其是 2008 年的全球经济危机爆发后，国内聚氯乙烯行业的扩能步伐明显放缓，而且随着中国聚氯乙烯产能的扩大，行业盈利能力也出现明显下降。最近几年，中国聚氯乙烯生产能力不断提高，其产量已经完全可以满足自身需求，改变了以往需要大量依赖进口的局面。但需要业内注意的是，由于中国聚氯乙烯产能的过快扩张，加上投资者对能源、资源性物资的占有程度的差别较大，国内聚氯乙烯行业正经历和未来必然要经历着产业结构调整和生产布局的改变，中国聚氯乙烯行业则由高速发展向平稳整合过渡。

2005 年中国 PVC 消费量增长到 787 万吨，超过美国成为世界上最大的 PVC 消费市场。这一快速增长使中国对 PVC 的需求量 2010 年达到 1200 万吨。中国旺盛的建筑行业对 PVC 的需求量占 PVC 挤压成型产品的 70%。随着中国要求建筑节能和降低生产与维修成本，PVC 管材和门窗的推广使用将继续支撑这一市场。

据统计，2009 年年底我国有 PVC 生产企业 104 家，2010 年年底我国 PVC 生产企业减少到 97 家。2010 年总生产能力为 2069 万吨/年，其中生产能力为 1678.2 万吨/年，占总生产能力的 81%。

由于国内 PVC 产量不断增长，中国 PVC 进口量呈逐年下降趋势。2007 年我国进口 PVC 为 130.4 万吨，出口 75.3 万吨，表观消费量为 1026.8 万吨。2008 年中国 PVC 进口 112.7 万吨（比 2007 年下降 13.6%），出口 64.6 万吨（比 2007 年下降 14.2%），表观消费量为 929.7 万吨（比 2007 年下降 9.4%），产量/表观消费量为 94.8%，进口/表观消费量为 12.1%，进口依存度为 5.2%（比 2007 年下降 0.4%）。2009 年中国 PVC 产量为 915 万（比 2008 年增长 3.8%），进口 195.5 万吨（比 2008 年增长 73.5%），出口 27.5 万吨（比 2008 年下降 57.4%），表观消费量为 1083.5 万吨（比 2008 年增长 16.5%），产量/表观消费量为 84.4%，进口/表观消费量为 18.0%，进口依存度为 15.6%（比 2008 年增长 10.4%）。2009 年，我国累计进口 PVC195.5 万吨，同比大幅增长 73.5%，进口量所占比例较 2008 年提高了 5.1%。进口量猛增严重冲击了国内市场。我国已经成为世界上最大的 PVC 生产国和消费国。然而，受全球金融危机的影响，国际市场需求低迷，贸易保护主义盛行。同时国内 PVC 生产能力严重过剩，全行业开工率持续走低，整个 PVC 行业陷入内外交困的局面。据中国商品市场信息公司（CBI）分析人士指出：中国 PVC 市场正在走向自给自足，并已出现供过于求的局部。表 4-4 为 2010 年中国氯乙烯产能分布。

表 4-4　2010 年中国聚氯乙烯产能分布　　　　单位：万吨/年

省份	电石法	乙烯法	小计
吉林	28		28
辽宁	20	8	28
黑龙江	5		5
四川	116		116
云南	39		39
贵州	27		27
河南	139.5		139.5
湖北	35.5		35.5
湖南	48		48
山东	214	60	274
河北	65	23	88
内蒙古	270		270
山西	108		108

续表

省份	电石法	乙烯法	小计
天津	45.5	110	155.5
陕西	76.2		76.2
甘肃	32		32
宁夏	51		51
青海	11		11
新疆	210		210
福建	1.5		1.5
广东	22		22
广西	46		46
上海	48		48
合计	1678.2	391	2069.2

注：未计入港台地区产能。

3. 聚氯乙烯工艺的发展趋势

聚氯乙烯工艺的发展主要体现在以下几个方面。

（1）降低 PVC 的生产成本　从工艺技术上，国内外大型 PVC 生产企业都采用现代化聚合釜成套设备，通过采用高效防粘釜技术、汽提技术，提高聚合釜除热能力和干燥效率，进一步降低树脂的生产成本。同时，进一步减少生产过程中氯乙烯单体的暴露，减少污染。

（2）开发出更专用化和市场化的新产品　聚氯乙烯品种的发展趋势是硬制品树脂、软制品树脂和糊用树脂的专用化。目的是通过调整反应体系和工艺条件或者通过化学改性方法生产出更适合产品使用性能、更易于加工的聚氯乙烯树脂，重点在提高产品的使用性能上。

（3）进一步开发功能化和工程化的聚氯乙烯树脂　从最近国内外聚氯乙烯专用树脂的发展来看，研究的方向是通过提高或降低分子量，提高树脂的表面密度，大分子的化学反应或者通过在配方中添加新的改性组分，通过共聚改性生产出各种功能化和工程化的聚氯乙烯树脂。

四、聚氯乙烯生产的工艺路线选择

在工业化生产 PVC 时，以悬浮法产量最大，悬浮法生产具有设备投资少和产品成本低等优点。各种聚合方法的发展方向是逐步向悬浮法聚合生产路线倾斜，一些过去采用其他方法生产的树脂品种已开始采用悬浮聚合工艺生产。自从乳液聚合法工业化以后，欧洲、日本在连续悬浮聚合工艺方面开展了大量的研究工作，目前尚未工业化生产，但连续法设备费用低、生产效率高，工艺难题少，已引起了各国科研院所和生产厂家的重视。另外，为进一步提高悬浮法生产的通用树脂和专用树脂的质量，提高产品的专用化、市场化水平，国外厂家在聚合工艺的工艺条件及配料体系等方面做了大量的研究工作，进一步提高了聚合转化率，缩短了聚合周期，提高了生产效率，同时也开发出一系列性能好、易于加工的 PVC 专用树脂，如超高（或超低）聚合度树脂、高表观密度树脂、无皮树脂、耐辐射树脂、医用树脂、耐热树脂等。可见，各种专用料的开发是悬浮聚合树脂发展的标志，是提高产品使用性能、开发新的应用领域的重要手段。

任务二　聚氯乙烯生产的工艺流程组织

一、氯乙烯悬浮聚合生产聚氯乙烯的工艺原理

氯乙烯悬浮聚合是以 EHP、CNP 等为引发剂的自由基链锁反应。以 HPMC、PVA 等为分散剂；无离子水为分散和导热介质，借助搅拌作用。使液体氯乙烯（在压力下）以微珠形状悬浮于水介质中。对每个微珠而言，其反应和本体聚合相似。

总反应式如下：

$$nCH_2\!=\!CHCl \longrightarrow \;\;+\!CH_2\!-\!CHCl)_n$$

式中，n 为聚合度（即氯乙烯分子数目），一般为 500～1500 范围之内。

此反应机理为自由基聚合机理。

（1）自由基聚合机理　氯乙烯悬浮聚合反应，属于自由基链锁加聚反应，它的反应一般由链引发、链增长、链终止、链转移及基元反应组成。

① 链引发。在光、热和辐射能的作用下，氯乙烯单体都可能形成自由基而进行聚合。但比较普遍应用的则是加入引发剂来产生自由基。凡是用作引发剂的化合物，其分子结构上都具有弱键，容易分解为自由基，偶氮二异庚腈（ABVN）作为引发剂产生自由基的化学反应方程如下所示。

$$CH_3\!-\!\underset{\underset{CH_3}{|}}{\overset{\overset{CH_3}{|}}{C}}\!-\!N\!=\!N\!-\!\underset{\underset{CH_3}{|}}{\overset{\overset{CH_3}{|}}{C}}\!-\!CH_3 \xrightarrow[\triangle]{K_d} 2\cdot\underset{\underset{CH_3}{|}}{\overset{\overset{CH_3}{|}}{C}}\!-\!CH_3 + N_2\uparrow$$

以过氧化二碳酸二乙基己酯（EHP）为引发剂产生初级自由基的化学反应方程如下所示。

$$CH_3(CH_2)_3CHCH_2\!-\!O\!-\!\underset{\underset{}{\overset{\overset{}{|}}{C}}}{\overset{O}{\parallel}}\!-\!O\!-\!O\!-\!\underset{}{\overset{O}{\parallel}}{C}\!-\!O\!-\!CH_2CH(CH_2)_3CH_3 \xrightarrow[\triangle]{K_d}$$
$$\underset{C_2H_5}{|}\qquad\qquad\qquad\qquad\qquad\underset{C_2H_5}{|}$$
$$2[CH_3(CH_2)_3CHCH_2\!-\!O\cdot]+2CO_2\uparrow$$
$$\underset{C_2H_5}{|}$$

其中，K_d 为引发剂分解反应的速率常数。

初级自由基一旦生成，可以很快作用于氯乙烯分子激发其双键的 π 电子，使之分离为两个独电子，并与其中一个独电子结合生成单体自由基（初级自由基用 R 表示）。

$$R+\underset{\underset{H}{|}}{\overset{\overset{H}{|}}{C}}\!=\!\underset{\underset{Cl}{|}}{\overset{\overset{H}{|}}{C}} \xrightarrow{K_a} R\!-\!CH_2\!-\!\underset{\underset{Cl}{|}}{\overset{\overset{H}{|}}{C}}\cdot$$

其中，K_a 为链引发速率常数。

② 链增长。在链引发阶段形成的单体自由基，活性很高，如无阻聚物质与之作用，就能进攻第二个 VCM 分子的 π 键，重新杂化结合，形成新的自由基，如此循环下去。产生含有大量（—CH₂—CHCl—）单元的链自由基，这个过程叫链增长反应，实际上是个加成反应。

$$R-CH_2-\overset{\overset{\displaystyle H}{|}}{\underset{\underset{\displaystyle Cl}{|}}{C}}\cdot + nCH_2CHCl \xrightarrow{K_p} R\overset{}{\Big(}CH_2-\overset{\overset{\displaystyle H}{|}}{\underset{\underset{\displaystyle Cl}{|}}{C}}\overset{}{\Big)_{\!n}}-CH_2-\overset{\overset{\displaystyle H}{|}}{\underset{\underset{\displaystyle Cl}{|}}{C}}\cdot$$

其中，K_p 为链增长速率常数。

这一链增长过程直到链终止，活性都不减弱，在瞬间就可生成分子量大约十万的高聚物。

在 PVC 的链增长反应中，结构单元 VCM 间的结合可能以"头尾"和"头头"两种形式存在。

$$-CH_2-\overset{}{\underset{\underset{\displaystyle Cl}{|}}{\overset{\displaystyle \cdot}{C}H}}+CH_2=\overset{}{\underset{\underset{\displaystyle Cl}{|}}{CH}}- \longrightarrow -CH_2-\overset{}{\underset{\underset{\displaystyle Cl}{|}}{CH}}-CH_2-\overset{}{\underset{\underset{\displaystyle Cl}{|}}{CH}}- \ 或 \ -CH_2-\overset{}{\underset{\underset{\displaystyle Cl}{|}}{CH}}-\overset{}{\underset{\underset{\displaystyle Cl}{|}}{CH}}-CH_2-$$

实验证明，主要以"头尾"形式连接。原因有电子效应和位阻效应两个方面。加上相邻的亚甲基的超共轭效应，自由基得以稳定；而头头连接时，无共轭效应，自由基不太稳定。两种连接形式的键能相差 $(3.35 \sim 4.19) \times 10^3 \, kJ/mol$，因此有利于头尾相连。而从位阻效应方面来看 "$-CH_2-$" 结构比 "$-CHCl-$" 结构的空间位阻要小，因此有利于头尾相连。但在温度升高时，头头连接结构将增加。

③ 链转移。在自由基聚合过程中，链自由基有可能从单体、溶剂、引发剂或大分子上夺取一个原子（氢或氯）而终止，使这些失去原子的分子成为新的自由基，继续新的链增长。

a. 向单体 VCM 链转移——形成端基双键 PVC。VCM 悬浮聚合链终止的方式已证实，当转化率在 $70\% \sim 80\%$ 以下时，以向单体 VCM 链转移为主，致使 PVC 高分子链端存在双键。

第一种转移方式的化学反应方程式如下所示。

$$\sim\overset{\overset{\displaystyle H}{|}}{\underset{\underset{\displaystyle \boxed{H}}{|}}{C}}-\overset{\overset{\displaystyle H}{|}}{\underset{\underset{\displaystyle Cl}{|}}{C}}\cdot \uparrow + \overset{\overset{\displaystyle H}{|}}{\underset{\underset{\displaystyle H}{|}}{C}}=\overset{\overset{\displaystyle H}{|}}{\underset{\underset{\displaystyle Cl}{|}}{C}} \xrightarrow{K_{tr}} -CH=CHCl + CH_3-\overset{}{\underset{\underset{\displaystyle Cl}{|}}{\overset{\displaystyle \cdot}{C}H}}$$

第二种转移方式的化学反应方程式如下式所示。

$$\sim\overset{\overset{\displaystyle H}{|}}{\underset{\underset{\displaystyle H}{|}}{C}}-\overset{\overset{\displaystyle H}{|}}{\underset{\underset{\displaystyle H}{|}}{C}}\cdot + \overset{\overset{\displaystyle \downarrow H}{|}}{\underset{\underset{\displaystyle H}{|}}{C}}=\overset{\overset{\displaystyle \boxed{H}}{|}}{\underset{\underset{\displaystyle Cl}{|}}{C}} \xrightarrow{K_{tr}} -CH_2-CH_2Cl + CH_2=\overset{\displaystyle \cdot}{C}-Cl$$

其中，K_{tr} 为链转移反应速率常数。

其中，第二种转移方式由于生成的 $CH_2=\overset{\displaystyle \cdot}{C}Cl$ 结构极不稳定，且该反应需要更高的活化能，故以第一种转移方式为主。激发的单晶体自由基和引发剂分解的初级自由基具有相同的活性，也能与单体分子作用，完成链增长。一般一个引发剂初级自由基可借"向单体链转移"方式，产生 $5 \sim 15$ 个大分子才消失"死亡"。也可以说产品聚氯乙烯大分子结构上，一个端基大部分为双键，另一端基占 $1/5 \sim 1/15$ 为引发剂基团，其余大部分为上述单体自由基团。

b. 向高聚物基团转移——形成支链或交联 PVC。生成的 —CH$_2$—$\dot{C}$Cl—继续与 CH$_2$=CHCl 反应可生成支链高聚物或相互结合形成交联高聚物。这种链转移在转化率较高时（此时 VCM 浓度较低）比较多。

$$\sim CH_2-\underset{\underset{Cl}{|}}{\overset{\overset{H}{|}}{C}}\cdot+-CH_2-\underset{\underset{H}{|}}{\overset{\overset{\boxed{H}}{|}}{C}}-Cl \xrightarrow{K_{tr}} -CH_2-CH_2+-CH_2-\underset{\underset{Cl}{|}}{\dot{C}}-$$

④ 链终止。

a. 偶合链终止——形成"尾尾"相连 PVC。

$$\sim CH_2-\underset{\underset{Cl}{|}}{\overset{\overset{H}{|}}{C}}\cdot+\cdot\underset{\underset{Cl}{|}}{\overset{\overset{H}{|}}{C}}-CH_2\sim \xrightarrow{K_t} \sim CH_2-\underset{\underset{Cl}{|}}{\overset{\overset{H}{|}}{C}}-\underset{\underset{Cl}{|}}{\overset{\overset{H}{|}}{C}}-CH_2\sim$$

b. 歧化终止——形成端基双键 PVC。

$$\sim CH_2\dot{C}H+\cdot\underset{\underset{Cl}{|}}{\overset{\overset{H}{|}}{C}}-CH_2\sim \xrightarrow{K_t} -CH_2-CH_2+\underset{\underset{Cl}{|}}{\overset{\overset{H}{|}}{C}}=CH\sim$$

其中，K_t 为链终止反应速率常数。

（2）氯乙烯悬浮聚合反应各阶段的物料相变　悬浮聚合过程分为五个阶段，阶段之间过渡包含着相变。

第一阶段：转化率由 0～0.1%，体系为均相（介质和气相除外，下同）。

第二阶段：转化率 0.1%～1.0%，起初沉淀出高度不稳定的黏胶态悬浮物，但很快聚集成所谓初级粒子，由电子显微镜证明粒径为 0.1～0.6μm。

第三阶段：转化率为 1%～7%，为粒子生长阶段，在这个阶段中一直存在着两个恒定组成的有机相，单体溶胀的聚合物相和液态单体相，聚合反应在两相中同时进行。聚合物相内消耗 VCM 不断地得到来自单体相的补充，这阶段只有聚合物量的增加和液态 VCM 相消耗，PVC 颗粒变大重量增加，但 VCM 在聚合过程中不形成新的聚合物颗粒生长核。第三阶段在 VCM 相消失时结束，随着压力的突然下降转化率 64%～70%。许多文献记载指出，压力开始下降时聚合速率达到最大值。理论上 VCM 溶胀 PVC 相的平衡组成的极限值为这一阶段的完全转化值，但实际上的转化率将降低。

第四阶段：转化率 70%～85%，特征是 VCM 溶胀 PVC 相转变为 PVC 相，聚合反应在聚合物内进行。自加速停止，速率恒定。VCM 由气相和悬浮介质中扩散进 PVC 相，压力随之继续下降。最后 VCM 几乎全部被吸收聚合，仅剩下少量残留在气相和介质中，限度转化率约 84% 左右。

第五阶段：转化率 85%～100%，这一阶段的聚合速率很慢，故它决定于低密度的 VCM 相向非溶胀的致密 PVC 相内部的扩散作用，每个阶段都有自己的个性动力学。

二、氯乙烯悬浮聚合生产聚氯乙烯的工艺流程

1. 工艺流程图

聚氯乙烯生产过程由聚合、汽提、脱水干燥、VCM 回收系统等部分组成。同时还包括主料、辅料供给系统，真空系统等。其生产流程见图 4-1 和图 4-2。

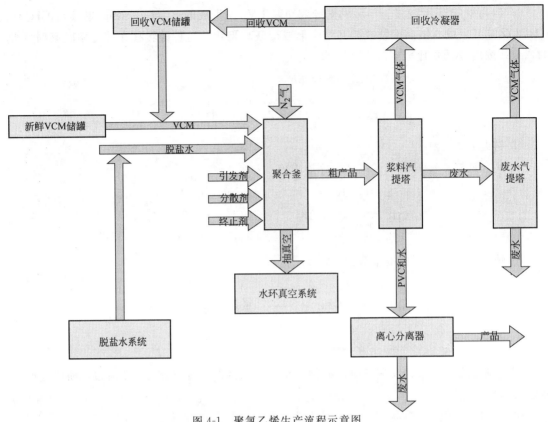

图 4-1 聚氯乙烯生产流程示意图

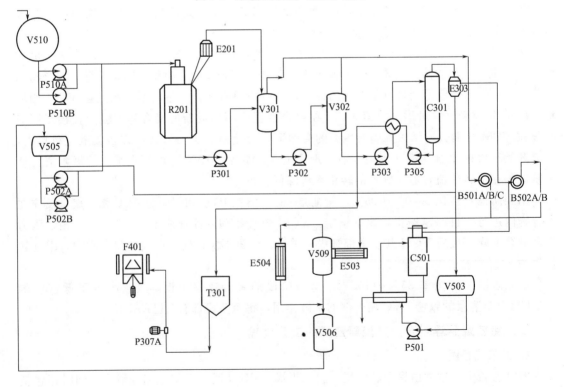

图 4-2 聚氯乙烯生产流程总图

2. 设备一览表

聚氯乙烯生产过程设备见表 4-5 所示。

表 4-5　聚氯乙烯生产过程设备一览表

设备位号	设备名称	设备位号	设备名称
V510	新鲜 VCM 储罐	V507	密封水分离器
V506	回收 VCM 储罐	V508	密封水分离器
P510	新鲜 VCM 加料泵	V503	废水储罐
P502	回收 VCM 加料泵	P501	废水进料泵
R201	聚合釜	E501	废水热交换器
P201	加热泵	C501	废水汽提塔
P301	浆料输送泵	E503	VCM 回收冷凝器
V301	出料槽	E504	VCM 二级冷凝器
P302	出料槽浆料输送泵	V509	RVCM 缓冲罐
V302	汽提塔进料槽	T301	浆料混合槽
P303	汽提塔加料泵	F401	离心分离机
C301	浆料汽提塔	P307	离心进料泵
P305	汽提塔底泵	B201	真空泵
E301	浆料热交换器	V203	真空分离罐
E303	塔顶冷凝器	E201	蒸汽净化冷凝器
B501	间歇回收压缩机	T901	脱盐水罐
B502	连续回收压缩机	P901A/B,P902A/B,P903A/B	脱盐水泵

3. 辅助材料性质

① 脱盐水。水在氯乙烯悬浮聚合的作用，使 VCM 液滴中的反应热传到釜壁和冷却挡板面移出，降低 PVC 浆料的黏度，使搅拌和聚合后的产品输送变得更加容易，也是一种分散剂影响着 PVC 颗粒形态。

② 分散剂。分散剂在氯乙烯悬浮聚合的作用是：稳定由搅拌形成的单体油滴，并阻止油滴相互聚集或合并。本工段所采用的分散剂有水解为 88% 的聚乙烯醇（PVA），水解度为 72.5% 的 PVA 和羟丙基甲基纤维素（HPMC）。

③ 消泡剂。消泡剂是一种非离子表面活性剂在配制分散剂溶液时加入，可保证分散剂溶液配制过程中以及以后的加料，反应过程中不至于产生泡沫，影响传热及造成管路堵塞。消泡剂的商品名为 TWEEN21，化学名为聚氧化乙烯月桂酸山梨糖醇酯。

④ 引发剂。引发剂的选择对 PVC 的生产来说是至关重要的，主要考虑的因素有：活性、水溶性、水解性、粘釜性、毒性、储存条件和价格等。氯乙烯聚合是自由基反应，而对烯烃类来说只有温度在 $400 \sim 500 ℃$ 以上才能分裂为自由基，这样高的温度远远超过正常的聚合温度，不能得到高分子，因而不能采用热裂解的方法来提供自由基。而采用某些可在较适合的聚合温度，能产生自由基的物质来提供自由基，如偶氮类、过氧化物类。

EHP 引发剂：$C_{17}H_{34}O_6$；相对分子质量 346；化学名过氧化二碳酸二-2-乙基己酯；无色透明液体其中含 EHP40%。

⑤ 缓冲剂。主要中和聚合体系中的 H^+，保证聚合反应在中性体系中进行，并提供

Ca^{2+}，增加分散剂的保胶和分散能力，使 PVC 树脂具有较高的孔隙率。缓冲剂不溶于水。商品名为 NH_4HCO_3，化学名为碳酸氢铵。

⑥ 终止剂。在聚合反应达到理想的转化率，或因其他设备原因等需要立即终止聚合反应时，都可以加入终止剂使反应减慢或完全终止。终止剂的作用为终止反应和调整聚合反应速率。当聚合反应进行到比较理想的转化率时，PVC 的颗粒形态结构性能及疏松情况最好。希望此时进行泄料和回收而不使反应继续下去，就要加入终止剂使反应立即终止。

当聚合反应特别剧烈而难以控制时，或是釜内出现异常情况，或者设备出现异常都可以加入终止剂，使反应速率减慢或是完全终止。总之，正常终止、紧急情况终止及调节反应速率均可加终止剂 ATSC。

a. 常规终止剂：ATSC（丙酮缩氨基硫脲），$C_4H_9N_3S$，白色晶状粉末，无味。

b. 紧急终止剂：NO 作为一种终止剂，在特殊情况下使用，例如，聚合釜搅拌断电，供 ATSC 的泵断电，这时手动加入 NO，即不用泵又可起搅拌作用。

⑦ 涂壁剂。涂壁剂的作用可以减轻氯乙烯单体在聚合过程中的粘釜现象。它的作用原理是由碱水溶液在高温蒸汽的雾化作用下形成一种聚合物，冷凝在聚合釜壁及冷却挡板上，并形成一层疏油亲水的膜，由于有了这样一层膜，在聚合反应中使 VCM 油滴与金属器壁隔开，从而减轻了粘釜。

涂壁剂的配制方法为：在储槽内加入配方量的水和烧碱，开启搅拌，然后再加入配方量的涂壁剂，涂壁剂的浓度通常配制在 1% 左右。

4. 工艺流程描述

（1）抽真空系统　聚合釜（R201）打开盖后，在加料之前必须进行氮气吹扫和抽真空。在抽真空之前，应把聚合釜（R201）上的所有的阀门和人孔都关闭好，釜盖锁紧环置于锁紧的位置上。检查抽真空系统是否具备开车条件，有关手阀是否处在正确的位置上，打开聚合釜抽真空阀。开始抽真空，直到聚合釜中压力降到真空状态。然后关闭抽真空阀，检查真空情况。

出料槽（V301）和汽提塔进料槽（V302）抽真空的方法与聚合釜（R201）抽真空的方法相似，区别仅在于打开或关闭有关的抽真空管道上的阀门，而不是聚合釜（R201）上的阀门。

（2）进料、聚合　首先对反应釜在密闭条件下进行涂壁操作，冷凝在聚合釜的釜壁和挡板上，形成一层疏油亲水的膜，从而减轻了单体在聚合过程中的粘釜现象，然后进行投料生产。

然后向聚合釜（R201）内注入脱盐水，六台三组离心加料泵（P901A/B 和 P903A/B）用来进行脱盐水的聚合加料，从脱盐水罐（T901）抽出的脱盐水使聚合用的各种物料在加料完毕后达到规定的聚合温度。启动反应器搅拌，等待各种助剂的进料，水在氯乙烯悬浮聚合中使搅拌和聚合后的产品输送变得更加容易，也是一种分散剂，影响着 PVC 颗粒形态。然后加入的是引发剂，氯乙烯聚合是自由基反应，而对烃类来说只有温度在 $400 \sim 500℃$ 以上才能分裂为自由基，这样高的温度远远超过正常的聚合温度，不能得到高分子，因而不能采用热裂解的方法来提供自由基。而采用某些可在较适合的聚合温度下，能产生自由基的物质来提供自由基，如偶氮类、过氧化物类。接下来加入分散剂，它的作用是稳定由搅拌形成的单体油滴，并阻止油滴相互聚集或合并。

VCM 原料包括两部分，一是来自氯乙烯车间的新鲜 VCM；二是聚合后回收的未反应的 VCM。新鲜单体和回收单体都是用来进行聚合加料，二者的配比是可调整的，但通常控制在 3∶1。一般情况下，回收单体的加料量是取决于回收单体加料时储槽中单体的量。单体分别由加料泵（P510 和 P502）从新鲜单体储槽（V510）和回收单体储槽（V506）中抽出，打入聚合釜（R201）中。二者在搅拌条件下进行聚合反应，控制反应时间和反应温度。

　　将冷却水和蒸汽通过 P201 通入釜内冷却挡板和夹套，目的在于移出反应热，维持恒定的反应温度。反应温度是通过在聚合反应过程中，调节通过挡板和夹套的冷却水流量进行控制的。自动过程调节器可以给出模拟控制，以维持反应温度。

　　当聚合釜内的聚合反应进行到比较理想的转化率时，PVC 的颗粒形态结构性能及疏松情况最好，希望此时进行泄料和回收而不使反应继续下去，就要加入终止剂使反应立即终止。当聚合反应特别剧烈而难以控制时，或是釜内出现异常情况，或者设备出现异常都可加入终止剂使反应减慢或是完全终止。反应生成物称为浆料，转入下道工序，并放空聚合釜（R201）。

　　（3）浆料汽提　当已做好 PVC 浆料输送准备，并确信这釜料的质量是合格的，可将浆料输送到以下的两个槽：出料槽（V301）和汽提塔进料槽（V302）。

　　出料前，打开浆料出料阀和聚合釜底阀，启动相应的浆料泵（P301）。出料槽（V301）既是浆料储槽，又是 VCM 脱气槽。随着浆料不断地打入这个出料槽，槽内的压力会升高，装在出料槽蒸汽回收管道上的自控截止阀会自动打开。VCM 蒸汽管道上的调节阀，可以防止回收系统在高脱气速率下发生超负荷现象。

　　控制出料槽（V301）的储存量，是达到平稳、连续操作的关键。出料槽（V301）的液位应既能容纳下一釜输送来的物料加上冲洗水的量，又能保证稳定不间断地向浆料汽提塔加料槽（V302）供料。可以根据聚合釜（R201）送料的情况和物料储存的变化，慢慢地调整汽提塔供料的流量。

　　浆料在出料槽中经过部分单体回收后，经出料槽浆料输送泵（P303）打入汽提塔进料槽（V302）中。再由汽提塔加料泵（P303）送至汽提塔（C301）。用电磁流量计可以测得流向汽提塔的浆料流量。其流量可以通过装在通向汽提塔的浆料管道上的流量调节阀进行控制。浆料供料进入到一个螺旋板式热交换器（L301）中，并在热交换器中被从汽提塔（C301）底部来的热浆料预热。这种浆料之间的热交换的方法可以节省汽提所需的蒸汽，并能通过冷却汽提塔浆料的方法，缩短产品的受热时间。

　　带有饱和水蒸气的 VCM 蒸汽，从汽提塔（C301）的塔顶逸出，进入到一个立式列管冷凝器（E303）中，绝大部分的水蒸气可以在这个冷凝器中冷凝。液相与汽相物料在冷凝器（E303）底部分离，被水饱和的 VCM 从这个汽提塔冷凝器的侧面逸出，进入连续回收压缩机（B502）系统；冷凝液打入废水槽（V503）中，集中处理。装在汽提塔出口管道上的压力调节器，可以自动调节 VCM 气体出口的流量，来调节汽提塔的塔顶压力，以使塔内压力稳定。

　　经过汽提后的浆料，可从汽提塔底部打出，经过浆料汽提塔热交换器（E301）后，打入浆料混料槽（T301）。在通向浆料混料槽的浆料管道上，装有一个液位调节阀，通过控制这个调节阀，调节浆料流量，可以使塔底浆料的液位维持在一定的高度。

　　（4）干燥　浆料混合槽（T301）的作用主要有两个：一是离心机加料的浆料缓冲槽；二是将每个批次的浆料进行充分混合，使 PVC 产品的内在指标稳定，减小波动。从而有利于下游企业的深加工，保证塑料制品的质量稳定。离心机加料泵（P307）将 PVC 浆料由浆料混合槽（T301）送至离心机（F401），以离心方式对物料进行甩干，由浆料管送入的浆料在强大的离心作用下，密度较大的固体物料沉入转鼓内壁，在螺旋输送器推动下，由转鼓的前端进入 PVC 储罐，母液则由堰板处排入沉降池。

（5）废水汽提　去废水汽提塔的废水的缓冲能力是由一个碳钢的废水储罐 V503 提供的。其废水来源有 V507、V508、E303、V203 和 V506。

在该废水储罐上装有一个液位指示器，用来调整废水汽提塔的加料流量，使废水储槽液位处于安全位置。

废水进料泵（P501），可将废水从废水储罐中吸入，经废水热交换器（E501），送入废水汽提塔（C501）。在通向汽提塔的供料管道上，装有一个流量调节器，可将流量维持在预定的设定点上。

热交换器（E501），可利用从废水汽提塔内排出的热水预热入塔前的供料废水。这样，可以降低汽提塔的蒸汽用量。

废水从废水汽提塔（C501）的塔顶加入，流经整个汽提塔，废水中的 VCM 得到汽提后，废水从塔底部排出。经汽提后的废水集存在塔釜内，经热交换器（E501）后，排入废水池中。在热交换器（E501）的出口废水管道上装有一个液位调节阀，可以调节排出汽提塔的废水量，以便使塔底部的液位保持恒定。蒸汽从塔底塔盘与塔底液面之间进入汽提塔。在通向汽提塔（C501）的蒸汽管道上装有一个流量调节器，它可以独立地设定蒸汽流量，通过调节阀进行控制。当塔的供料流量发生变化时，必须调整蒸汽流量的设定点，以保证废水汽提塔的汽提温度。含有饱和水的 VCM 蒸气从塔顶逸出，进入 VCM 回收冷凝器（E503），将水冷凝。汽提塔（C501）的操作条件应根据塔压，预定的废水供入流量以及为维持塔顶温度平衡的蒸汽流量而确定。为了防止废水储槽中的废水溢流，汽提塔供料流量应随时调节。然后，根据废水供料流量，相应地调整进入汽提塔的蒸汽流量，并使其达到预定的塔顶温度。

（6）VCM 回收　在正常情况下，不在聚合釜（R201）内进行 VCM 的回收，而是将未经回收的浆料打到出料槽（V301）中，绝大部分的 VCM 在这个槽里得到回收，剩余的VCM 将在汽提塔（C301）中得到回收。

在浆料打入出料槽时，该槽上的回收阀门打开，浆料回收物料管道上的截止阀打开，通过间歇回收压缩机（B501）VCM 蒸汽进入密封水分离器，把浆料中的残存 VCM 分离出来。

从工艺过程中回收的 VCM 气体，通过 VCM 主回收冷凝器（E503）进入 RVCM 缓冲罐（V509）。如果冷凝器的操作压力达不到足以将 VCM 的露点升高到冷凝器的冷却水温度的水平时，VCM 的主回收冷凝器内就不能有效地冷凝。在系统中装有一个压力调节器，可以控制 RVCM 缓冲罐（V509）的压力。当 V509 中压力低时，这个压力调节阀便开始关闭，限制排入尾气冷凝器的供料流量。随着这个压力调节阀的关闭，VCM 主回收冷凝器中的压力将开始升高，使除流入尾气冷凝器以外的所有蒸汽都能冷凝下来。

VCM 主回收冷凝器（E503）的单体下料量由一个液位调节阀来进行控制。其液位调节器可以将附在 VCM 主冷凝器上的 RVCM 缓冲罐（V509）的液位控制恒定。冷凝器冷凝下来的液相单体进入一个回收单体储罐（V506）中。

三、氯乙烯悬浮聚合生产聚氯乙烯的典型设备

悬浮聚合过程一般是单体在搅拌器的作用下分散成液滴，稳定悬浮在分散剂的水溶液当中，于液滴中进行的聚合过程。虽然不同的聚合体系对反应器和搅拌器的要求不大相同，但

是总体上说，都要求反应器具有剪切分散、循环混合、搅拌、悬浮和传热等作用功能。氯乙烯悬浮聚合的主要设备聚合釜也不例外。在我国，氯乙烯聚合采用的聚合釜的主要部分包括：釜体、搅拌器、夹套。图 4-3 给出了悬浮聚合用的聚合釜结构示意图。

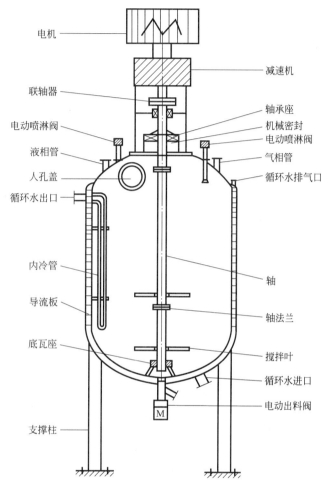

图 4-3　悬浮聚合反应釜结构示意图

由于氯乙烯悬浮聚合均采用间歇操作，反应器的容积越大，装置的经济效益越好。在我国，氯乙烯聚合采用的聚合釜包括 15.3m³、33m³、70m³ 和 80m³ 等规格。釜的结构不同，几个主要部分如：釜体、搅拌器、夹套等部分参数也不同。在聚氯乙烯聚合釜的结构中，搅拌器对聚合反应的结果有较大影响。比如 33m³ 聚合釜原采用六层混合桨叶，剪切力很弱，当树脂颗粒围绕桨叶旋转，很难穿透叶层，因此分散剂用量大，颗粒形态不佳，粒径分布宽。将六层混合桨叶改为三叶平桨与斜桨混合的四层桨，可以改善产品的质量，并且耗能少。

四、氯乙烯悬浮聚合生产聚氯乙烯的操作条件

1. 分子量的工艺控制

本工艺生产的 PVC 树脂的分子量靠聚合温度进行控制，聚合温度每变化 1℃，PVC 树脂的特性黏度变化约 0.029。

每釜料所用的引发剂量对树脂的分子量影响很小。PVC 分子量随着每釜引发剂用量的

增加而下降。本生产装置的做法是利用温度变化对树脂的特性黏度有较大影响这一特点，通过改变聚合温度来控制树脂的分子量。每釜用的引发剂量，通常取决于聚合釜的除热能力。

2. 颗粒度的工艺控制

树脂的颗粒度，在很大程度上取决于每批料中所用的分散剂的数量和聚合釜内搅拌程度。在本生产装置的悬浮 PVC 生产工艺中，搅拌速率是恒定的。搅拌器速率、叶片和叶片位置，聚合釜内的挡板形态被设计成是不可调的。树脂的颗粒度通过改变每批料所用的分散剂总含固量进行控制。

配方提供了两种或三种分散剂，增加任何一种分散剂的用量都会导致树脂颗粒度的下降。复合分散剂的使用，可以得到颗粒型态较好，视密度、吸油率都较高的 PVC 树脂。通过调整分散剂总量或每种分散剂的配比来得到合格优质的 PVC 树脂。

搅拌因素的变化，对颗粒度、颗粒形态、树脂的孔隙率都有影响。本工艺的聚合釜的搅拌已为提供良好的树脂的均匀性、悬浮稳定性、热传导性能而得到最佳化的设计。

水和单体中的工艺杂质也会影响树脂的颗粒度。聚合釜所加的水的碱度对树脂颗粒度有很大的影响。树脂的平均颗粒度和颗粒度的分布随着水碱度的增加而增大。这种关系已在使用城市水的实践中得到证实。由于使用城市水有个水质控制问题，所以北京化二股份公司建议所有的 PVC 树脂的生产都使用无离子水。一般回收 VCM 中，含有少量的有机杂质，会对树脂颗粒分布产生影响，但因每釜加入回收单体量较少，所以根据经验，使用回收单体不会引起质量失控问题。

悬浮液胶体的稳定性，系指聚合系统在反应过程中，使 VCM 在连续的水相中，保持分散状态的能力。如果 VCM 和水发生相分离，就会导致出现粗料。造成粗料的原因很多。

聚合釜搅拌是决定聚合系统胶体稳定性的一个重要因素。循环能力高和低剪切力的搅拌，有助于提高胶体反应过程中的稳定性。为获得很好的界面搅拌效果，聚合釜设计有双层叶片搅拌器，叶片的设计样式可获得低剪切力效果。

采用经过选择的分散剂系统，生产出来的树脂质量高，粗料批次少。在聚合配方中用聚乙烯醇复合分散剂及其他的表面活性剂可达到分散剂体系的胶体稳定性。这些分散剂在 PVC 生产中使用得当，将使树脂具有非常好的质量。一旦出现粗料，可采取几种措施，使分散剂在随后的聚合中恢复胶体的稳定性。恢复分散剂在聚合中胶体的稳定性的最好方法是提高水与 VCM 的比率。如果在短期内出现几次粗料，又判断不出任何原因，便可采取这种措施，在以高水-VCM 比率进行生产的同时，继续查找产生粗料的原因。

待解决了稳定性问题以后，恢复配方规定的标准水-VCM 比率。

3. 孔隙率的工艺控制

颗粒的孔隙率或称孔隙空间，主要是通过聚合终端转化率来进行控制。在单体转化率达到 82%～85%以前，树脂的孔隙率随着转化率的提高而下降。聚合反应一旦达到了这一点，孔隙率的变化变得非常的小。而增塑剂的吸收率，也是随着转化率的提高而下降。其他一些因素，如配方，对树脂孔隙率也有影响。降低水与 VCM 的比率则会降低孔隙率。改变某些分散剂在聚合配方中的配比量，对树脂孔隙率也略有影响。

4. 视密度的工艺控制

PVC 树脂的视密度受配方、机械因素和树脂其他性能的影响，树脂的视密度随着配方中水与单体比率的下降而增加。并且随着树脂孔隙率的下降和颗粒度的增大而增加。这说明为调整颗粒度或孔隙而改变配方对视密度也会造成影响。

5. 树脂中残留 VCM 的工艺控制

树脂中残留 VCM 的含量取决于 PVC 浆液汽提系统的操作。汽提塔的设计能满足将所有牌号的树脂残留 VCM 含量降到要求的可接受的水平。

6. 黑黄树脂的工艺控制

黑树脂的测试是一种检验 PVC 树脂受污染程度的一种手段，生产操作平稳，设备清洗防护完善可将黑黄树脂减少到最低程度。工艺过程中发生的热降解或沾染上像涂釜液这样的物质都会造成黑树脂。

在 PVC 生产工艺中，黑黄树脂沾染源有如下几个方面。

（1）PVC 汽提塔　一些树脂由于滞留在塔盘或塔的排料管中，在汽提塔的高温下，发生热降解，这种停滞树脂，在一定的时候混入物料流中，产生黑树脂。为除去汽提塔中停滞的这种树脂，要定期大水量地冲洗汽提塔。

（2）干燥器　干燥器进料处及干燥器空气进口处会产生树脂停滞，这种停滞的树脂会被热空气烧焦，一旦进入产品流中会产生黑树脂。因此要保证干燥器进口物料不能有团状湿树脂，热空气要将树脂充分搅动，热空气进口管要定期清理，以除去这种滞留的树脂。

7. "鱼眼"的工艺控制

"鱼眼"是一种不塑化的树脂颗粒，留在聚合釜中或重新加入聚合釜中的树脂是造成"鱼眼"的常见原因。聚合釜冲洗不干净，或由于误操作，回收 VCM 中夹带有大量的 PVC 粒子，都会造成"鱼眼"的形成。这是因为 PVC 粒子在聚合釜中与 VCM 混合，树脂的孔隙结构中会被 VCM 饱和，VCM 在树脂孔隙中聚合，"再聚合"的树脂颗粒，将会大大降低颗粒的增塑剂吸收率。

8. 树脂干流动性的工艺控制

树脂的流动时间与视密度和颗粒的静电电荷有关。视密度增大，树脂的流动时间缩短。但如果树脂上带有静电，树脂的流动时间将会大大延长。因此，在干燥工艺中应设有消除树脂静电的工艺措施。

9. 杂质对聚合反应的影响

（1）氧对氯乙烯悬浮聚合的影响　在氯乙烯悬浮聚合中，存在氧气时，会导致 pH 值的降低，当聚合釜内不含氧或含很少量氧时，体系 pH 值下降缓慢，若含氧量高时，反应体系 pH 值在反应开始后则急剧下降，一般反应 2.5h 后下降幅度增大。

氧的存在对聚合反应起阻聚作用，这是由于长链的自由基吸收氧，而生成氧化物，使链终止。生成的氧化物在 PVC 中，使热稳定性也显著变坏，产品易于变色。

氧含量对聚合度的影响如表 4-6 所示。

表 4-6　氧含量对聚合度的影响

O_2 含量/(mg/L)	0	3.57	17·87
PVC 聚合度	935.4	893.3	377.4

由于氧的存在会引起聚合体系 pH 降低，随之粘釜也会加重。

氯乙烯的悬浮聚合中氧的来源，一是来自于水相，常温下水中含氧 10mg/L 左右；二是来自于气相，气相的含氧则与加料方式，釜内气体置换有关。

采用密闭入料工艺，气相的含氧可以大大降低，只要认真地对待清釜开盖后第一釜的排气置换彻底就可以。但是水相中含氧的彻底解决，要向等温水入料方向和入水后的真空抽气方向发展，这样含氧所带来的弊病才能克服。

（2）铁对悬浮聚合的影响　无论水、单体、引发剂还是分散剂中的铁，都对聚合反应有不利的影响。它使聚合诱导期增长，反应速率减慢，产品的热稳定性变坏，还会降低产品的介电性能。此外铁还会影响产品的均匀度。铁质能与有机过氧化物引发剂反应，影响反应速率。

（3）氯离子对悬浮聚合的影响　由于有机过氧化物引发剂具有氧化性，Cl^-的存在，促使引发剂分解，额外消耗了一部分引发剂，降低了引发剂的引发速率，延长了聚合时间。

聚合用水中Cl^-的存在，对聚合物颗粒度影响很大，特别是对 PVC 分散体系，易使颗粒变粗，其影响见表 4-7。

表 4-7　Cl^- 对 PVC 颗粒度的影响

水中含氯离子/(mg/L)	40 目过筛量/kg	正品收率/%
20	820	20.5
7.5	3880	95.2

一般聚合用水，Cl^- 必须控制在 10mg/L 以下。

任务三　聚氯乙烯生产开停车过程控制

一、聚氯乙烯生产正常开车操作

1. 聚合系统吹洗

在原料入装置前，全部管道和工艺设备必须经吹洗合格。吹除与清洗有利于保护设备和阀门，延长其使用寿命；有利于生产工况的稳定，有利于产品质量的提高，不受污染。

2. 聚合系统严密性试验

严密性试验目的是检查所有工艺设备管道及阀门之间连接是否严密，为联动试车、化工试车做好准备。

3. 聚合仪表 DCS 系统调试

联动试车前，操作人员应对仪表工作性能进行检验，同时对该数据点进行设置。

4. 聚合系统联动试车

试车目的一方面对生产工艺流程和设备、管道、阀门、仪表、自控系统及保温、保冷等进行一次全面检查。可以对操作人员进行一次全面训练和熟悉操作。同时可以检查循环水、电、热水、冷冻盐水、仪表空气、氮气等的供应情况以及对聚合装置的设计和安装质量进行一次全面的检查。

5. 聚合系统置换方案

水联动试车合格后，将系统积水排尽进行系统置换，聚合系统置换可分单体槽和回收系统置换、聚合釜置换、出料槽置换、汽提塔置换四部分。

6. 缓冲剂入料

在加入缓冲剂到聚合釜之前，缓冲剂系统必须按照配方规定的要求做好准备，并检查下面的项目：缓冲剂配制储槽具有足够的缓冲剂量用于加料；储槽搅拌处于运行状态；打开缓冲剂加料泵的进口和出口管线上的手阀，缓冲剂加料泵处于计算机模式；关闭缓冲剂加料泵的排污阀和放气阀。

7. 水、单体入料

缓冲剂加料完成后，自动转到入水单元，水加入一段时间后，单体入料程序自动执行。

8. 分散剂的入料

加完水和 VCM 并混合一定时间自动转到加分散剂。

9. 引发剂入料

加完分散剂并延时一定时间自动转到加引发剂。

10. 聚合反应

核对《配方表》、《入料总表》，把聚合温度设定为 57℃。夹套循环水阀 TV-PX02 和内冷挡板循环水阀 TV-PX01 的控制与操作由程序控制。

11. 终止剂的入料

终止剂加料过程为终止剂在每釜反应终点时加入，通常终止剂的加入由手动启动，计算机控制加入，不需要人工现场操作。

12. 聚合釜出料

当聚合釜反应结束时，终止剂画面出现提示信息，根据提示信息确认是否出料，此时若想出料，点击"是"按钮程序即可自动选择釜号执行出料程序；也可点击"否"按钮，然后转到出料参数表画面，手动选择出料聚合釜，并在出料点点击右下角启动按钮启动出料程序。

13. 回收

是否回收，由出料程序联动；釜回收过程除自动执行也可手动回收。

14. 汽提岗位开车

使用浆料汽提最后除去树脂中残留的未反应的单体。

二、聚氯乙烯生产正常停车操作

1. 聚合系统停车

计算好聚合用单体，控制新鲜、回收单体储槽液位在低限，进完料后液位控制在 5% 以下。最后一釜反应结束出料、回收完毕后，将新鲜单体、回收单体储槽内的单体打入聚合釜，回收至氯乙烯气柜；提前将出料槽内树脂浆料液位控制低限，聚合釜出料结束后经汽提将浆料送至离心机供料槽，氯乙烯回收至气柜，待出料槽无料、单体储槽内单体回收完毕后，组织系统停车置换。

2. 汽提塔停车

（1）汽提塔停车（短期） 如果需要短期的停止汽提塔的进料（一般小于 4h），塔进料要切换为水入料，并且要维持塔温度接近于正常的操作范围。

（2）汽提塔停车（长期） 长期的汽提塔停车，汽提塔必须进行冲洗，使塔内干净无积料。

三、聚氯乙烯生产紧急停车操作

以聚合系统突然全面停电的紧急停车步骤加以说明。

每个操作人员必须坚守岗位，必须服从班长、值班人员的统一指挥，班长务必迅速集中组织操作人员。

在 UPS 尚未停电时，控制室操作人员应严密观察聚合反应的温度、压力，同时将聚合釜循环水阀开至最大。

在控制室无显示时，组织操作人员现场观察釜内温度、压力上涨情况，并随时同班组人员保持联系，如果在夜间，需组织防爆照明。

与此同时，迅速通知电修停电并说明岗位所处的紧急情况，要求电修立即恢复电源。

在无立即恢复电源的可能时，班组长首先区别各釜的反应阶段，用关闭气源的方法，使循环水阀开至最大（如循环水无供水能力时）。尽力抢救反应时间短而反应激烈的釜，将这些釜分别加入紧急终止剂，并尽快安排手动出料或部分出料。当系统不允许出料而釜压力、温度仍上涨并且压力至 1.3MPa 时，可开启釜上回收阀，进行釜内撤压操作。在执行该操作时，回收气速不能过快；如果回收气速过快，将堵塞回收管道。待关闭回收阀门后，必须彻底冲洗回收管道及相关设备以确保回收管道畅通。

当气柜已升至最高点时，可打开放空阀向大气排放，待釜压力下降 1.3MPa 以下后关闭该阀，如此反复进行直至压力不上涨为止。

如果排气系统堵塞或防爆膜被冲破，必须更换防爆膜后可再次入料。

进行上述操作应组织有关人员看好路口，防止火灾，人员中毒。

任务四　聚氯乙烯生产的 HSE 管理

一、危险因素分析

1. 氯乙烯

在常温常压下氯乙烯是一种无色有乙醚香味的气体，其沸点为 $-13.9℃$，凝固点为 $-159.7℃$，临界温度 142℃，临界压力 5.29MPa。

氯乙烯对人有麻醉作用，对肝脏有影响，可使人中毒。当其浓度在 0.1％ 以上时，开始有麻醉现象，表现为困倦，注意力不集中，随后出现视力模糊，走路不稳，手脚麻木，失去知觉。吸入量在 0.5％ 以上时即可造成头晕、头痛、心神错乱、不辨方向，在其浓度达 20％～40％ 时，可使人产生急性中毒，呼吸缓慢以致死亡，长期接触能引起消化系统、皮肤组织、神经系统多种症状。

氯乙烯对人的肝脾有慢性中毒作用，国家卫生标准规定空气中最高允许浓度：$30mg/m^3$，食品用卫生级 PVC 树脂中，氯乙烯含量要小于 $5mg/kg$。

氯乙烯易燃，与空气混合形成爆炸性混合物，爆炸范围 4％～21.7％（体积分数）。

2. 丙酮缩氨基硫脲（ATSC）

ATSC 是剧毒化学品。如果吸入、食入人体或通过眼睛、皮肤为人体所吸收，对人体危害非常大，甚至有致死危险。

如果有人吸入了 ATSC，应使患者立即离开现场。如患者发生窒息，要立即做人工呼吸，如呼吸困难应给予输氧。如果有人食入 ATSC，可让患者喝水、牛奶或肥皂水稀释，引起呕吐。如果患者已失去知觉或发生痉挛，则不要使患者呕吐。

如果发生皮肤或眼睛接触，要用水至少冲洗 15min。工作服在重新穿用前必须洗干净。

3. 一氧化氮

一氧化氮（NO）是一种剧毒气体，据报道与氧结合生成二氧化氮。所以，在绝大多数与一氧化氮接触的情况下，实际上是与二氧化氮接触。NO 在空气中的最大允许浓度应＜$5mg/m^3$，如果在 $50～150mg/m^3$ 的条件下工作，马上会感到鼻、喉不适、咳嗽、恶心、鼻孔阻塞、头痛、呼吸困难、6～24h 之内可出现水肿，浓度为 $100～150mg/m^3$ 的条件下工作，即使工作时间很短，也会有生命危险。在更换氧化氮钢瓶时务需小心，在更换钢瓶之前应用 N_2 吹扫管道，并将废气在远处排放。

二、聚氯乙烯生产过程中的"三废"

1. 废水

聚氯乙烯生产过程中的废水主要来自离心母液、冲釜水和汽提冷凝液，其中离心母液的主要成分为水，可直接排放。冲釜水中含有微量—CN，可加以回收利用。汽提冷凝液中含有少量 PVC，也可以直接排放。

2. 废气

聚氯乙烯生产过程中的废气主要来自汽提尾气和送料尾气，其中汽提尾气含有氯乙烯单体、微量水和空气，需要加以回收利用。送料尾气中含有微量 PVC，可以直接排放。

3. 废渣

聚氯乙烯生产过程中的废渣主要来自塑化片、扫地料和其他，这些废渣里都含有 PVC，都要加以回收利用。

知识拓展

如何辨识并正确选择高聚物制品

（一）塑料瓶的选用

三个箭头围成的三角形符号作为塑料回收标志，而三角形里边的每一个数字都代表不同的材料。但这个标志是非强制性的，部分厂家的产品瓶底没有标注，这也不属于违规行为。

1. 聚对苯二甲酸乙二醇酯（PET）

常见矿泉水瓶、碳酸饮料瓶等为 PET，耐热至 70℃易变形，有对人体有害的物质融出。1 号塑料品用了 10 个月后，可能释放出致癌物（通常被用来作为增塑剂、软化剂，或者台湾所说的塑化剂）。不能放在汽车内晒太阳；不要装酒、油等物质，对人的毒性会使性别错乱。

高雄医学大学药学院院长李志恒指出，塑化剂 DEHP 作用类似人工荷尔蒙，体内长期累积高剂量，可能会造成小孩性别错乱，性征不明显，目前虽无法证实对人类是否致癌，但对动物会产生致癌反应。因塑化剂依法不得添加在食品里，塑化剂危害男性生殖能力，喝一瓶问题饮料，塑化剂含量即超过容许值。

2. 高密度聚乙烯（HDPE）

常见白色药瓶、清洁用品、沐浴产品。不要再用来作为水杯，或者用来作储物容器装其他物品。清洁不彻底，不要循环使用。

3. 聚氯乙烯（PVC）

常见雨衣、建材、塑料膜、塑料盒等。可塑性优良，价钱便宜，故使用很普遍，只能耐热 81℃，高温时容易有不好的物质产生，很少被用于食品包装。难清洗易残留，不要循环使用。若装饮品不要购买。

PVC 内一些有毒添加剂和增塑剂可能渗出或汽化；部分添加剂会干扰生物内分泌（影响生殖机能），部分可增加致癌风险；焚化 PVC 垃圾会产生致癌的二噁英而污染大气。

PVC 常用添加剂 DEHP，因 DEHP（邻苯二甲酸二酯）容易雾化，其他乙烯基产品包括汽车内部、淋浴胶帘或铺地板物料等，也会释放有毒气体入大气，而 DEHP 也易溶入油性液体中。

人们也开始关注到，儿童如嘴嚼这些软塑玩具，会有添加剂渗出的安全问题。PVC 增塑剂也许会导致慢性病，譬如硬皮病、胆管癌、脑癌。

4. 聚乙烯（PE）

常见保鲜膜、塑料膜等。高温时有有害物质产生，有毒物随食物进入人体后，可能引起乳腺癌、新生儿先天缺陷等疾病。保鲜膜不能进微波炉加热。

5. 聚丙烯（PP）

常见豆浆瓶、优酪乳瓶、果汁饮料瓶、微波炉餐盒。熔点高达 167℃，是唯一可以放进微波炉的塑料盒，可在小心清洁后重复使用。需要注意，有些微波炉餐盒，盒体以 PP 制造，但盒盖却以 PE 制造，由于 PE 不能抵受高温，故不能与盒体一并放进微波炉。

6. 聚苯乙烯（PS）

常见碗装泡面盒、快餐盒。不能放进微波炉中，以免因温度过高而释出化学物。装酸（如柳橙汁）、碱性物质后，会分解出致癌物质。避免用快餐盒打包滚烫的食物。别用微波炉煮碗装方便面。

7. 聚碳酸酯（PC）

常见水壶、太空杯、奶瓶。百货公司常用这样材质的水杯当赠品。很容易释放出有毒的物质双酚 A，对人体有害。使用时不要加热，不要在阳光下直晒。

（二）保鲜膜

第一种是聚乙烯，简称 PE，这种材料主要用于食品的包装，我们平常买回来的水果、蔬菜用的这个膜，包括在超市采购回来的半成品都是用的这种材料；

第二种是聚氯乙烯，简称 PVC，这种材料也可以用于食品包装，但它对人体的安全性有一定的影响；

第三种是聚偏二氯乙烯，简称 PVDC，主要用于一些熟食、火腿等产品的包装。

这三种保鲜膜中，PE 和 PVDC 这两种材料的保鲜膜对人体是安全的，可以放心使用，而 PVC 保鲜膜含有致癌物质，对人体危害较大，因此，在选购保鲜膜时，应选用 PE 保鲜膜为好。

（三）如何鉴别 PVC（聚氯乙烯）和 PE（聚乙烯）

PVC 保鲜膜的透明度、拉伸性和黏性都比 PE 保鲜膜强。PVC 保鲜膜在用火烧时，火焰发黑，冒黑烟，有刺鼻的气味，不会滴油，离开火源后会自动熄灭。而 PE 保鲜膜燃烧时火焰呈黄色，无味，会滴油，且离开火源后可以继续燃烧。如果标注是 PVC 材料或标注不详的，建议消费者不要购买和使用。

购买保鲜膜时，首先建议购买聚乙烯（PE）材质制成的自粘保鲜膜，尤其是在为肉食、水果等进行保鲜时，因为从安全性上来讲，PE 材质的保鲜膜是最安全的。如果希望保鲜期较长，建议选择聚偏二氯乙烯（PVDC），因为这种材质的保鲜膜保湿性能比较好，在三种材质的保鲜膜中保鲜期最长。聚氯乙烯（PVC）材质的保鲜膜由于透明度好、黏度好、弹性好，价格较为便宜，所以也成为很多人的选择，但一定要注意不能用来作油脂食品的保鲜，因为它是由聚氯乙烯树脂、增塑剂和防老剂组成的树脂，本身并无毒性。但所添加的增塑剂、防老剂等主要辅料有毒性，日用聚氯乙烯塑料中的增塑剂，主要使用对苯二甲酸二丁酯、邻苯二甲酸二辛酯等，这些化学品都有毒性，而且食物中的油脂很容易将保鲜膜中的增塑剂"乙基氨"溶解，对人体内分泌系统有很大破坏作用，会扰乱人体的激素代谢。还有聚氯乙烯的防老剂硬脂酸铅盐也是有毒的。含铅盐防老剂的聚氯乙烯（PVC）制品和乙醇、乙醚及其他溶剂接触会析出铅。含铅盐的聚氯乙烯用作食品包装与油条、炸糕、炸鱼、熟肉类制品、蛋糕点心类食品相遇，就会使铅分子扩散到油脂中去，所以不能使用聚氯乙烯塑料袋盛装含油类的食品。另外不得用微波炉加热，不得高温使用。因为聚氯乙烯塑料制品在较高温度下，如50℃左右就会慢慢地分解出氯化氢气体，这种气体对人体有害，因此聚氯乙烯制品不宜作为食品的包装物。

目前一些美容院使用PVC保鲜膜紧密包裹身体进行燃脂减肥，这其实是非常危险的行为，因为PVC中含有的大量增塑剂很容易通过皮肤进入人体，甚至会影响到人体的内分泌。因此消费者一定要拒绝这种减肥方式。

项目五 乙二醇生产过程操作与控制

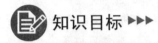

知识目标 ▶▶▶

1. 了解乙二醇的性质与用途。
2. 了解乙二醇的生产方法，了解各生产方法的优缺点。
3. 掌握直接水合法生产乙二醇的工艺原理、工艺流程和工艺条件。
4. 了解直接水合法生产乙二醇工艺过程中所用设备的作用、结构和特点。
5. 了解直接水合法生产乙二醇的开停车操作步骤和事故处理方法。
6. 了解直接水合法生产乙二醇的 HSE 管理。

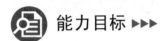

能力目标 ▶▶▶

1. 能够通过分析比较各种乙二醇生产方法，确定乙二醇的生产路线。
2. 能识读并绘制带控制点的直接水合法生产乙二醇的工艺流程。
3. 能对直接水合法生产乙二醇的工艺过程进行转化率、收率、选择性等计算，通过给定的装置处理能力能进行装置的简单物料衡算。
4. 能对直接水合法生产乙二醇工艺过程进行工艺控制（包括工艺参数调节和开停车操作）。
5. 能对直接水合法生产乙二醇的工艺过程中可能出现的事故拟定事故处理预案。

任务一 乙二醇生产的工艺路线选择

一、乙二醇的性质与应用

乙二醇是一种重要的基础化工原料，在大量应用的醇类物质中是继甲醇之后的第二大类醇，主要用于生产涤纶纤维、涂料和包装材料用聚酯树脂，占到乙二醇消费量的 80% 以上，其余用于生产防冻剂、润滑剂、炸药等。

1. 乙二醇的性质

乙二醇（ethylene glycol）又名"甘醇"、"1,2-亚乙基二醇"，简称 EG。化学式为 $(HOCH_2)_2$，是最简单的二元醇。乙二醇为无色无臭、有甜味的液体，对动物有毒性，人类致死剂量约为 1.6g/kg。乙二醇能与水、丙酮互溶，但在醚类中溶解度较小。

（1）物理性质

相对分子质量：62.07

外观：无色、无臭、有甜味、黏稠液体

热导率（λ）：0.16W/(m·K)

吸水率（ASTM）：0.01%～0.4%

比热容（C）：0.9kJ/(kg·K)

相对密度：1.35～1.46（20℃）

蒸气压：6.21kPa/20℃

闪点：110℃

熔点：−13.2℃

沸点：197.5℃

溶解性：与水混溶，可混溶于乙醇、醚等

毒性：无毒无嗅

（2）化学稳定性　乙二醇（EG）化学稳定性很高，除若干有机溶剂外，常温下可耐任何浓度的盐酸，浓度低于90%硫酸，浓度为50%～60%硝酸及浓度低于20%以下烧碱溶液，此外，对于盐类也相当稳定。

2. 乙二醇的应用

乙二醇具有独特的物理和化学性能，所以被广泛应用于合成高分子材料（包括聚酯、树脂等）、炸药、溶剂、增塑剂、松香酯、防冻剂、干燥剂、湿润剂和柔软剂等。其中用量最多的是制造聚酯及用作防冻剂。

二、乙二醇的主要生产方法

1. 石油法制乙二醇

当前工业上生产乙二醇主要采用石油路线，由乙烯经气相氧化得环氧乙烷，再经液相催化水合制乙二醇。技术成熟，应用广；水耗大、成本高；产品总收率为88%。流程示意框图见图5-1所示。

图 5-1　石油法制乙二醇流程示意框图

（1）环氧乙烷直接水合法　环氧乙烷直接水合法是目前国内外工业化生产乙二醇的主要方法，该工艺是将环氧乙烷（EO）和水按1∶（20～22）（摩尔比）配成混合水溶液，在管式反应器中于190～220℃、1.0～2.5MPa下反应，环氧乙烷全部转化为混合醇，生成的乙二醇水溶液含量在10%（质量分数）左右，然后经过多效蒸发器脱水提浓和减压精馏分离得到乙二醇及副产物二乙二醇（DEG）和三乙二醇（TEG）等。混合醇中乙二醇、二乙二醇和三乙二醇的摩尔比约为100∶10∶1，产品总收率为88%。不足之处是生产工艺流程长、设备多、能耗高，直接影响乙二醇的生产成本。目前，环氧乙烷直接水合法的生产技术基本上由英荷壳牌、美国Halcon-SD以及美国联碳三家公司所垄断。

（2）环氧乙烷催化水合法　针对环氧乙烷直接水合法生产乙二醇工艺中存在的不足，为了提高选择性，降低用水量，降低反应温度和能耗，世界上许多公司进行了环氧乙烷催化水合生产乙二醇技术的研究和开发工作。其中主要有壳牌公司、联碳公司、莫斯科门捷列夫化工学院、上海石油化工研究院、南京工业大学等，其技术的关键是催化剂的生产，生产方法可分为均相催化水合法和非均相催化水合法两种，其中最有代表性的生产方法是壳牌公司的非均相催化水合法和UCC公司的均相催化水合法。

壳牌公司曾采用氟磺酸离子交换树脂为催化剂，在反应温度为75～115℃、水与环氧乙烷的质量比为（3∶1）～（15∶1）时，乙二醇的选择性为94%，缺点是水合比仍然很高，而且环氧乙烷的转化率仅有70%左右。随后报道了季铵型酸式碳酸盐阴离子交换树脂作为催化剂进行环氧乙烷催化水合工艺的开发，获得环氧乙烷转化率为 96％～98％，乙二醇选择性为 97％～98％的实验结果后，增加了环氧乙烷催化水合制乙二醇工艺的研究和开发力度。

2. 煤制气合成乙二醇

据文献称丹化科技方面煤制乙二醇转化率 33％，我国石油资源不足，存在"富煤、少气、贫油"的能源格局，因此开辟由煤制气生产乙二醇的新技术具有十分重要的现实意义和长远的战略意义。目前研究的煤制气合成乙二醇技术路线主要有三种，见图 5-2 所示。

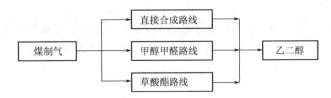

图 5-2 煤制气合成乙二醇的三种主要技术路线

（1）直接合成法 具有理论上最佳的经济价值，其反应方程式如下式所示。

$$2CO+3H_2 \xrightarrow{\text{催化剂}} HOCH_2CH_2OH$$

此反应在标准状态下属于 Gibbs 自由能增加的反应，$\Delta G_{500K}=6.60\times10^4 J/mol$，热力学上受限制，在温和条件下很难进行，需要催化剂和高温高压条件。20 世纪 70 年代，美国 UCC 公司采用铑催化剂，反应压力高达 300MPa；80 年代反应压力降至 50MPa，温度降至 230℃，但是选择性和转化率仍很低。时至今日，直接法所取得的进展还不足以实现工业化，进一步缓和反应条件并提高催化剂的选择性和活性仍是主要的难点。

（2）间接合成法 效益因路线各异，取得的进展各不相同，其中甲醇甲醛路线研究得比较多，主要有甲醇脱氢二聚法、二甲醚氧化偶联法、羟基乙酸法、甲醛缩合法、甲醛氢甲酰化法等，但是这些方法研究得还不够深入，离工业化尚有很长距离。

（3）草酸酯法 对这种合成方法的研究最为深入，分两步进行，CO 与亚硝酸酯气相催化合成草酸酯，再由草酸酯加氢得乙二醇。该方法先利用醇类与 NO 反应生成亚硝酸酯，在贵金属催化剂上与 CO 羰基合成得到草酸二酯，草酸二酯再经催化加氢制得乙二醇。主要的反应如下：

$$\text{草酸酯合成} \quad 2CO+2RONO \longrightarrow (COOR)_2+2NO$$

$$\text{反应尾气的再生} \quad 2NO+\frac{1}{2}O_2+2ROH \xrightarrow{\text{铜基催化剂}} 2RONO+H_2O$$

$$\text{草酸酯加氢制乙二醇} \quad (COOR)_2+4H_2 \longrightarrow (CH_2OH)_2+2ROH$$

$$\text{总反应式} \quad 2CO+4H_2+\frac{1}{2}O_2 \xrightarrow{\text{催化剂}} (CH_2OH)_2+H_2O$$

煤制气经草酸酯合成乙二醇新技术中涉及三项关键催化剂，分别为高浓度 CO 气源中选择性脱氢催化剂、草酸酯合成催化剂和草酸酯加氢制乙二醇催化剂。

其中，选择性脱氢催化剂主要用于脱除草酸二甲酯合成原料气 CO 中少量的 H_2，采用变压吸附制得的高浓度 CO 气中还存在少量 H_2，而 H_2 对草酸二甲酯合成催化剂会产生毒化作用，导致催化剂活性衰退，影响合成反应的进行，故要求将 CO 原料气中 H_2 脱除至 0.01％（体积分数）以下，通常采用催化燃烧加 O_2 脱氢的方式，但又要求避免 CO 与 O_2 的副反应发生，脱氢选择性要求较高。

草酸酯法煤制乙二醇的主要工序为以下七步。第一步：变换及净化工序，煤制气经变换和净化后获得合格的合成气（CO＋H_2）。第二步：PSA 分离工序，采用变压吸附（PSA）分离获得 CO 和 H_2 原料。第三步：脱氢工序，采用 TH-5 选择性脱氢催化剂脱除 CO 中的 H_2。第四步：羰化反应工序，采用 HDMO-1 草酸二甲酯合成催化剂制得草酸二甲酯。第五步：酯化工序，发生 NO 并合成亚硝酸甲酯以满足羰化反应需要。第六步：加氢工序，采用 HEG-1 草酸二甲酯加氢催化剂制得乙二醇并联产乙醇酸甲酯。第七步：分离工序，将加氢的乙二醇粗产品分离得到聚合级乙二醇产品。

三、乙二醇工艺的发展趋势

（1）膜分离技术回收乙烯 为了防止氢在循环气系统的积累，国内绝大多数装置均采取通过排放循环气的方式解决。由于循环气中含有大量的乙烯（＞20％），势必造成乙烯的损失，增加了物耗和生产成本。如何有效地减少这部分的乙烯损失就成为国内外各家生产装置共同关注的问题。自 20 世纪 90 年代起，各个专利厂商均开展了有关膜回收的研发工作。

（2）高性能催化剂的使用 银催化剂用于乙烯氧化制环氧乙烷（EO），其性能对装置的经济效益起着极为重要的作用。

目前全世界 EOE 总生产水平能力约为 1500 万吨/年。据推算，所需银催化剂一次装填量约为 10000m^3，约为 8000t。目前所使用的催化剂，其初始选择性均在 82％以上，使用寿命一般为 2～4 年。

（3）先进控制。

四、乙二醇生产的工艺路线选择

目前乙二醇的制备都采用环氧乙烷直接水合的工艺路线。该工艺生产流程长、设备多、能耗高，并且在生产过程中由于大量副产物（DEG、TEG、乙醛、乙酸）的生成，不仅 MEG 的选择性很难提高，而且生成的副产物乙酸很容易腐蚀设备。

针对环氧乙烷直接水合法生产乙二醇工艺中存在的不足，国内外相继探索、研发了一些新的乙二醇生产技术，包括水合反应精馏、催化水合以及非水合法合成等先进技术。

任务二 乙二醇生产的工艺流程组织

一、直接水合法生产乙二醇的工艺原理

环氧乙烷直接水合法制备乙二醇通常分两步完成：第一步利用氧气氧化法制备环氧乙烷，第二步为环氧乙烷和水在一定压力和温度的条件下，按一定配比进行液相无催化水合反应。

（1）氧化反应 氧气氧化法制备环氧乙烷是以乙烯为原料，在银催化剂的作用下，用纯氧直接氧化乙烯以制取环氧乙烷的方法。

乙烯氧化过程按照氧化程度可以分为选择氧化（部分氧化）和深度氧化（完全氧化）两种情况，所以在发生主反应生成环氧乙烷的同时，也会因深度氧化而生成乙醛和二氧化碳等副产物。

主反应：

$$C_2H_4 + \frac{1}{2}O_2 \xrightarrow[\text{一定温度、压力条件下}]{\text{Ag催化剂}} \underset{O}{CH_2-CH_2} - 105kJ/mol$$

副反应：

$$C_2H_4 + 3O_2 \xrightarrow[\text{一定温度、压力条件下}]{\text{Ag催化剂}} 2CO_2 + 2H_2O - 1426kJ/mol$$

$$\underset{O}{CH_2 \!-\! CH_2} \xrightarrow{\text{异构}} CH_3CHO(\text{乙醛})$$

（2）水合反应 环氧乙烷和水发生水合反应，除主要生成乙二醇（MEG）外，同时还会生成二乙二醇（DEG）、三乙二醇（TEG）以及多缩乙二醇（PEG）等同系物。

主反应：

$$\underset{O}{CH_2 \!-\! CH_2} + H_2O \longrightarrow \underset{CH_2OH}{\overset{CH_2OH}{|}}$$

副反应：

$$C_2H_6O_2 + C_2H_4O \longrightarrow C_2H_4OH\!-\!O\!-\!C_2H_4OH$$
$$\text{(DEG)}$$

$$C_2H_4OH\!-\!O\!-\!C_2H_4OH + C_2H_4O \longrightarrow C_2H_4OH\!-\!O\!-\!C_2H_4O\!-\!C_2H_4OH$$
$$\text{(TEG)}$$

二、直接水合法生产乙二醇的工艺流程

环氧乙烷水合生产乙二醇的工艺过程可分为水合反应和溶液蒸发、乙二醇干燥和精制两个工序，其工艺流程如图 5-3 所示。

1. 水合反应和溶液蒸发工序

当环氧乙烷水溶液经预热达到 150℃初始反应温度时升压，并进入绝热式管式水合反应器。因反应放热，物料温度可升至 170～200℃。反应器进料的水和环氧乙烷的摩尔比为 25:1，环氧乙烷基本上达到全部转化，除生成乙二醇外，还副产二乙二醇与三乙二醇等。反应器送出的稀乙二醇溶液，含乙二醇为 11%～12%（质量分数），含水约 85%以上，需经由五效蒸发和真空蒸发组成的蒸发系统蒸发脱水和浓缩（图 5-3 仅画了两效蒸发）。蒸发器共六个，为顺流逐步降压操作，前五个蒸发器的操作压力分别为 1.12MPa、0.86MPa、0.63MPa、0.42MPa 和 0.21MPa，第六个为真空蒸发器。蒸发器的加热热源除第一效用中压蒸汽加热外，其余各效依次采用前效蒸发出来的蒸汽作为热源。各蒸发器用脱离子水作为回流水，目的是防止乙二醇装置的腐蚀，并可使纤维级用乙二醇减少杂质。

2. 乙二醇干燥和精制工序

真空蒸发器底部流出的粗乙二醇约含水 10%（质量分数），进入脱水塔进行真空蒸馏脱水，使水含量降到 0.06%（质量分数）以下。由于乙二醇及其缩合物沸点较高，为避免在高温下操作影响产品收率及质量，故本塔及后续各塔均采用减压操作。脱水塔釜液送乙二醇精制塔，使乙二醇与二乙二醇、三乙二醇等分离，而乙二醇得到精制。在乙二醇精制塔中，含量在 99.8%以上的乙二醇从塔上部侧线抽出，塔釜液中含乙二醇、二乙二醇、三乙二醇等多乙二醇，送乙二醇回收塔。在乙二醇回收塔中，乙二醇从该塔侧线分离，返回脱水塔。塔釜液主要是二乙二醇、三乙二醇等多乙二醇，经分离可得纯度较高的二乙二醇和三乙二醇；而四乙二醇及其以上的多乙二醇不再分离。

三、直接水合法生产乙二醇的典型设备

本系统的主要设备有氧化反应器、氧气混合器（简称 OMS）、汽包、循环气压缩机及相关机泵和换热设备等。

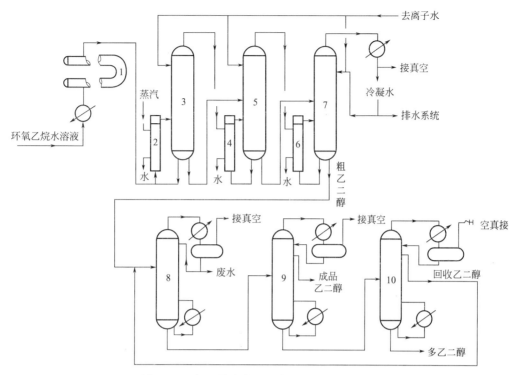

图 5-3　环氧乙烷水合法生产乙二醇的工艺流程

1—水合反应器；2——效蒸发器再沸器；3——效蒸发器；4—二效蒸发器再沸器；5—二效蒸发器；
6—真空蒸发器再沸器；7—真空蒸发器；8—脱水塔；9—乙二醇精制塔；10—乙二醇回收塔

1. 氧化反应器

　　氧化反应器是生产环氧乙烷的主要设备之一，它的用途是使乙烯和氧气在此设备中通过催化剂的作用转化成环氧乙烷。乙二醇装置的氧化反应器为立式固定床列管式反应器。固定床应器是指反应器中催化剂以确定的堆积方式排列，而被催化反应的物料经过该催化剂层进行催化反应。反应循环气从反应器上部进入反应器管程，壳程由循环介质撤热。

　　反应器的结构：反应器的结构采用列管式固定床，管内充填催化剂，管间用撤热介质循环撤热，结构示意见图 5-4。

　　生成环氧乙烷的氧化反应，不论主反应还是副反应都是强放热反应，将反应产生的热量及时移出是一个极为重要的问题。对于采用导热油撤热的装置，反应器油路采用双进口分流式挡板，尽量缩短油路距离，消除油路死角。对于用水进行撤热的装置，在反应器壳程设置大管径的蒸汽产出管线，另外在顶部设置了小管径的蒸汽产出管线，主要是基于以下几方面的考虑。

　　首先，由于机械设备中考虑到设备强度能力，大管径的蒸汽管线必须距顶部有一段距离。其次，大部分蒸汽自大管径的蒸汽管线产出，而在大管径的蒸汽管线与反应器接口之

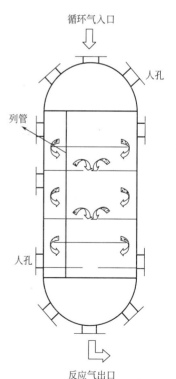

图 5-4　反应器结构示意图

上的一段空间内仍有蒸汽产出，如果没有小管径的蒸汽管线，这段区间将充满蒸汽，大大降低催化剂床层撤热效率，为保证这一段催化剂床层的撤热良好，必须在顶部设置小管径的蒸汽产出管线。最后，反应器壳程顶部小管径的蒸汽产出管线可以排出开车加水期间的最上部的气体。

2. 氧化混合器

目前国内装置采用的氧气混合器多采用指状分布器（Shell 专利技术的装置为环状分布器）的设计形式，气流通过指状分布器上均匀分布的小孔喷射而出（要求设计精确，以保证气流不发生交叉），从而避免了富氧区的出现。下面就以燕山乙二醇装置的 OMS 为例，从它的结构、混合原理两方面进行说明。

（1）氧气混合器的结构　OMS 材质为不锈钢，内设分布器，采用指状结构。指状分布器共有八根指管，为了适应负荷变化，分成两组，其中一组设指管两根，流量负荷占总量的 1/3；另一组设指管五根，流量负荷占总量的 2/3，指管上都钻有孔径为 6～7mm（1/8in）的小孔。分组使用的目的是始终保持氧气经 OMS 从小孔喷出时，满足压力要求，气流处于高速状态，与循环气迅速混合，不在局部出现富氧区；同时，因氧气流速过高也有可能发生摩擦放热导致危险的发生，在操作时需根据实际负荷的选择使用任意一组分布器或两组共用。具体每根指管上的孔数见图 5-5。

（2）氧气混合器的混合原理　补充乙烯、致稳气以及循环气的混合是借助物流的湍流搅拌而实现的。当混合气体呈湍流状态自混合器上部进入混合器后，氧气也同时由指管高速喷入，并借助混合气体的湍流作用使其分散成羽毛状，再随着气流向下流动而迅速得到混合。氧气与循环气混合主要以喷射混合和湍流混合方式混合。

同时，由于氧气流从分布器小孔喷出时呈高速状态，对循环气流动具有抽吸作用，从而又能促使氧气加速稀释。氧气和循环气的混合如图 5-6 所示。

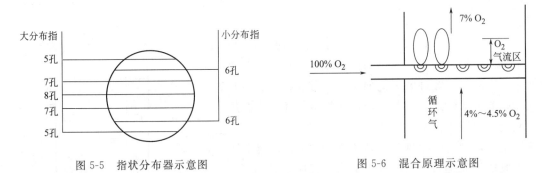

图 5-5　指状分布器示意图　　　　图 5-6　混合原理示意图

出于对 OMS 设计、作用上的特殊性以及氧化反应安全性上的考虑，装置的绝大多数联锁均设置于此，其主要目的仍是为了确保在任何状态下氧气的浓度均控制在安全范围内。

3. 汽包

在反应器开车初期，由外界蒸汽在汽包顶部加热锅炉给水，使反应器床层升温，使反应器反应状况按要求进行。在反应正常情况下，由反应副产蒸汽加热锅炉给水，使其达到汽包饱和蒸汽温度，然后循环进反应器撤热。在汽包内，室间被分隔成主、副气室，新鲜的锅炉给水流入主室，正常生产期间，撤热锅炉给水靠热虹吸进入反应器壳程，撤出反应过程中所产生的热，副产蒸汽进入汽包副室，然后经预热新鲜锅炉给水及汽包蒸汽除沫器后，进入装置蒸汽管网，汽包副室设有隔板，以限制大气泡的生成，降低气泡运行的速率，增大单位体积中的气泡量，在反应器开、停车期间，升、降温用的锅炉给水由开车泵强制循环。

四、直接水合法生产乙二醇的操作条件

1. 原料配比

进料中环氧乙烷和水的配比是乙二醇生产中的一个重要控制参数，因为此参数直接影响产物的分布。环氧乙烷和水的摩尔比对各种产物的收率影响如图 5-7 所示。

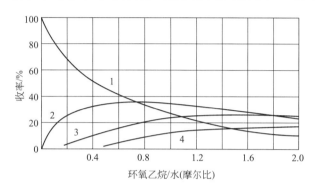

图 5-7　环氧乙烷和水的摩尔比对各种产物的收率影响

由图 5-7 可见，环氧乙烷与水的摩尔比越低，即进料液中环氧乙烷浓度越低，乙二醇收率越高，多乙二醇副产物的收率越低。也就是说，乙二醇生产的选择性随环氧乙烷与水的摩尔比的增加而降低。根据生产经验，如果进料的水与环氧乙烷摩尔比为 22∶1，乙二醇的收率可达 90% 以上。但必须指出，乙二醇收率提高的同时，由于进料用水量的增加，设备利用率降低，反应后物料中乙二醇浓度下降，乙二醇提浓时能耗增大。因而，水与环氧乙烷的摩尔比也不宜过高。目前，在实际生产中常按所需的乙二醇及其缩合物的比例，进而确定进料中水与环氧乙烷的比例。

2. 温度和压力

温度对乙二醇的收率及其产物分布的影响不大，在无催化水合反应时，为提高反应速率，必须适当地提高反应温度。

为保证反应在液相中进行，避免物料在反应器内产生闪蒸，从而导致转化率下降，在提高反应温度的同时，必须相应地提高反应压力。尤其对液相反应器，温度与压力关系更为密切。反应压力应根据反应温度和进料配比决定，如反应采用高温，压力不变，进料配比一定要低；当温度不变时，只有采用低配比，反应压力才可以适当降低。在工业生产的压力范围内，水合压力对产品分布无明显的影响。

当停留时间选为 0.5～0.6h 时，为达到环氧乙烷完全转化，反应温度为 150～220℃，根据环氧乙烷与水的比例不同，对应的反应压力范围为 0.83～1.96MPa。

3. 水合时间

在一般的工业生产中，当在适宜的水合温度、水合压力，并保证有相应的水合时间的前提下，由于环氧乙烷水合反应是一个不可逆反应，所以环氧乙烷转化率可接近 100%。如果水合时间太短，反应不充分，环氧乙烷的转化率低，水合时间过长，显然没有必要。当反应温度为 150～190℃、反应压力为 1.67MPa 时，反应时间可缩短到 10min。

此外，进料液中乙二醇的含量将影响水合反应产品的分配，过高将使二乙二醇、三乙二醇等副产物增加，乙二醇收率降低。一般要求进料液中乙二醇含量为 0.3%（质量分数）

以下。

　　水合反应器的型式也是另一个影响水合反应的关键因素。在环氧乙烷水合生成乙二醇的同时，还发生复杂的连串反应，可生成一系列高碳链的二元醇，而其反应速率是生成乙二醇速率的1.6倍。因此，物料若在反应器中发生返混现象，势必将影响水合反应的产品分布，最终导致目的产物乙二醇产率的下降。为了减少环氧乙烷与产物乙二醇的过度接触，即减少水合反应器流体的返混现象，应使流体流动尽可能接近理想置换型状态。由于在管式反应器中，其直径与长度相比很小，物料流为柱塞流，无明显的返混现象，所以保持了较高的反应选择性。

任务三　乙二醇生产的操作控制

一、乙二醇生产的开车操作

1. 系统开车准备总体说明

　　(1) 催化剂系统的确认　乙二醇装置系统操作的核心是乙烯氧化反应系统，在氧化反应器中装填的是银催化剂（一般2～4年更换一次），其优化运行是系统安全操作的根本保证，因此装置大检修过程中对于银催化剂的更换是各项工作的重中之重，要严格控制好更换步骤。

　　(2) 装置的吹扫、试漏　装置检修完毕或经过较长时间停车处理后，转入开车准备阶段，必须对系统进行吹扫。装置吹扫的主要目的是将系统中存在的脏物、泥沙、焊渣及其他机械杂质在化工投料前吹扫干净，最大程度地减少管道内的杂质，保证装置管线的洁净度。

　　在进行装置吹扫时应把握好以下原则：不允许将脏物带入阀门，管线、设备不能留有死角，应分系统逐段吹扫，做到全面、细致、认真、负责。

　　系统吹扫完毕后，需要对设备进行试压、试漏。

　　(3) 辅助系统开车准备　对于辅助操作系统，在工艺开车前，应提前具备投用条件，以节省开车时间。工作内容包括以下七个方面。

　　① 仪表控制系统的调校。

　　② 各类分析仪器调校合格、完好备用。

　　③ 现场的安全通信设施检查合格且处于备用状态。

　　④ 消防系统防护器材合格备用。

　　⑤ 化学药剂如抑制剂、消泡剂、锅炉给水系统添加剂准备到位。

　　⑥ 做好"三查"工作（查设计漏项、查施工质量隐患和查未完工程）。

　　⑦ 做好"四定"工作（定任务、定人员、定措施和定时间限期整改）。

　　(4) 开车条件确认　上述各工作完成后，确认装置开车前的条件是否都已满足。

　　① 各岗位仪表、调节阀、阀门联校合格完毕。

　　② 联锁单校、联校合格完毕。

　　③ 各公用工程完好正常。

　　④ 各运转设备均处于备用状态。

　　⑤ 防爆膜、安全阀调校完毕并安装。

　　⑥ 确认各岗位所有的盲板、临时过滤网及临时管线已经拆除。

　　⑦ 确认各塔、罐的相关入孔、呼吸阀完好备用。

　　开车条件确认后，系统首先要引入公用工程，包括低压氮、中压氮、甲烷、高压蒸汽、中压蒸汽、低压蒸汽、脱盐水、冷却水、仪表风、工业（杂用）风。确认与之相关的所有设备、管线完好，压力条件满足工艺需要，各一次表、二次表、调节联锁系统合格备用，各类电源正常、处于送电状态，安全设施合格备用。每项公用工程的引入都需要小心谨慎，避免因操作不当，导致意外事情的发生，影响开车进度。

2. SD 工艺开车操作步骤

（1）氧化反应系统开车

① 循环气压缩机开车。循环氢压缩机开车步骤包括三步：首先要将循环压缩机油路系统建立，接着要进行压缩机的单机试运，最后建立压缩机循环气系统。

在进行压缩机的单机试运时，应使循环气压缩机维持在较低的转速下（一般控制在数百转/分的水平）运行，随后进行严格的工艺联锁试验，包括：润滑油泵的自启动试验、机组的超速跳间试验、润滑油低联锁试验等；与此同时，设备人员要检查机组的运转状况，如振动、轴位移等。以上所有工艺联锁试验以及检查内容均要记录在案，以便日后随时翻阅和对比。

在建立循环气系统前应将系统用氮气置换至氧气浓度小于 0.5%，以确保循环气系统建立的安全性；确认循环气压缩机的入口阀开、出口阀关；确认与氧化反应器处于隔离状态。

循环气压缩机启动前要进行机组的盘车工作；确认油路系统的状态满足工艺要求后，启动润滑油泵；确认各相关工作完成后，启动压缩机，循环气系统小循环运转。

② 辅助系统投用。辅助系统中最重要的是氮气吹扫系统。该系统从界外引入后，不仅可以作为装置内塔、罐的吹扫及充压试漏、调节和控制塔压的风源，还可以作为反应系统初次升压用。

③ 投料开车

a. 投料开车准备。在决定反应器投料开车前，应确保反应器的温度达到装置设计值，按照装置的不同，初始的床层温度范围在 210～230℃，若处于催化剂的后期，温度还要适当地控制高一些。

b. 装置开车、投料程序。投料前的确认工作完成后，可以进行氧气的开车、投料工作。依次进行氧气混合器的吹扫工作、氧气停车系统的复位、投氧提负荷（即进料开车）、参数调整几部分。

c. 氧化系统反应岗位的开车操作。在吹扫工作完成后，即可进行投氧开车操作。应当强调的是：投氧操作必须经车间负责人批准，由车间技术人员在场指挥当班班长进行开车。

d. 原料气过滤器的投用切换操作。对于氧气混合器的吹扫工作，所用气源由装置的高压氮气系统提供。之所以要进行吹扫，主要目的在于使氧气管线内不存在杂质。为了防止杂质进入原料气管线中，在乙烯和氧气管线上均设有过滤器。在正常生产时，随着过滤器内杂质的不断累积，导致过滤器的压差会逐渐增大。当压差增大到一定程度，就必须进行过滤器的切换工作。

④ 催化剂的活化。催化剂的活化过程是改变催化剂物理、化学性质的处理过程。其活化的主要目的在于激活催化剂活性。

由于催化剂出厂后在包装、运输及装填的过程中容易受潮或失活。因此，催化剂在初次投用时，还需要按照生产厂家的指定条件经过进一步的处理，使其物理、化学性质发生变化，进入具有催化活性的状态，这个过程称为活化。此过程若稍有不慎，则催化剂的效能达不到指标或寿命缩短。应当注意的是，催化剂一经活化应立即投入使用，停止使用时还要通入惰性气体进行保护；即使暴露在空气中，也应维持催化剂床层温度高于环境温度 6～8℃，防止催化剂吸潮性能受损。

⑤ 反应系统提负荷。氧化反应系统提负荷操作是装置生产中技术含量最重的操作之一。此过程的平稳与否，不仅反映出岗位操作人员业务素质的高低，更关系到装置的安全运行。

开车后的提负荷阶段，氧化反应系统的变化参数较多，是事故多发阶段，应给予足够重视。在提负荷过程中，安全第一，严格控制各操作参数，严格控制各个操作环节，

严格控制乙烯和氧气的浓度；严格控制反应温度，使之缓慢平稳上升；严格掌握抑制剂的加入时机并控制好抑制剂的加入量；严格掌握蒸汽并网的时机及速度，确保平稳并网以及反应温度平稳过渡，反应器汽包加热蒸汽阀逐步关小，反应器汽包液位控制在规定范围内；提负荷的速度应严格按照操作规程进行控制，时刻关注反应器床层的温度变化，防止热点的产生。

（2）环氧乙烷吸收系统

① 换热系统操作。本系统再沸器开车前首先应当进行气密试验，气密合格后各塔依次进料，将塔釜液面控制到正常值后，稍开蒸汽阀，同时打开排气阀，将不凝气体排出。排完不凝气后关闭排气阀，将蒸汽凝液引入凝液罐，此前应当打开凝液罐的放空阀，排出不凝气体，积累凝液罐的液面。蒸汽和凝液管线流程打通后逐步提高蒸汽量，使釜温达到正常值。

在再沸器开车的过程中应当注意蒸汽的通入速度一定要缓慢，否则容易引起蒸汽和凝液管线的汽锤，严重时会将管线撕裂。其次，应当注意不凝气体一定要排除掉，否则会影响再沸器的热效率。

② 工艺系统开车操作。给环氧乙烷吸收塔、环氧乙烷解吸塔充压，调整到规定值。向环氧乙烷解吸塔加入来自工艺循环水系统的吸收水。当解吸塔的釜液面达到较高液位（70%～90%）时，检查解吸塔釜液泵，准备向环氧乙烷吸收塔通液。开解吸塔釜液泵的入出口手阀，启动泵，逐步打开吸收水流量调节阀，直到环氧乙烷吸收塔的釜液面涨到正常高度。打开环氧乙烷吸收塔釜液面调节阀，将吸收塔的釜液引入解吸塔，调整吸收水流量调节阀和环氧乙烷吸收塔釜液调节阀，将吸收水量和两塔釜液面调整到正常值。

环氧乙烷吸收和解吸塔建立水运后，给解吸塔逐渐加入蒸汽，将釜温调节至正常值，保证反应系统投料开车后所生成的环氧乙烷能够在本系统被及时、充分地吸收和解吸。

乙二醇原料汽提塔具备开车条件后即可准备与再吸收塔联运。先给再吸收塔加入来自工艺循环水系统吸收水。当液面达到正常值后，检查再吸收塔釜液泵，开入口阀，启动泵，开出口阀，开釜液面调节阀，将釜液面调节稳定，釜液送至乙二醇原料汽提塔。逐渐将吸收水量调整到正常值，调节塔压控制阀，塔压稳定在正常值。

③ 二氧化碳脱除系统。检修结束后的开车时先完成对二氧化碳吸收塔和解吸塔的气密试验，合格后，两塔分别充压到设计值，密封冲洗水引入相关部位（测量仪表的取样系统、泵机封等）待命开车。首先进行碳酸盐的配制，向碳酸盐溶液储罐中加入脱盐水和固体碳酸钾，开储罐伴热加热，启动碳酸钾储罐的进料泵，自身循环，使溶液搅拌均匀。分析碳酸钾溶液浓度合格后，用碳酸钾储罐的进料泵向二氧化碳解吸塔加碳酸钾溶液。液面达到要求后，确认二氧化碳解吸塔釜液泵已处于备用状态，泵的密封冲洗水已投用正常，启动釜液泵，打开二氧化碳吸收液流量调节阀，向二氧化碳吸收塔送入碳酸钾溶液，调整其流量使釜液面逐渐升高。当二氧化碳吸收塔液位达到正常值时，打开釜液调节阀向二氧化碳解吸塔排

液，使碳酸钾溶液循环起来。

确认加热蒸汽已引至二氧化碳解吸塔再沸器并将凝液切入凝液罐中。凝液罐液位达到要求值后启动凝液泵，将凝液收集到装置总凝液罐中。

调整二氧化碳解吸塔的压力和釜温使其达到正常值，调整二氧化碳吸收塔的吸收液的流量，使其达到正常值。确认各参数均已调整至设计要求，表明本系统热运正常，已具备接料条件，满足氧化系统投料开车的要求。

二氧化碳脱除系统投入运转后，要注意对碳酸盐系统的组分进行分析，如果发现杂质较多，滤网堵塞严重，或者碳酸氢钾浓度过高造成碳酸盐对二氧化碳的吸收效果不好时应当更换碳酸盐。

④ 环氧乙烷精制系统。

a. 环氧乙烷精制塔投用。环氧乙烷精制塔投用分建立塔压；塔釜充液面；加热、进料；釜液采出；建立回流和采出等六步完成。

b. 环氧乙烷精制塔安全阀投用。环氧乙烷精制塔设有安全阀，其安全阀与其他系统的安全阀区别在于：在安全阀前有一根吹扫氮气管线，安全阀后有一根吹扫蒸汽管线，在安全阀起跳时打开，作用是防止环氧乙烷泄压线有聚合物形成，并将安全阀后管线内的环氧乙烷残留物吹扫干净。

c. 建立环氧乙烷储罐小循环。环氧乙烷储罐小循环是指物料由球罐下出口至装车泵，再由装车泵返回球罐的循环操作。在环氧乙烷球罐达到一定液面后，打开泵入口阀、出口阀和循环阀，然后启动装车泵进行循环，目的是为了保证罐内和管线内的环氧乙烷物料处于流动状态，既有利于循环分析，也可避免管线内环氧乙烷发生超压和聚合现象。

d. 环氧乙烷系统调节。环氧乙烷系统调节包括压力调节、温度调节、液位调节和脱醛量调节。

（3）工艺水合蒸发系统

① 真空系统的建立。

② 水合反应器的开车。水合反应器的开车一般先进行水运，并与再吸收塔及多效蒸发器进行联运，水合反应器水运的方式有两种：一种是利用工艺循环水泵，将工艺水储槽里的工艺水经开车线送入水合反应器；另一种是利用利用工艺循环水泵，将工艺水储槽里的工艺水送入再吸收塔，建立再吸收塔液位，启动再吸收塔釜液泵，用塔釜液位调节阀控制流量将釜液送入汽提塔，建立汽提塔液位，然后启动汽提塔釜液泵，将汽提塔釜液送入水合反应器。

打开水合反应器的排气阀进行排气，待水合反应器全部充满水后，视多效蒸发器的运转情况决定水合反应器内的水是否送入多效蒸发器进行联运，联运时用位于水合反应器出口的汽提塔釜液位调节阀控制进入多效蒸发器的流量，即多效蒸发器的进料负荷。

③ 多效蒸发系统水运的建立。多效蒸发系统水运的建立包括工艺循环水储槽注水、汽提塔注水、水合反应器注水和多效蒸发器注水等步骤。

④ 水处理系统的开车操作。国内采用 SD 技术的乙二醇装置水处理系统一般配置两个或两个以上阴离子树脂床，相互切换使用，少数装置还配置有阳离子树脂床，现以阴、阳两种离子树脂床都有的系统进行说明。

循环水的处理包括：制水和再生两过程，这两个过程是由两个系列树脂床交替进行的。

（4）乙二醇精制系统

① 乙二醇干燥塔的开车。检查所有设备、仪表、公用工程应具备开车条件。启动真空泵给乙二醇干燥塔抽真空至设计值，建立真空状态。按顺序打开塔顶冷却器的冷却水上水阀、排气阀、下水阀，将冷却器投入运行，注意排气要充分。确认粗乙二醇中间储槽有足够的存料，或多效蒸发器已经从前系统接料进行脱水作业后，向干燥塔进料，并取样分析进料的水分和组成，用进料调节阀控制进料量，待釜液位仪表开始显现釜液指示后即开始将加热蒸汽引入再沸器，根据进料量和组成的变化，用蒸汽流量调节阀控制蒸汽使用量，凝液温度低时就地排放，温度高时切入凝液总管（再沸器后有凝液罐的，在罐内液位达到50％后液位调节阀投用自动控制状态），注意切换凝液时操作动作要缓慢，避免发生水锤现象。

塔釜液位达到50％后，釜液位调节阀投用自动控制，塔釜液位高于50％釜液调节阀有开度时，启动釜液泵，将釜液返回粗乙二醇储槽，当塔顶温度开始上升后，可打开回流调节阀，将回流引入干燥塔，根据塔顶温度的变化调整回流量的大小。当干燥塔的进料量确定后，通过调节加热蒸汽量与回流量等控制方法，使各项工艺参数趋于设计指标且稳定时，取样分析塔顶蒸发凝液的EG和醛含量，根据凝液中EG含量是否符合要求来调整回流和蒸汽的用量，取样分析塔釜物料的水分是否符合要求，并据此调节蒸汽的用量，当塔釜液中的水分符合要求时，可将釜液泵送出的物料引入乙二醇精制塔，或根据需要继续返回循环。

开车过程中，外线操作人员在操作、巡检时应注意随时检查工艺流程是否正确符合当前操作的要求，设备是否存在泄漏、机泵运转是否正常、就地仪表是否正常指示并与室内仪表系统的指示值相符合，一旦发现故障需立即进行处理，无法在开车状态处理时，应将干燥塔停车，处理完故障后再开车。

② 乙二醇精制塔的开车。检查所有设备、仪表、公用工程应具备开车条件。启动真空泵给乙二醇精制塔抽真空至设计值，建立真空状态。当干燥塔釜物料的水含量已经合格后，向精制塔进料，用进料调节阀控制进料量，待釜液位仪表开始显现釜液指示后即开始将加热蒸汽引入再沸器。根据进料量和组成的变化，用蒸汽流量调节阀控制蒸汽使用量，塔釜液位达到50％后，釜液位调节阀投用自动控制；塔釜液位高于50％，釜液位调节阀有开度时，启动釜液泵，将釜液返回粗乙二醇储槽。当塔顶回流罐的液位达到50％后（可适当提前），启动回流泵，打开回流调节阀，将塔顶气相凝液送回精制塔，根据塔顶温度的变化调整回流量的大小。

建立回流后，根据回流罐的液位决定是否将塔内乙二醇采出，当回流罐的液位高于50％后（可适当提前），打开侧线产品采出调节阀，将乙二醇物料采出返回粗乙二醇储槽。

③ 乙二醇回收塔开车。检查所有设备、仪表、公用工程应具备开车条件，塔顶冷却器已通入冷却水，启动真空泵给乙二醇回收塔抽真空至设计值，建立真空状态。当精制塔操作正常稳定后即可将塔釜物料切入回收塔，也可根据需要不等精制塔稳定就切进料，建立大循环状态。为了预防釜液充满塔釜管线时将釜液位抽空而被迫停止釜液泵运行的现象，当回收塔釜液位指示到达比较高的液位后，再启动釜液泵将釜液送入塔釜再沸器，然后返回塔釜，建立釜液循环，同时将加热蒸汽引入再沸器给釜液加热，根据进料量和组成的变化，用蒸汽流量调节阀控制蒸汽使用量。

塔釜液位达到50％后，釜液位调节阀投用自动控制，塔釜液位高于50％釜液调节阀有开度时，打开釜液返回粗乙二醇储槽的阀门，将釜液返回粗乙二醇储槽。当塔侧线采出口温度指示开始上升时，打开采出管线上的仪表调节阀，将蒸发到塔上部的乙二醇物料返回粗乙二醇储槽，并根据返回物料的温度调节阀进行控制。乙二醇回收的关键控制点是塔釜物料中乙二醇组分的含量是否合格，因此开车初期可以适当提高返料温度，目的是为了尽快将塔釜的乙二醇蒸发上去，使得釜液合格后采出。

二、乙二醇生产的正常停车操作

对于全装置停车检修，首先要与电气及仪表等各辅助部门协调，清楚各部门在检修期间应该解决的问题，例如制定检修期间的停电计划；其次，制定人员网络图，包括个人联系方式，确保检修过程有条不紊；第二，制定详细的停开车计划，包括停开工网络图、需要检修的设备、动火位置以及车间的安全环保评价管理等。

全装置的停车程序依次包括：氧化系统停车；环氧乙烷精制系统停车；水合多效蒸发系统停车。

装置停车后，首先要用氮气置换，对于进入的设备要用空气置换至氧气含量合格，并且将与外界连接管线的法兰处加盲板断开，根据压力等级确定盲板厚度，盲板两侧必须加垫片。为了避免遗漏，车间必须建立详细的盲板台账。在加盲板时松法兰的过程中，不允许将螺栓全部拆除，应对角保留，逐步拆卸。

三、乙二醇生产的紧急停车操作

紧急停车是指由于突发事件的出现而导致的单台设备或部分单元或全部系统停运的状态。按范围分类大致可分为混合器停车、循环气压缩机停车、部分单元停车等。按原因分类，可以分为冷却水故障停车、高压蒸汽故障停车、仪表风故障停车、电气故障停车等。下面主要就停高压蒸汽、停仪表风、停冷却水及中压氮气故障处理的原则进行说明。

1. 装置停高压蒸汽处理原则

高压蒸汽故障时可以从高压蒸汽总管的压力表的变化情况得到判断，停高压蒸汽时，压力指示会发生较大变化，下降速度较快，蒸汽调节阀全开。高压蒸汽对于不同的装置而言其重要性各不相同，对于利用高压蒸汽驱动透平机带动循环气压缩机的装置而言，高压蒸汽的作用最为重要。对于此类装置而言，停高压蒸汽也就意味着停循环气压缩机，一般是全装置做停车处理。处理的原则仍然是在保证安全环保的前提下根据具体的高压蒸汽恢复时间来决定是否全装置停车。对循环气压缩机是用电动机的装置而言，高压蒸汽停止供应只是乙二醇精制系统没有蒸汽热源而已，该系统可以做停车处理，其他系统可以继续运转。

2. 装置停仪表风的处理原则

当仪表风系统发生故障并确认短时不能恢复的情况下，当班人员应当果断停车处理，避免因处理不及时发生安全环保事故。

3. 装置停冷却水的处理原则

装置停冷却水时，冷却水总管的压力将明显下降，装置中的冷却设备的冷却水压力表指示也出现下降。在生产过程中一些冷却设备也可能由于突然停供循环冷却水，不能正常发挥作用，诱发其他危险事故，如环氧乙烷不能快速地被循环吸收水吸收，造成氧化反应器入口环氧乙烷浓度超标，发生爆炸危险等。所以当确认循环冷却水停供时，必须快速采取混合器手动紧急停车处理，必要时停循环气压缩机。

另外由于突然停供循环冷却水，也造成机泵因为无冷却水而发生轴承烧毁事故，所以当确认循环冷却水停供，短时不能恢复时，在紧急停车的同时，考虑将使用冷却水的机泵停运。

4. 中压氮气故障处理原则

中压氮气故障时应当优先确保循环气压缩机的干气密封系统的中压氮气的正常用量。为此，可以减少其他用户对中压氮气的用量，并及时与调度联系，协调处理，以便及时将中压氮气恢复正常。若不能及时恢复，则考虑相关系统的停车处理。

5. DCS 黑屏处理

DCS 发生黑屏现象时，装置人员应以保证安全为主要原则，根据实际情况进行不同范围的紧急停车处理，不可盲目进行生产。岗位人员应根据发生黑屏的 DCS 系统的数量进行分别处理。当只有部分操作站黑屏，其他操作站正常时，可联系仪表人员尽快进行处理。如短期内不能恢复，可结合具体情况进行降负荷操作或小范围的停车处理；如全部 DCS 系统发生黑屏，应立即按下室内停车按钮，按全线紧急停车处理。

任务四　乙二醇生产过程的 HSE 管理

一、危险因素分析

危险因素分析主要包括：生产过程中的主要原料和产品的危险性及生产过程中副产物聚合物的产生及危害进行分析。

1. 主要原料和产品

（1）二氯乙烷　二氯乙烷常温下是一种无色透明、易挥发的油状液体，和空气混合会产生有毒而可燃的蒸气；二氯乙烷属于有毒有害物质，危害类别属于中闪点易燃液体，对眼睛和呼吸道有刺激作用，吸入可引起肺气肿，抑制中枢神经系统，刺激胃、肠道，长期低浓度接触会引起神经衰弱综合征和消化道症状，可致皮肤衰弱和皮炎。使用时要注意防护用品的佩戴并严格按规定执行。

（2）二乙二醇　二乙二醇对人体有轻度的刺激和麻醉作用，属微毒类，该产品是无色无臭黏稠液体，有吸湿性，能溶于水，无腐蚀性，遇明火会燃烧。

二乙二醇具有刺激性，皮肤持续或重复接触二乙二醇可引起刺激反应，伴有搔痒、烧灼感、发红、肿胀或皮疹，大量经皮肤吸收可引起全身中毒；眼接触可引起刺激、流泪、疼痛或视物模糊；常温下吸入其蒸气不足以引起中毒，吸入加热后产生的蒸气可引起恶心和头痛；人一次口服致死量为 1ml/kg，可引起恶心、呕吐，中枢神经系统抑制症状，并有头昏、意识模糊、控制失调、昏迷，肾、肝功能受损影响，严重者发生死亡。

（3）环氧乙烷　环氧乙烷是一种无色、有刺激性略带甜味的液体，沸点低，约 105℃，常温常压下极易汽化。在工作环境中，主要是环氧乙烷气体与人体接触，而不是环氧乙烷液体与人体接触。环氧乙烷气体浓度低时，也能刺激眼睛和呼吸道。现行环氧乙烷 TLV 值（8h 内最大容许接触浓度）为 0.005%，当其浓度达到约 0.07% 时，才能嗅到味道。因此长期与低浓度环氧乙烷接触的人，难以觉察到高浓度环氧乙烷和很危险的浓度。在与环氧乙烷蒸气接触的活动场所应该尽可能地维持其最低浓度，在进行事故操作如检修或消漏时，应戴呼吸器。

长期接触液态环氧乙烷或其溶液会发生皮炎，接触过久会灼伤皮肤。眼睛对环氧乙烷特别敏感，即使溅到一些稀溶液，也会造成严重的永久性伤害。因此在处理环氧乙烷液体或溶液时，必须时时提醒注意保护眼睛，一旦眼睛接触了环氧乙烷，必须用大量的水冲洗 10min 以上。

2. 聚合物

工业上环氧乙烷是用乙烯在银催化剂存在下氧气氧化生产的。在催化剂使用后期，乙烯氧化生成甲醛的副反应更加明显。所以在反应生成物中存在甲醛是可能的。

（1）甲醛的性质　甲醛在常温下是无色的有特殊刺激气味的气体，沸点为－21℃，易溶于水。甲醛容易氧化，极易聚合。其浓溶液（60%左右）在室温下长期放置就能自动聚合成三分子的环状聚合物，并形成多聚甲醛。多聚甲醛聚合度 n 一般在 $8\sim100$，加热到 $180\sim200℃$ 时，重新分解出甲醛。条件合适时，甲醛还可以聚合成聚合度很大的（n 为 $500\sim5000$）高聚物——聚甲醛。

（2）聚合物对系统的主要危害

① 造成管线的堵塞，影响正常的工艺流程。

② 造成回流泵叶轮等部件的堵塞，影响回流泵的工作压力，严重的造成机泵的损坏。

③ 造成塔顶冷却器的冷却效果差，制约环氧乙烷精制塔的正常生产。

（3）对聚合物的处理

① 管线内的聚合物定期清除。

② 机泵叶轮内的聚合物采用多乙二醇高温蒸煮。

二、劳动保护及安全规定

由于环氧乙烷有毒、易燃、具有高的反应活性而容易引起爆炸，是一种极其危险的物质，因此在生产、使用和储存这一物品时应特别加强防范，确保安全。

（1）环氧乙烷物料系统的保温材料要求　设备与输送浓环氧乙烷管线的保温可采用泡沫玻璃外包镀锌铁皮或不锈钢板。铝包皮由于防火性差，不宜使用。镀锌铁皮应尽量避免与不锈钢接触，这是因为在着火的情况下，有产生锌蚀现象的危险。

（2）环氧乙烷场所工器具要求　环氧乙烷精制系统和罐区由于环氧乙烷自身性质的影响，除一般的防火要求外，还应注意防止静电打火和工具打火。日常操作要使用铜制的工具，并且要定期检查现场静电接地系统的完好情况。

（3）环氧乙烷物料储罐的要求　储罐应安置在远离车间办公室、远离装置现场、着火危险小的地方。极少量的环氧乙烷随时都可以储存。因为其他储存可燃性液体的储罐如果着火时，就有使附近的环氧乙烷受影响产生过热的危险，所以环氧乙烷储罐不要与其他储罐安装在同一个区域。

环氧乙烷储罐设计须遵照液化石油气储罐和类似物品的应用规范。例如，在罐的正常液位下面最好只有一根管线，这根管线到第一道阀为止，应该全部是焊接的。这个第一道阀不应紧挨罐底安装，但也要保持一个安全距离。这个阀应该是遥控操作的，在任何情况下，都应该是防火的。遥控操作这个阀时，应与联锁相连。这样，当这个阀关闭时，管线系统所有的泵也能停下来。

储罐设计压力必须满足罐内充氮需要，用充入的氮气来保证罐内气体不爆炸。如果环氧乙烷是冷冻储存的，那么，设计压力必须考虑到冷冻系统出故障的情况。因此，设计压力必须以当地可能出现的最高环境温度为基础。

保持环氧乙烷温度低于环境温度，尤其是在高温季节，这样做能减少聚合危险。在使用冷冻的储罐条件下，应该使用外配的热交换器来冷却，而不宜用内部冷却盘管。在热交换器内循环的冷液应不与环氧乙烷发生反应，因此甚至可采用其他的中间传热介质。

环氧乙烷储液上面的气相部分，在没有惰性气体的情况下，通常已处于爆炸极限范围内。加氮封能使其气相部分处于安全操作范围内。从高压氮系统来的氮气，必须经过减压，以防止环氧乙烷储罐超压放空。

环氧乙烷储罐必须要有泄压系统。为防止环氧乙烷系统的泄压线有聚合物形成，应保证氮气的持续吹扫。最佳方法是通过一个三通阀来操作双泄压阀，这样能保证有一个阀始终处于动作状态，阀门的频繁动作并不需要装置停车。泄压阀应具有充分泄压能力。

除了要求用爆破安全阀之外，一般的环氧乙烷设施上不要用防爆膜。出于这样的考虑，一旦防爆膜爆破，容器内的物料跑到大气里，就有可能形成一块环氧乙烷蒸气云。

由于环氧乙烷具有易爆炸、着火快的特征，不宜将环氧乙烷安全阀系统的气体泄入普通的火炬系统。要有指定地点将这些气体通过烟囱扩散到大气中去，烟囱上应装阻火器。把环氧乙烷放入大气具有许多危害，因此，必须进一切努力把安全阀的放空减到最小。

所有环氧乙烷储罐都必须配置事故冷却水喷淋设施。这些设施的设计。必须符合应用规程，例如防火标准 NFPA-15。最小喷淋量为 $1.173m^3/(min \cdot m^2)$。这个喷淋系统应设计成远距离手动操作，同时也能通过可燃气体检测器自动操作。储罐区的喷淋水必须有足够的给水，以稀释可能存在的喷溅。理想的办法是，配置一些消火高压水枪。在急需时，同样能提供冷却水。

整个储罐区的地面和泄水应利于淌水和喷溅物从储罐撤出。排水系统的设计能力应充分适应救火和稀释喷溅时的大量排水。这种排污不应直接进装置污水系统，而应排入位于安全地点的排水池。

从环氧乙烷的特性就能了解，如果在罐区发生了火灾，那将是无法控制的，并有发生爆炸的严重危险。只要有可能，在此情况下，就该将罐区内的液体输送到别的罐内或者存有大量水的储水地点。用泵送或氮压都可以，但要防止闪蒸。为有效地用水稀释，用水量约是环氧乙烷的 24 倍，这样，需要很大的集水池。

三、"三废"

乙二醇装置影响清洁生产的主要污染物是装置内产生的废气和废水。

装置内产生的废气包括烟道气、二氧化碳、工艺排放气和工艺尾气。烟道气由于加热炉燃烧产生，当前还没有较好的解决方案。二氧化碳由于乙烯氧化反应的副反应产生，目前各装置普遍采取的措施是采用二氧化碳压缩机将该部分气体回收压缩后送其他装置再利用。工艺排放气是为了脱除工艺循环气中积累的氢气。氢气是原料氧气中含有的微量杂质，在工艺循环气中累积过高，会影响循环气散热，降低乙烯氧化反应的爆炸极限，因此须从工艺系统中排出。为了减少放空损失的乙烯，目前各装置普遍采取膜分离技术回收乙烯。工艺尾气主要是未脱除的残余二氧化碳及未反应气体。目前各装置普遍采取尾气压缩机将该部分气体回收进入循环气系统。

装置内产生的废水主要包括两方面：一是装置内富余凝液的排放；二是含醇废水的排放。乙二醇由于其特殊性，水作为原料和溶剂直接参与整个生产过程，因此在排放的废水中均含有一定量的乙二醇。装置内的凝液在工艺过程中没有与工艺物料接触，未受到物料污染，各装置普遍回收再利用，减少甚至消除装置凝液排污量，减少装置的排污费用。工艺废水的产生主要包括：一是二氧化碳脱除系统再生塔废水，其中乙二醇浓度高的部分送入环氧乙烷解吸塔，浓度低的部分引回工艺系统内；二是含醛废水，通过对装置增加脱醛塔，回收含醛废水中的乙二醇，一方面减少废水中 COD（化学耗氧量）浓度，另一方面回收乙二醇达到增产的目的；三是洗塔废水，通过增大换热器的换热面积降低洗塔频率，减少洗塔废水量；四是水处理系统再生污水，主要通过延长再生时间，减少废水排放量。

目前国内环氧乙烷/乙二醇行业采取的清洁生产措施主要分为以下两大类：一是加强工艺管理，优化生产操作，辅之以较为简单的技术，不需太多投资即可见效的措施；二是对现有装置进行工艺、设备方面的改造，以消减生产过程中产生的废物，需要较多的投资和较长周期的措施。

知识拓展

乙二醇防冻液

乙二醇是一种无色微黏的液体，沸点是197.4℃，冰点是－11.5℃，能与水任意比例混合。混合后由于改变了冷却水的蒸气压，冰点显著降低。其降低的程度在一定范围内随乙二醇的含量增加而下降。当乙二醇的含量为68%时，冰点可降低至－68℃，超过这个极限时，冰点反而要上升。

乙二醇防冻液在使用中易生成酸性物质，对金属有腐蚀作用。因此，应加入适量磷酸氢二钠等以防腐蚀。乙二醇有毒，但由于其沸点高，不会产生蒸气被人吸入体内而引起中毒。

乙二醇的吸水性强，储存的容器应密封，以防吸水后溢出。由于水的沸点比乙二醇低，使用中被蒸发的是水，当缺少冷却液时，只要加入净水就行了。这种防冻液用后能回收（防止混入石油产品），经过沉淀、过滤，加水调整浓度，补加防腐剂，还可继续使用，一般可用3～5年。

有很多人认为乙二醇的冰点很低，防冻液的冰点是由乙二醇和水按照不同比例混合后的一个中和冰点。其实不然，混合后由于改变了冷却水的蒸气压，冰点才会显著降低，降低的程度在一定范围内随乙二醇的含量增加而下降，但是一旦超过了一定的比例，冰点反而会上升。40%的乙二醇和60%的软水混合成的防冻液，防冻温度为－25℃；当防冻液中乙二醇和水各占50%时，防冻温度为－35℃。

乙二醇-水防冻液的冰点同乙二醇质量分数不成线性关系。乙二醇冰点随着乙二醇在水溶液中的浓度变化而变化，浓度在60%以下时，水溶液中乙二醇浓度升高冰点降低，但浓度超过60%后，随着乙二醇浓度的升高，其冰点呈上升趋势，黏度也会随着浓度的升高而升高。当浓度达到99.9%时，其冰点上升至－13.2℃，这就是浓缩型防冻液（防冻液母液）这种防冻液母液不能直接使用的

乙二醇含有羟基，长期在80～90℃下工作，乙二醇会先被氧化成乙醇酸，再被氧化成草酸，即乙二酸（草酸），含有2个羧基。草酸及其副产物会先影响中枢神经系统，接着是心脏，而后影响肾脏。如无适当治疗，摄取过量乙二醇会导致死亡。乙二醇乙二酸对设备造成腐蚀而使之渗漏，在配制的防冻液中，还必须有防腐剂，以防止对钢铁、铝的腐蚀和水垢的生成。

项目六　丙烯生产过程操作与控制

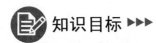

知识目标 ▶▶▶

1. 了解丙烯的性质与用途。
2. 了解丙烯的生产方法，理解各生产方法的优缺点。
3. 掌握丙烷催化脱氢生产丙烯的工艺原理、工艺流程和工艺条件。
4. 了解丙烷脱氢制丙烯催化剂的作用。
5. 了解丙烷催化脱氢制丙烯工艺过程中所用设备的作用、结构和特点。
6. 了解丙烷催化脱氢制丙烯工艺过程的开停车操作步骤和事故处理方法。
7. 了解丙烷催化脱氢制丙烯工艺过程的 HSE 管理。

能力目标 ▶▶▶

1. 能够通过分析比较各种丙烯生产方法，分析丙烷脱氢制丙烯工艺路线的优缺点。
2. 能识读并绘制带控制点的丙烷催化脱氢制丙烯工艺过程的工艺流程。
3. 能对丙烷催化脱氢制丙烯工艺过程进行转化率、收率、选择性等计算，通过给定的装置处理能力能进行装置的简单物料衡算。
4. 能够根据原料性质和产品需求选择丙烷脱氢的催化剂。
5. 能对丙烷催化脱氢制丙烯工艺过程进行工艺控制（包括工艺参数调节和开停车操作）。
6. 能对丙烷催化脱氢制丙烯的工艺过程中可能出现的事故拟定事故处理预案。

任务一　丙烯生产的工艺路线选择

一、丙烯的性质与应用

1. 丙烯的性质

（1）物理性质　丙烯常温下为无色、无臭、稍带有甜味的气体。不溶于水，溶于有机溶剂，属低毒类物质。

丙烯的熔点为 $-185.2℃$；沸点为 $-47.7℃$；$20℃$ 时丙烯液体的密度为 $517kg/m^3$；丙烯气体相对于空气的相对密度为 1.46；丙烯的燃烧热为 $47908kJ/kg$；丙烯的引燃温度为 $455℃$；丙烯的闪点为 $-108℃$；丙烯的爆炸极限为 $2.0\%\sim11\%$（体积分数）。

（2）化学性质　丙烯的化学性质非常活泼，易燃，能与多种物质发生反应：丙烯能与卤化氢加成反应，生成烷基卤化物。与氢气反应，生成相应烷烃。丙烯可以发生聚合生成聚丙烯。在催化剂作用下，丙烯与氨和氧起氨氧化反应，生成丙烯腈。在催化剂作用下丙烯能与一氧化碳、氢气进行羰基合成反应生成脂肪醛，再经催化加氢、蒸馏分离制得产品丁醇、辛醇。

2. 丙烯的应用

丙烯是一种重要的有机化工原料，其用量仅次于乙烯，除用于生产聚丙烯外，还是生产丙烯腈、丁醇、辛醇、环氧丙烷、异丙醇、丙苯、丙烯酸、羰基醇及壬基酚等产品的主要原料。图 6-1 显示出丙烯作为原料生产其他产品的示意框图。

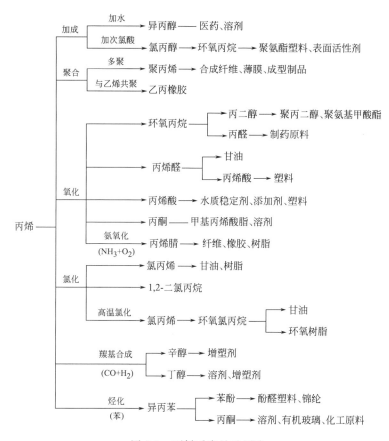

图 6-1　丙烯系产品及用途

二、丙烯的主要生产方法

1. 增产丙烯的催化裂化（FCC）技术

全球 FCC 装置的生产能力约 750Mt/a，通过调整原料品种、催化剂、工况和操作条件来增产丙烯的发展潜力非常大，国内外许多公司都在积极开展这方面的研究。

代表性的技术有中国石化集团公司的 DCC 技术、UOP 公司的 PetroFCC 技术以及新日本石油公司的 HS-FCC 技术等。与传统的 FCC 相比，这类技术操作条件更为苛刻，要求反应温度、剂油比更高，催化时间更短。PetroFCC 技术以重质油（VGO）为原料，通过采用不同催化剂和助剂，可灵活调节车用燃料、丙烯产量。若使用特制 ZSM-5 催化剂，丙烯收率达 22%，乙烯收率达 6%，C_4 烯烃及芳烃收率也均有提高，目前已有两套装置实现工业化运转。HS-FCC 技术采用下流式反应器，使得物料回混最小化，生成副产物减少，丙烯收率可达 25%。

运用这些技术，虽然汽油收率会受到一定影响，但汽油中的烯烃含量降低，质量得以提高，丙烯的产量比传统 FCC 高 2～4 倍。我国炼油工业催化裂化加工能力大、掺渣比高，造成汽油中烯烃含量高，开发应用增产丙烯的 FCC 技术，在提高油品质量的同时，为下游提供更多的低碳烯烃，具有良好的市场前景。

2. 低碳烯烃裂解制丙烯技术

低碳烯烃裂解是将 $C_4 \sim C_8$ 烯烃在催化剂作用下转化为丙烯和乙烯的技术，它不仅可以解决炼厂和石脑油裂解副产的 $C_4 \sim C_8$ 的出路问题，又可以增产高附加值的乙烯、丙烯产品，成为近年研究较为活跃的领域。目前较为成熟的技术主要有 ATOFINA/UOP 公司的 OCP 工艺、Lurgi 公司的 Propylur 工艺、Arco/KBR 公司的 Superflex 工艺和 Mobil 公司的 MOI 工艺等。

另外，日本旭化成公司开发了 Omega 工艺，以中孔沸石为催化剂，丙烯产率为 40% ～ 60%，该技术 2006 年将在日本实现工业化。中国石化上海石油化工研究院以 C_4 烯烃为原料，ZSM-5 沸石为催化剂，丙烯收率达 33%，该技术正在进行工业侧线试验。

烯烃裂解工艺，从投资费用、生产成本与综合收益来看，均是最具吸引力的工艺。固定床工艺流程相对简单，适于和现有蒸汽裂解结合；流化床工艺流程相对复杂，适于建设大规模生产装置，可以纳入烯烃联合装置，也可以单独建立装置。随着我国一批大型乙烯裂解装置的扩建与新建，C_{4+} 烯烃资源越来越丰富，对开发出自主知识产权的烯烃裂解技术，解决 C_{4+} 烯烃副产、增产高附加值丙烯需求迫切。

3. 烯烃歧化制丙烯技术

烯烃歧化技术多年以前已经开发成功，只是因为近年来一些地区丙烯价格逐步走高，这一技术又重新引起了人们的重视。它是一种通过烯烃碳—碳双键断裂并重新转换为烯烃产物的催化反应，目前以乙烯和 2-丁烯为原料歧化为丙烯的生产技术研究较为活跃，主要有 ABBLummus 公司的 OCT 高温催化剂工艺和法国石油研究院（IFP）的 Meta-4 低温催化剂工艺。

OCT 工艺采用 W 基催化剂和并联固定床反应器，在 $300 \sim 375℃$、$3.0 \sim 3.5MPa$ 条件下，当进料丁烯中 2-丁烯的质量分数为 50% ～ 95% 时，丁烯转化率为 85% ～ 92%，丁烯转化为丙烯的选择性为 97%。OCT 能够把蒸汽裂解装置丙烯/乙烯比提高到 1.1 以上。已有十几套工业化生产装置采用了该工艺，已投产的上海赛科 90 万吨/年乙烯装置也采用了这项技术。Meta-4 工艺采用 Re 作催化剂和流化床反应器，在 $20 \sim 50℃$、液相条件下，将 2-丁烯和乙烯歧化生成丙烯。2-丁烯转化率为 90%，丙烯选择性大于 98%，该技术已在台湾省中油公司完成中试试验。

近年来，不消耗乙烯或消耗少量乙烯的丁烯自动歧化工艺也取得了进展。其中 BASF 开发的歧化工艺将 1-丁烯和 2-丁烯转化为丙烯和 2-戊烯，然后 2-戊烯和乙烯反应生成 1-丁烯和丙烯。南非 SASOL 公司以 1-丁烯、2-丁烯或其混合物为原料，采用 $Cs-P-WO_3/SiO_2$ 为催化剂，在 $300 \sim 600℃$、$0.1 \sim 2MPa$ 条件下，歧化生产丙烯。

烯烃歧化工艺可应用于石脑油蒸汽裂解装置增产丙烯，投资增加不多，即可提高石脑油裂解装置的丙烯/乙烯产量比，但缺点是每生产 1t 丙烯，要消耗掉 0.42t 乙烯，因此只有在丙烯价格高于乙烯价格、乙烯产量过剩时才是经济可行的。另外歧化技术不能将异丁烯以及 $C_5 \sim C_8$ 烯烃转化为丙烯，应用受到一定限制。近年开发的自动歧化技术，不用或用少量乙烯，应用前景看好。

4. 丙烷脱氢制丙烯技术

丙烷脱氢是强吸热过程，可在高温和相对低压下获得合理的丙烯收率。目前已工业化工艺主要有 UOP 公司的 Oleflex 工艺、Lummus-Houdry 公司的 Catofin 工艺、Krupp Uhdewcng 公司的 STAR 工艺、Linde-BASF-Statoil 共同开发的 PDH 工艺等。全球现有投产的丙烯脱氢制丙烯工业装置 14 套，其中 10 套采用 UOP 公司的 Oleflex 工艺。

Oleflex 工艺采用 4 个串联移动床反应器，以 Pt/Al_2O_3 为催化剂，采用铂催化剂（DeH-12）的径流式反应器使丙烷加速脱氢。催化剂连续再生，使用氢作为原料的稀释剂，反应温度为 550～650℃，丙烯收率约为 85%，氢气产率为 3.6%，乙烯收率很低，通常乙烯与其他副产品一起被当作燃料烧掉给丙烯脱氢反应器提供热量。因此这一反应的产品只有丙烯。

Catofin 工艺采用逆流流动固定床技术，在反应器中空气向下、烃类向上流动，烃蒸气在铬催化剂上脱氢。STAR 工艺使用带有顶部喷射蒸汽转化装置的管状固定床反应器和一种负载于铝酸锌钙上的贵金属作催化剂，使用水蒸气作为原料的稀释剂，反应温度为 500℃，与传统工艺相比，产率可提高 18%。PDH 工艺采用固定床反应器，按烃类/热空气循环方式操作，反应段包括 3 台同样的气体喷射脱氢反应器，其中两台用于脱氢条件下操作，另一台用于催化剂再生，反应温度为 590℃，压力 33.9～50.8kPa。丙烷转化率大于 90%。

丙烷脱氢技术具有 3 大优势：首先，是进料单一，产品单一（主要是丙烯）；其次，是生产成本只与丙烷密切相关，而丙烷价格与石脑油价格、丙烯市场没有直接的关联，这可以帮助丙烯衍生物生产商改进原料的成本结构，规避一些市场风险；第三，是对于丙烯供应不足的衍生物生产厂，可购进成本较低的丙烷生产丙烯，免除运输与储存丙烯的高成本支出。

与其他生产技术相比，获得同等规模的丙烯产量，丙烷脱氢技术的基建投资相对较低，目前的经济规模是 35 万吨/年。丙烷原料价格对生产成本影响较大，只有当丙烯与丙烷的长期平均最小价差大于 200 美元/吨时，工厂才能有较好的利润。中东地区丙烷资源丰富、价格稳定，有利于建设丙烷脱氢厂。

5. 甲醇制烯烃技术（MTO）

在原油价格攀升，天然气或煤炭资源相对丰富的情况下，以天然气或煤为原料生产甲醇，再以甲醇生产烯烃（MTO 工艺）或以甲醇生产丙烯（MTP 工艺）的技术越来越受关注。目前比较成熟的技术主要有 UOP/Hydro 公司的 MTO 工艺和 Lurgi 公司的 MTP 工艺。

MTO、MTP 工艺可作为以石油为原料生产烯烃的替代或补充，与原油和石脑油价格相比，天然气价格相对独立，因此利用 MTO 技术有利于改善原料成本结构，这对于原油资源日益紧张的我国非常有意义。

现有的百万吨级甲醇生产技术以及较低的生产成本为 MTO 装置建设创造了良好条件。甲醇生产厂一般建在天然气产地，而 MTO 装置可以与甲醇厂一体化建设，也可以靠近烯烃衍生物生产厂建设。我国石化企业可以通过购进甲醇，在现有石脑油裂解厂建设 MTO 装置，这样能降低投资和运行费用。目前国内有多家企业和研究机构在开发 MTO 和 MTP 技术，但多处于小试和中试阶段。

6. 烯烃生产技术的最新进展

过去几年里增产丙烯技术取得了重大进展，这些技术各具特色，但也存在一些不足之处，为取长补短，这些技术出现了多种应用组合，导致了工艺性能的重大改进。

烯烃裂解技术与 PetroFCC 技术组合。传统的 FCC 装置每产出 1t 丙烯和乙烯（主要为丙烯），要产出 18t C_{4+} 产品，PetroFCC 技术有了明显进步，每产出 1t 丙烯和乙烯，仅产出 2.4t C_{4+} 产品。但 PetroFCC 技术与 OCP 技术联用，可将 C_{4+} 烯烃进一步转化为乙烯和丙烯，使得每产出 1t 乙烯和丙烯仅产出 1.3t C_{4+} 产品。一套 2.50M 吨/年 PetroFCC 装置与

OCP、芳烃装置联合，可生产 70 万吨/年丙烯、20 万吨/年乙烯、25 万吨/年 BTX。

烯烃裂解技术与石脑油蒸汽裂解技术组合。烯烃裂解装置（如 OCP 技术）的进料可以是石脑油裂解、FCC、焦化、MTO 等副产的 $C_4 \sim C_8$ 烯烃混合物，而且烯烃裂解产生的 $C_4 \sim C_8$ 蒸汽可以进裂解炉进一步反应。OCP 装置每生产 1t 丙烯可联产 0.25t 乙烯，当它与石脑油蒸汽裂解装置一体化建设，能大大降低投资和运行费用，减少 C_{4+} 副产，多产 30％的丙烯。

烯烃裂解技术与 MTO 组合。MTO 的特点是每生产 1 乙烯和丙烯，仅产出 0.2t C_{4+} 副产品，如果再增加一套 OCP 装置转化较重的烯烃，乙烯与丙烯收率可提高 20％，达到 85％～90％，丙烯与乙烯产量比增至 1.75，C_{4+} 副产品几乎减少 80％。通过优化 MTO 催化剂和 MTO 与烯烃裂解工艺的结合，丙烯与乙烯比可达到 2.0 以上。

丙烯生产必须考虑原料价格、副产利用、现有装置的使用、丙烯衍生物的生产等问题。今后，新建乙烯装置联产及炼厂副产仍将是新增丙烯主要来源，炼厂副产丙烯，特别是以重质油为原料，通过 FCC 工艺改进生产丙烯的比重将增大。

由于一些大型甲醇生产装置的陆续建成，甲醇制丙烯（MTP）有可能成为第三种稳定的丙烯来源。受原料价格影响，预计多数丙烷脱氢制丙烯生产装置将在中东建设。烯烃歧化反应需消耗乙烯，发展受到一定制约。

我国炼油企业，基本都建有副产丙烯的回收装置和丙烯衍生物生产装置；炼油化工一体化企业，既有炼油部分，又有蒸汽裂解制乙烯部分，还有加工副产丙烯的成套装置，因此组合应用 FCC 工艺多产丙烯、烯烃裂解工艺生产丙烯等技术，具有良好的应用基础，今后必将会得以重点发展。

随着国内一系列百万吨级大型乙烯生产装置的建设，副产 C_4 和 C_5 资源将越来越丰富，这将为烯烃裂解装置建设提供良好的物质基础，但国内自主研发的技术尚需加快工业化进程。

三、丙烯生产技术的发展

虽然丙烷脱氢工艺工业化已有十多年，由于丙烷原料价高而丙烯产品价廉，且工艺投资成本高而受到限制。随着丙烯需求不断增长以及丙烷脱氢工艺技术的进步使丙烷脱氢制丙烯工艺有了新的市场前景。

据报道，全球丙烯产量 5500 万吨/年，而由丙烷脱氢和易位反应法生产的丙烯量仅占丙烯产量的 2％～3％，大约 69％的丙烯为乙烯裂解副产，其余部分为炼油厂催化裂化工艺所生产。由于新建乙烯或 FCC 产能主要依赖乙烯或汽油需求增速，所以传统的丙烯供需差额将不断扩大，为丙烷脱氢工艺的发展提供了机会。

中东地区新建乙烯大多以乙烷为原料，其丙烯产出量仅为 2％，而石脑油裂解装置丙烯产量为 33％，柴油裂解装置丙烯产出量占 39％，据 Chem Systems 分析，未来丙烯供应短缺还将加剧。

丙烷脱氢要求低廉的丙烷原料价格方可获得经济效益，据测算，丙烷约占丙烷脱氢制丙烯总成本的 2/3，因此，未来丙烷脱氢项目将主要集中在中东地区，特别是沙特阿拉伯。目前，沙特在建的丙烷脱氢项目有 4 个，其中由沙特国家石化工业公司与 Basell 合资（合资比 75：25）的沙特聚烯烃公司建于 Al Jubail 的 45 万吨/年丙烷脱氢装置于 2004 年初投产，为世界最大同类装置，采用 Lummus 的 Catafin 工艺技术。最近，Basell 还与 A. H. Al-Zamil 集团签订谅解备忘录，将采用 UOP 的 Oleflex 工艺技术建设一套 45 万吨/年丙烷脱氢和聚丙烯装置，投资额 5.5 亿美元，按计划将在 2007 年投产。第 3 个项目是沙特国家聚丙烯公司考虑采用 Catafin 工艺建设一套 45 万吨/年丙烷脱氢及下游聚丙烯装置。此外，Alujain 公司最近授予鲁奇公司建设合同，将采用 UOP 的 Oleflex 工艺技术在 Yanbu 新建一套 42 万吨/年丙烷脱氢和聚丙烯装置。

另一方面，由于工艺技术进步也使丙烷脱氢项目的基建投资和操作费用大幅降低，据 UOP 介绍，使用第一代的 Oleflex 工艺技术在泰国建设的 10 万吨/年丙烷脱氢装置基建投资为 1000 美元/吨丙烯，而到西班牙 Tarragona 的 PropanChem35 万吨/年丙烷脱氢装置建设时，基建成本已降至 650 美元/吨丙烯。更主要的是脱氢催化剂的改进，新型催化剂可以在不增加基建投资的情况下扩大生产规模，如 UOP 及伍德公司的铂基催化剂、Lummus 公司的铬基催化剂。

四、丙烯生产的工艺路线选择

丙烷催化脱氢制丙烯比烃类蒸气裂解能产生更多的丙烯。当用蒸气裂解生产丙烯时，丙烯收率最多只有 33%，而用催化脱氢法生产丙烯，总收率可达 80% 以上，催化脱氢的设备投资比烃类蒸气裂解低 33%，并且采用催化脱氢的方法，能有效地利用液化石油气资源使之转变为有用的烯烃。

丙烷脱氢技术用于增产丙烯，一套装置只生产丙烯一种产品，因此可以直接用于生产丙烯衍生物，如聚丙烯、丙烯酸等。

丙烷催化脱氢的选择性较高，其缺点是要耗费大量的能量。若能把催化脱氢和氧化脱氢的优点结合起来，设计双功能型催化剂。在催化脱氢体系引入少量氧，氧在活化丙烷的同时实现对氢气高选择性氧化，实现化学平衡移动的同时自身提供热量。这个过程可能打破脱氢反应热力学限制，同时解决氧化脱氢反应在高烷烃转化率下的低碳烯烃选择性问题。

任务二　丙烯生产的工艺流程组织

一、丙烷脱氢制丙烯的工艺原理

1. 化学反应

（1）主反应

$$C_3H_8 \Longrightarrow C_3H_6 + H_2 \qquad \Delta H = 124kJ/mol$$

反应特点：强吸热反应，气体体积增大的反应，可逆反应。

（2）副反应　丙烷脱氢时可能发生的副反应有平行的，也有连串的。

① 平行副反应。主要是裂解反应。烃类分子中的 C—C 键断裂，生成分子量较小的烷烃和烯烃。

$$C_3H_8 \longrightarrow CH_4 + C_2H_4$$

丙烷在高温作用下 C—C 键断裂的裂解反应在热力学上比 C—H 键断裂的脱氢反应显著有利，在动力学方面也占优势，故在高温下进行热脱氢得到的主要产物是裂解产物。要使反应向脱氢方向进行，必须改变动力学因素，使脱氢反应速率远大于裂解反应的速率，最主要是采用选择性良好的催化剂。

② 连串副反应。主要是产物的裂解、脱氢缩合或聚合生成焦油或焦。

2. 催化剂

要使在热力学上处于不利地位的烃类脱氢反应能在动力学上占绝对优势，就必须采用选择性良好的催化剂。

（1）脱氢催化剂的要求　一般加氢催化剂就可作为脱氢催化剂，但丙烷脱氢反应由于受到热力学限制，必须在较高的温度条件下进行，故使用的催化剂需能耐受高温。通常金属氧化物比金属具有更高的热稳定性，故丙烷脱氢反应均采用金属氧化物作催化剂。对于丙烷脱氢催化剂的要求有如下几个方面。

① 具有良好的活性和选择性。能有选择性地加快脱氢反应速率，对裂解反应、聚合反应等副反应没有或很少有催化作用。

② 热稳定性好，能耐受较高的操作温度。

③ 化学稳定性好。由于脱氢反应产物中有氢存在，要求所采用的金属氧化物催化剂能耐受还原气氛，不致被还原到金属态，并要求催化剂在大量水蒸气存在下长期操作不至于崩解，能保持足够强度。

④ 抗结焦性能好和容易再生。不容易在催化剂表面迅速发生焦沉积，结焦后可以用方便的方法再生，而不致引起不利的变化。

目前丙烷脱氢制丙烯工艺过程中使用的催化剂有铬系催化剂和铂系催化剂等。

（2）铬系催化剂　丙烷催化脱氢的铬系催化剂为 Cr_2O_3/Al_2O_3 催化剂。由于铬系催化剂稳定性差，且具有毒性，随着环境保护呼声的日益提高，开发低 Cr 含量的催化剂才有一定的前景。

（3）铂系催化剂　丙烷催化脱氢工艺也可采用贵金属 Pt 催化剂，Al_2O_3 负载 Pt-Sn 催化剂在丙烷脱氢中显示出良好的选择性和稳定性。

二、丙烷脱氢制丙烯的工艺流程

开发丙烷催化脱氢工艺成功的有 UOP 公司的 Oleflex 工艺、Lummus 公司的 Catofin 工艺、林德公司的 PDH 工艺、Snamprogetti 公司的流化床（FBD）工艺、Uhde 的蒸汽活化重整（STAR）工艺。目前丙烷脱氢制丙烯实现工业化的生产工艺是美国 UOP 公司的 Oleflex 工艺和美国 ABB Lummus Global 公司的 Catofin 工艺。两种丙烷脱氢制丙烯工艺大体相同，所不同的只是脱氢和催化剂再生部分。

1. Oleflex 工艺

UOP 公司的 Oleflex 工艺是 20 世纪 80 年代开发的，1990 年首先在泰国实现了工业化，1997 年 4 月韩国投产 25 万吨/年丙烯的联合装置采用第二代 Oleflex 技术。目前，全世界 Oleflex 丙烷脱氢制丙烯总生产能力达 250 万吨/年。

Oleflex 工艺流程图见图 6-2。利用富含丙烷的 LPG 作原料，在压力为 3.04MPa、温度为 525℃、铂催化剂作用下脱氢，经分离和精馏得到聚合级丙烯产品。Oleflex 采用移动床技术，由反应区、催化剂连续再生区、产品分离区和分馏区组成。丙烷单程转化率为35%～40%，丙烯选择性为 84%，丙烯产率约为 85%，氢气产率约为 3.6%。该技术烯烃收率稳定，催化剂再生方法理想，催化剂使用寿命长，装填量少，但移动床技术复杂，投资和动力消耗较高。

（1）反应部分　丙烷原料与富含氢气的循环丙烷气混合，然后加热到反应器所需的进口温度并在高选择性铂催化剂作用下反应，生成丙烯。反应部分由径向流动式反应器、级间加热器和反应器原料-排放料热交换器组成。脱氢反应是吸热反应，通过对前一反应器的排放料再加热，脱氢反应继续进行，反应排放料离开最后一台反应器后，与混合原料进行热交

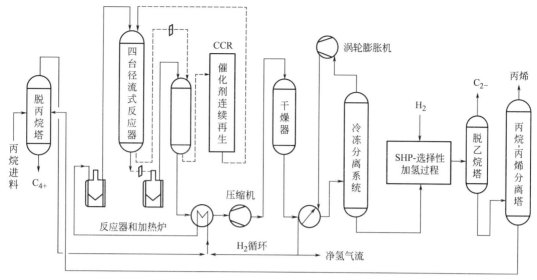

图 6-2 UOP 公司 Oleflex 工艺流程

换，送到产品回收部分。

（2）产品回收部分 反应器排放料（生成气）经冷却、压缩及干燥，然后被送到冷却箱；排放料在冷却箱内部分冷凝，离开冷却箱的气体分成两股：循环气和纯净气，纯净气是摩尔分数近 90％的氢气，杂质主要是甲烷和乙烷。在冷却箱中被冷凝的液体主要是丙烯和未反应丙烷的混合物，此液体被泵输送到下游精馏部分，在此回收丙烯和再循环的丙烷。

（3）再生部分 再生部分（见图 6-3）和应用在 Platforming 工艺中的 CCR 装置相似。CCR 再生部分具有四项主要功能：烧去催化剂的焦炭、铂催化剂的重新分配、移去额外的水分及将催化剂返回到还原状态（催化剂再生）。缓慢移动的催化剂床在通过反应器和再生器的环路中循环，常用的循环时间为 5～10 天。反应部分和再生部分互相独立设计，因此即使再生器停车，也不用中断反应器内催化脱氢反应过程。

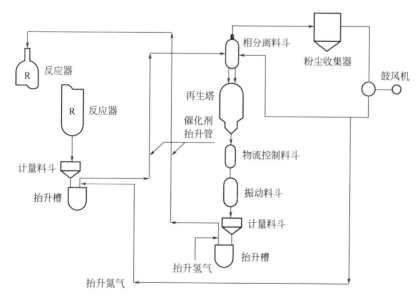

图 6-3 Oleflex 丙烷脱氢装置再生工艺流程图

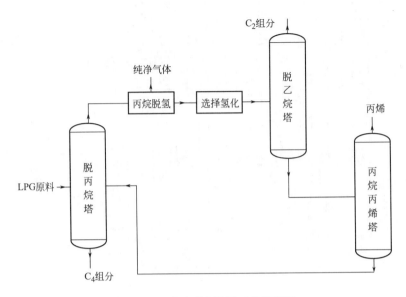

图 6-4　Oleflex 联合装置工艺流程图

　　图 6-4 显示了 Oleflex 联台装置工艺流程，该联合装置是将富含 C₃ 的液化石油气（LPG）原料转化成聚合级丙烯产品。富含 C₃ 的液化石油气（LPG）通常含有质量分数为 95%～98% 的丙烷以及一些乙烷、丁烷和微量戊烷，大多数富含 C₃ 的液化石油气（LPG）从天然气加工中得到，进料前需要预处理。

　　经预处理的富含 C₃ 的液化石油气（LPG）原料进入脱丙烷塔中，富含 C₃ 的液化石油气（LPG）中一些丁烷或较重组分从脱丙烷塔底部排出，脱丙烷塔塔顶馏出物送入 Oleflex 装置，生产出富含丙烯的液体产品和富含氢气的气体产品。纯净氢气可直接输出，浓缩成化学级产品，也可作为联合装置内的燃料。

　　来自 Oleflex 装置的液体产品送入选择氢化装置，除去二烯烃、乙炔。选择氢化工艺（SHP）装置由 1 台反应器组成，在液相状态下将二烯烃和乙炔还原成一元烯烃而不接着发生丙烯饱和反应，SHP 产品中二烯烃和乙炔混合物含量（质量分数）小于 5×10^{-6}。

　　SHP 产品送入脱乙烷塔，除去一些在 Oleflex 装置生成的或新鲜 C3LPG 含有的轻质尾气，以及溶解在 Oleflex 液体产品中或进入 SHP 装置的少量氢气。脱乙烷塔底部纯净的产品直接送到丙烷-丙烯（P-P）分离塔，在此把丙烯产品和未转化丙烷分开。在 P-P 分离塔底部的未转化丙烷经过 C₃LPG 原料脱丙烷塔循环到 Oleflex 装置。P-P 分离塔出来的丙烯产品纯度通常达 99.5%～99.8%。

　　Oleflex 工艺设计的主要特点是采用移动床反应器，反应均匀稳定，催化剂活性长久保持不变，催化剂再生时反应器不需要关闭或循环操作，同时连续补充催化剂。氢气为稀释剂，用于抑制结焦、抑制热裂解和作载热体维持脱氢反应温度。含有烃类的反应器部分和含有氧气的再生部分是一体化，但还安全地保持着分离。使用铂催化剂，具有高活性、高选择性和低磨损率，由于可靠和精确的 CCR 再生控制，Oleflex 催化剂具有很长的服务寿命并提供优良的产量稳定性。Oleflex 技术使用无铬（Cr）、无致癌催化剂。另外，为达最佳操作，Oleflex 工艺利用 UOP 的专利设备和系统，包括 PSAPOlybedTM 装置，按标准型设计的 CCR、UOP 锁定漏斗控制，MD 蒸馏塔盘、Hi-FluxTM 管道和工艺仪表测量设备控制（PLC）。它可以处理任何从气田来的 CLPG，也可以处理来自炼厂或者乙烯装置的 CLPG。

为了增强 Oleflex 工艺的竞争能力，UOP 公司进行了多次改进，主要集中在催化剂方面，已有 DeH-8、DeH-10、DeH-12 三代新催化剂工业化，DeH-12 催化剂在选择性和寿命较大的提高，铂含量比 DeH-10 少 25%，比 DeH-8 少 40%。使用新催化剂操作空速提高 20%，减小反应器尺寸，待再生催化剂上的焦含量低，可使再生器体积缩小 50%，可减少投资，降低成本。

2. Catofin 工艺

Catofin 工艺是 ABB Lummus 公司开发的 $C_3 \sim C_5$ 烷烃脱氢生产单烯烃技术。Catofin 的工艺流程图见图 6-5。目前，全世界有 10 家采用 Catofin 工艺生产烯烃，生产量超过 320 万吨/年。

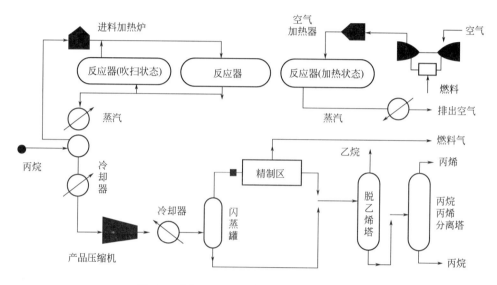

图 6-5　ABB Lummus 公司 Catofin 工艺流程

Catofin 工艺分为 4 个工段：丙烷脱氢制丙烯、反应器排放料的压缩、产品的回收和精制。采用铬/铝催化剂，固定床反应器，烃类/热空气循环方式操作，产品是单一的丙烯，采用多个反应器连续操作。烃类进入催化剂床层前，用热风预热，在 650℃、压力 0.05MPa 左右条件下进行反应。该技术丙烷的转化率≥90%，丙烯选择性超过 87%，Catofin 工艺丙烯产率是 1t 丙烯/1.18t 丙烷。

Catofin 工艺是通过铬-铝催化剂固定床将丙烷转化为丙烯，没有转化的丙烷循环使用，因此丙烯是单一产品。工艺操作条件为温度 650℃、压力 0.05MPa（绝压）左右，此时反应选择性、转化率和能耗均达到最佳状态，副反应与主反应同时发生，生成了一些轻质烃和高质烃，它们在催化剂上沉积并结焦。本工艺为在固定床反应器内发生的吸热反应，按循环方式操作使主物料实现连续不间断流动。在一个全循环中，要进行烃蒸气脱氢，反应器内用蒸汽清洗、空气吹扫、预热催化剂并烧掉少量沉积在催化剂上的结焦（基于催化剂的质量分数＜0.1），然后抽真空、复原，开始另一次循环。

（1）反应工段　在反应工段，丙烷通过催化剂床转化成丙烯。新鲜丙烷原料与来自产品分离塔塔底的丙烷再循环料和脱油塔塔顶馏出物合在一起作为反应器的进料原料。进料原料用蒸汽和热交换器加热汽化，热交换器的加热源为压缩和回收工段的加工物料。

汽化物料与反应器排放料在原料排放料热交换器中进行热交换后再次加热。加热后的汽化物料在进料加热炉中加热至反应温度，然后送至反应器。反应器的热排放料与反应器原料热交换后被冷却，送至装置的压缩工段。

反应器里，烃保持在 0.05MPa 的绝对压力。当系统仍在真空条件下时，用蒸汽彻底吹扫反应器，从而扫去催化剂和反应器内残余的烃并进入回收工段。

预热/再生空气由再生气涡轮机或空气压缩机提供，它们在进入反应器之前在空气加热器里预热。再生空气除了起到燃烧催化剂以清除结焦作用外，还用来恢复床体的温度至起始的操作条件。在再生期间，通过控制注入燃料气来补充热量，燃料气在催化剂床内燃烧。

当预热/再生完成后，反应器重新抽至真空状态，进入下一个操作周期。引入丙烷原料之前，将富氢燃料气引入反应器，在一个很短的时间里除去催化剂床所吸附的氧并加热，这个还原步骤因为减少了进料的氧化燃烧，从而降低了原料的损耗。

反应器系统由一连串平行反应器组成，并以循环方式操作，从而形成一些反应器正投入生产，而另一些反应器则正在预热/再生，还有一些反应器在抽真空、蒸汽吹扫、重新加压、催化剂还原或阀门变动，以便统筹提高生产效率。

烃和空气连续不断地通过整个装置循环，送到每一台反应器的原料是由液压操作阀控制，这些操作阀又由中心循环定时仪来执行操作。此液压操作阀是专门设计的，允许高频率操作且几乎不需维修。装有主阀执行器的密封阀，当主阀处于关闭位时，允许惰性气体密封阀盖。当物料一旦在阀楔与阀座之间有渗漏发生时，这些密封气体可防止加工物料间的混合，惰性气体多为 N_2 或 N_2 和 CO_2 的混合物。

（2）压缩工段　在该工段，反应器排放料被冷凝，然后压缩以适应回收工段的操作要求。对于每个阶段，选择压缩机以最佳压缩比运行，使气体保持在低温状态下以减少聚合物的形成。压缩机排放料蒸气被冷凝，产生的蒸气-冷凝物在低温回收闪蒸罐中被分离，而反应器排放料的冷凝物送至脱乙烷塔，未冷凝的反应器排放料蒸气则流到回收工段的低温回收装置中。

（3）回收工段　在回收工段中，除去冷凝的反应器排放料中的惰性气体、氢和轻质烃，丙烷、丙烯和重组分则送到精制工段。冷凝的反应器排放料被加以干燥并送到脱乙烷塔以除去轻质烃（甲烷、乙烷和惰性气体），未冷凝的反应器排放料流入低温回收装置，进一步冷凝并回收剩余的 C_3 组分和重质烃，然后将回收的 C_3 组分也送至脱乙烷塔。脱乙烷塔的作用是从含丙烷、丙烯和重质烃的物料里分离出乙烷和轻质烃，塔顶馏出物中未冷凝的蒸气送到燃料气集气管，而塔底液体组分则流至精制工段。

（4）精制工段　精制工段是用来回收高纯度丙烯产品并分离出丙烷和重质烃物料。

来自回收工段的脱乙烷塔塔底物料进入产品分离塔，塔顶馏出物是纯度质量分数为99.5%的丙烯，丙烯再经过除硫装置脱硫，得到的高纯度丙烯产品即可送到聚丙烯装置使用；产品分离塔塔底物则回流至反应工段作为再循环料使用。

Catofin 工艺技术的主要特点是，采用循环固定床反应器，使用非贵金属催化剂，对原材料杂质要求低，价格便宜，催化剂寿命为 2 年，无催化剂损失，由于具有最高的选择性，所以在新鲜原料中制备 1kg 丙烯产品仅消耗 1.15kg 的丙烷。由于 Catofin 的高转化率和最低的再循环率使设备尺寸减小和能量成本降低。最高的单程转化率（44%）和至少高出 2%的催化剂选择性使操作压力和温度最低。反应中没有氢的再循环，没有蒸气稀释，可以降低能耗和操作费用。低硫注入使金属钝化。低温回收区、产品精制、制冷系统设计特征为：串联丙烯和乙烯制冷系统，高效冷壳设计（coldbox）以最大限度地减少设备数和所需的制冷压缩电能，低压脱乙烷塔免去了进料泵，低压产品分离塔与丙烯制冷系统合并。在 Catofin

装置的设计中提供先进的工艺控制关键设备，包括：进料和空气加热炉、模式预报控制和培训模拟器（SIMCON），其中 SIMCON 能提供多种操作工培训模拟器，包括 MTBE 联合企业的常规，高真实、动力学模式。本装置缺点是催化剂反应装置多，为间歇操作装置，如进行反应和再生，至少需要两个反应器轮换操作，产品回收部分要加压操作，导致能耗增加，且催化剂寿命只有两年。

3. FBD 工艺

Snamprogetti 公司的 FBD 工艺是在俄罗斯开发的硫化床脱氢制异丁烯基础上发展起来的，其技术核心是反应器-再生系统，反应和再生是在硫化床中完成的，FBD 技术对俄罗斯一套 13 万吨/年异丁烯装置进行技术改造，还有 5 套异丁烷和丙烷脱氢项目选择该技术。

4. AG 技术

Linde 与 BASF 合作采用固定床反应器，Cr_2O_3-Al_2O_3 催化剂在 590℃、压力大于 0.1MPa 条件下操作，对 PDH 技术进行了 2 年多的测试，并在 Statoil 公司位于挪威 Mongstad 的炼厂进行了验证试验。采用 BASF 提供的 Pt-沸石催化剂对工艺进行改进后，单程转化率由 32% 提高至 50%，总转化率则由 91% 提高至 93%。PDH 技术具有产量高、装置体积小、基建要求低等特点。

5. STAR 工艺

STAR 工艺是由 Philips 石油公司开发，2000 年被 Uhde 收购并进行了改进。STAR 工艺采用固定床管式反应器和专有 Pt 和 Ca-Zn-Al_2O_3 为载体催化剂，在 500~640℃、0.1~0.2MPa、水蒸气存在条件下进行反应，轻质石蜡脱氢转变为烯烃。水蒸气的作用是降低反应物的分压、促进反应、减少催化剂表面积炭。专有 Pt 催化剂具有高的选择条件和单程转化率，丙烷脱氢过程的单程转化率为 30%~40%，丙烷生成丙烯的选择性为 85%~93%，丙烯收率约 80%。与其他丙烷脱氢工艺相比，STAR 工艺具有催化剂用量少、反应器体积小等优点。Uhde 公司已经对该工艺进行了验证试验。

表 6-1 列出了不同丙烷脱氢工艺技术的比较。

表 6-1 丙烷脱氢工艺技术比较

工艺名称	ABB Lummus Catofin	UOP Oleflex	Uhde STAR	Snamprogetti FBD	Linde AG
反应器	固定床	移动床	多管式固定床	流化床	多管式固定床
反应器结构	绝热	绝热	绝热	绝热	绝热
总反应器/个	5	3~4			
物料反应器/个	2	3~4			
反应温度/℃	650	525	500~640	550~600	590
反应压力/MPa	0.05	3.04	0.1~0.2	0.3	≥0.1
选择性/%	87	84	85~93	89	—
转化率/%	90(全)44(单)	35~40(单)	30~40(单)	40(单程)	32~50(单)93(全)
单耗	1.18	1.22	1.25		
催化剂	Cr_2O_3/Al_2O_3	$Pt-Sn/Al_2O_3$	贵金属/$Zn-Al_2O_3$	Cr_2O_3/Al_2O_3	$Pt/Ca-Zn-Al_2O_3$
催化剂寿命	2 年	4~5 年			
再生方式	切换,空气燃烧 15~30min	连续移出再生	切换,空气燃烧,反应 7h,再生 1h	连续移出再生流化床,空气燃烧	切换,空气燃烧,反应 6h,再生 3h
稀释	未稀释	H_2 稀释	H_2O 稀释	未稀释	未稀释
生产装置/套	4	11	1(在建)		

三、丙烷脱氢制丙烯的典型设备

丙烷脱氢制丙烯的典型设备有反应器、进料加热炉、空气压缩机以及液压控制阀等。新鲜丙烷原料与来自产品分离塔塔底的丙烷再循环料和脱油塔塔顶馏出物合在一起作为反应器的进料原料，进料原料用蒸汽和热交换器加热汽化，热交换器的加热源为压缩和回收工段的加工物料。汽化物料与反应器排放料在原料-排放料热交换器中进行热交换后再次加热。加热后的汽化物料在进料加热炉中加热至反应温度，然后送至反应器。反应器的热排放料与反应器原料热交换后被冷却，送至装置的压缩工段。

反应器系统由一连串平行反应器组成，并以循环方式操作，从而形成一些反应器正投入生产，而另一些反应器则正在预热/再生，还有一些反应器在抽真空、蒸汽吹扫、重新加压、催化剂还原或阀门变动，以便统筹提高生产效率。

烃和空气连续不断地通过整个装置循环，送到每一台反应器的原料是由液压操作阀控制，这些操作阀又由中心循环定时仪来执行操作。此液压操作阀是专门设计的，允许高频率操作且几乎不需维修。装有主阀执行器的密封阀，当主阀处于关闭位时，允许惰性气体密封阀盖。当物料一旦在阀楔与阀座之间有渗漏发生时，这些密封气体可防止加工物料间的混合，惰性气体多为 N_2 或 N_2 和 CO_2 的混合物。

四、丙烷脱氢制丙烯的操作条件

催化剂的活性和选择性是影响反应结果的重要因素，但不是唯一的因素。要催化剂发挥良好的作用，使转化率、选择性和能耗均能达到技术经济上合理的指标，操作参数的合理选择和控制也同样重要。丙烷脱氢工艺过程所要控制的主要操作参数有反应温度、反应压力、原料纯度和空速。

1. 反应温度

反应温度对丙烷脱氢工艺过程的影响体现在以下三个方面。一方面，反应温度升高有利于脱氢反应的平衡向正反应方向移动，也可以加快丙烷脱氢生成丙烯主反应的反应速率。另一方面，随着反应温度升高，活化能比丙烷脱氢主反应高的裂解等副反应的反应速率加快的幅度更大，结果是：随着温度升高，丙烷的转化率增大而选择性降低。另外，由于高温时产物聚合生焦的副反应也加速，使催化剂的失活速率加快，再生周期变短。

反应温度对丙烷脱氢过程影响的大小将随着催化剂的老化和活性而改变。在反应器热量平衡控制过程中，务必记住温度对积炭的影响。如果催化剂床未处在热平衡，并且床层温度逐渐增加，那么积炭的不成比例增加能导致床层温度以增长的速率上升，累积影响使温度失控。因此当注意到有增加床层温度的趋势时，应迅速做出调整来修正反应器热量平衡。

随着催化剂老化，催化剂的活性降低。为了维持生产，空气和烃进口温度会被逐渐增加。当达到温度极限时，燃料气将被注入到空气气流中来为催化剂床层提供所需的热量。这一步骤可以持续，直到在设备中达到燃料气的注入极限或者装置操作的经济效益需要更换催化剂。随着催化剂的持续老化，积炭的形成也将增多，为维持对催化剂床层温度的控制，燃料气注入量必须减少。反应器进料中少量氢气的存在会抑制焦炭形成，因此也会有助于稳定反应器温度。这个措施仅用在接近催化剂运行的末期，因为进料中氢气的存在也将减少丙烷的转化。

2. 反应压力

由于受到热力学因素的影响，降低操作压力和减小压力降对丙烷脱氢制丙烯的反应是有利的，而且选择性随压力的增加而降低。当在低分压操作时，通过脱氢制丙烯的经济效益更好。

在 Catofin 工艺中，低分压是通过产品气压缩机获得的，一般产品气压缩机给反应器提供的压力是 0.05MPa（绝）。随着操作压力的升高，焦炭产生量也在增加。因此，当引起反应器压力升高的情况发生时，如压缩机效率降低，应立即采取措施，通过降低空气和烃进口温度，或者如果必要，将反应器通过旁路切出，来降低操作的难度。当在高于正常反应压力下再生反应器内的催化剂时，也应该谨慎操作，因为更多的焦炭产生，可能造成床层温度控制上出现问题。

3. 原料纯度的影响

当新鲜进料的设计数量和组成确定时，装置的产品回收单元一达到稳定状态条件，循环的数量和组成就将达到平衡。操作人员需知道进料组成对产品分布和装置操作的影响，以便在装置操作上做出提前改变。

（1）丙烯　在正常操作范围内，丙烯浓度对产品收率的影响很小。增加进料中丙烯的含量会增加积炭的生成，因此，随着进料中丙烯的增加，可能会遇到床层温度控制困难，需要降低空气和烃进口温度或增加总进料流量来维持对床层温度的控制。

（2）进料稀释气体　流经反应器的一些物料，如乙烷、乙烯、异丁烷、异丁烯、丁烷、正丁烯和丁二烯，这些物料稀释了进料，没有起到有益的作用。这些物料对催化剂没有坏的影响，但是可以明显降低装置的丙烯生产能力。因此，这些物料在进料中的浓度应该被限定到尽可能低的值。高浓度的丁烷、正丁烯和丁二烯可能导致床层温度控制困难，因为这些物料在催化剂上比丙烷丙烯更容易转化为焦炭。

（3）积炭前驱体　进料中能生成焦炭的组分，如丁烷、正丁烯、丁二烯以及 C_5 以上的烃，被认为是焦炭的创造者。应限定它们的浓度，以避免床层温度控制困难。

4. 空速

每小时进入反应器的原料油量与反应器藏量之比称为空间速度，简称空速。如果进料量和藏量都以质量单位计算，称为质量空速；若以体积单位计算，则称为体积空速。

在移动床或流化床反应装置中，催化剂不断地在反应器和再生器之间循环，但是在任何时间，两器内部各自保持有一定的催化剂量，两器内经常保持的催化剂量称为藏量。在固定床反应器中，在分布板以上的催化剂量称为藏量。

$$质量空速 = \frac{总进料量（t/h）}{藏量（t）}$$

$$体积空速 = \frac{总进料量（m^3/h）}{藏量（m^3）}$$

计算体积空速时，进料量的体积是按 20℃时的液体流量计算。

空速以 20℃时的液体原料体积流量计算，它不等于在反应条件下的真正体积流量，而且，在反应的过程中由于组成发生变化，通过反应器各部分的反应物体积流量也不断地发生变化。因此，空速的倒数只能相对地反映反应时间的长短，而不可能是真正的反应时间。为了表示区别，称空速的倒数为假反应时间。

空速越大，则单位时间内装置处理的原料量越大，即装置的处理能力越大。随着空速增大，单位原料在反应器内催化剂床层表面的停留时间越短。

在低负荷条件下操作会导致空速的降低。一般来说，空速的增加对温度的增加有反作用。空速的增加会降低焦炭的产生。增加空速也能降低转化率，而且降低丙烯的瞬时产率。

如果进料流量突然降低，空速将急剧减少。这将大大增加焦炭的生产，进而可能导致床层温度难以控制。如果这一情况发生，要立即采取措施，通过降低丙烷和空气进口温度来缓解增加的操作难度。

当催化剂新鲜时，为了维持反应器内的稳定条件，可改变进料流量。活性强的催化剂对进料中的杂质和进料温度更敏感。脱氢反应主要发生在催化剂床层的上部，焦炭主要产生在床层的底部。可以将进料流量或液体体积空速连同温度一起作为变量，来抑制催化剂的高活性和避免可能导致超温或失控的情况。

任务三　丙烷脱氢制丙烯生产过程的操作与控制

一、丙烷脱氢制丙烯开车操作

（1）开车准备工作

① 在开车之前应检查所有设备、管线、仪表投用情况。蒸汽伴热投用，动设备密封水投用。

② 所有设备压力等级确认及现场压力测试完毕。

③ 管路的完整性和气密性检查完毕。

④ 管路的干燥、氮气置换完成。

⑤ 特殊设备、管线的化学处理工作完成（例如氧气管线及阀门的脱脂等）。

⑥ 所有原料、化学品及公用工程确认可用。

⑦ 转动设备的正确润滑。

⑧ 仪表及电气回路检查及 DCS 功能测试完成。

⑨ 设备、管线的安全阀至少一套在线。

⑩ 所有必要的文件准备齐全（例如盲板清单等）。

⑪ 液压系统通过油循环清洁可用。

⑫ 所有火焰检测系统和保护系统校验完毕并且投用。

⑬ 热力管线相关膨胀节及支架等确认。

（2）天然气压缩机系统置换并开车

① 用氮气置换天然气压缩机系统直到系统含氧小于 0.5%（体积分数）后，泄至微正压。

② 通天然气前再次确认系统含氧量，合格后用天然气将系统充压。

③ 检查机器具备启动条件后，在燃机准备启动前，启动天然气压缩机。

（3）产品分离塔系统置换。

（4）脱油塔系统置换并开车。

（5）锅炉水系统建立水循环。

（6）空气加热炉及反应器耐火砖干燥。

（7）催化剂的填装。

（8）催化剂升温。

（9）产品脱硫塔和产品干燥塔的催化剂填装。

（10）产品脱硫塔和产品干燥塔的催化剂再生。

（11）产品气压缩机的开车。

（12）冷区系统置换及开车。

（13）脱乙烷塔系统干燥、置换和开车。

（14）长循环系统开车。

（15）脱乙烷塔正常进量并建立温度梯度。

（16）增加反应器负荷和温度。

二、丙烷脱氢制丙烯正常停车操作

（1）反应器降温、降量。

（2）停丙烷进料。

（3）停产品气压缩机。

（4）停产品分离塔。

（5）将设备中残留液体送入火炬。

三、丙烷脱氢制丙烯的紧急停车操作

以工艺中需要紧急停车的典型故障来说明丙烷脱氢制丙烯装置的紧急停车操作。

1. 循环计时器故障

当循环计时器停止后，系统将显示"循环计时器停车"并且开始倒计时 5min，显示"倒计时结束后反应器旁路"。5min 后，系统将提示"反应器是否旁路？"如果选"否"，那么就会暂停，如果选"是"，系统将会自动运行下列步骤。

打开反应器物料旁路阀 20％～30％开度。计时器故障时，关闭所有反应器物料入口阀门，系统将自动记录下计时器故障的时间点。当反应器进入还原阶段时，关闭还原阀门。在反应器进入还原和/或抽真空时，关闭抽真空阀。系统将自动记录下计时器故障的时间点。关闭进入蒸汽吹扫阶段反应器蒸汽吹扫阀门，系统将会自动记录下故障时间。

关闭所有反应器注入气阀门。注入气管网将隔离。然后打开注入气喷射器吹扫阀门。停止注硫，停止注胺，系统提示内操"反应器是否抽真空？"，如果选择否，那么暂停，如果选择"是"，系统将执行下列步骤：选择反应时间最长的那台反应器抽真空。关闭单台反应器物料出口阀，打开单台反应器的抽真空阀门，将蒸汽加法计算器置零，打开单台反应器的蒸汽吹扫阀门，关闭蒸汽吹扫阀门。系统将提示"反应器吹扫完成"，关闭反应器的真空阀门，确认所有阀门都是关闭的，将"手动-关-自动"开关置于"关"位，系统将提示内操"请检查反应器所有阀门处于关位"。

当循环计时器正常，在空气温度低于故障时空气温度 30～50℃时，开始抽真空和空气阀门循环。调整物料温度低于故障时物料温度 30～50℃。当床层温度稳定后，将反应器置于正常操作。

2. 再生空气压缩机出现故障

当正在使用和备用的再生空气压缩机均发生故障时，系统紧急停车。

（1）循环计时器将会停止，系统提示"是否开启反应器旁路"，如果选"否"那么暂停，如果选"是"，那么将进行如下步骤：打开反应器物料旁路关闭正在反应阶段反应器物料入口阀。系统将自动记录故障时间。

（2）关闭所有打开的注入气的阀门。关闭处于还原步骤反应器的还原气阀门。关闭处于还原和/或抽真空的抽真空阀门。系统将会自动记录故障时间。

（3）关闭处于蒸汽吹扫步骤的吹扫蒸汽阀门。

（4）停止注硫；隔离注胺系统。

（5）关闭反应器物料出口阀。

（6）打开反应器抽真空阀门。

（7）打开单台反应器的蒸汽吹扫阀门，吹扫反应器。

（8）将反应器所有阀门都关闭。

任务四　丙烷脱氢制丙烯生产过程的 HSE 管理

一、危险因素分析

1. 氢气

在通常情况下，氢气是一种无色、无臭、无味的气体。不溶于水，不溶于乙醇、乙醚。液态氢通常称为"液氢"，有超导性质。

氢气是一种无色、无嗅、无毒、易燃易爆的气体，和氟、氯、氧、一氧化碳以及空气混合均有爆炸的危险，其中，氢与氟的混合物在低温和黑暗环境就能发生自发性爆炸，与氯的混合比为 1∶1 时，在光照下也可爆炸。氢由于无色无味，燃烧时火焰是透明的，因此其存在不易被感官发现，在许多情况下向氢气中加入乙硫醇，以便感官察觉，并可同时赋予火焰以颜色。氢虽无毒，在生理上对人体是惰性的，但若空气中氢含量增高，将引起缺氧性窒息。与所有低温液体一样，直接接触液氢将引起冻伤。液氢外溢并突然大面积蒸发还会造成环境缺氧，并有可能和空气一起形成爆炸混合物，引发燃烧爆炸事故。与空气混合能形成爆炸性混合物，遇热或明火即会发生爆炸。气体比空气轻，在室内使用和储存时，漏气上升滞留屋顶不易排出，遇火星会引起爆炸。氢气与氟、氯、溴等卤素会剧烈反应。

2. 丙烷

丙烷对人体有单纯性窒息及麻醉作用。人短暂接触 1％丙烷，不引起症状；10％以下的浓度，只引起轻度头晕；接触高浓度时可出现麻醉状态、意识丧失；极高浓度时可致窒息。

丙烷为易燃气体。与空气混合能形成爆炸性混合物，遇热源和明火有燃烧爆炸的危险。与氧化剂接触猛烈反应。气体比空气重，能在较低处扩散到相当远的地方，遇火源会着火回燃。

3. 丙烯

丙烯为单纯窒息剂及轻度麻醉剂。人吸入丙烯可引起意识丧失，当浓度为 15％时，需 30min；24％时，需 3min；35％～40％时，需 20s；40％以上时，仅需 6s，并引起呕吐。长期接触可引起头昏、乏力、全身不适、思维不集中。个别人胃肠道功能发生紊乱。

丙烯对环境有危害，对水体、土壤和大气可造成污染。

二、丙烷脱氢制丙烯生产过程中的安全生产防护

1. 氢气

氢气为易燃压缩气体。储存于阴凉、通风的仓库内。仓库内的温度不宜超过 30℃。远离火种、热源。防止阳光直射。应与氧气、压缩空气、卤素（氟、氯、溴）、氧化剂等分开存放。切忌混储混运。储存间内的照明、通风等设施应采用防爆型，开关设在仓外，配备相应品种和数量的消防器材。禁止使用易产生火花的机械设备工具。验收时要注意品名，注意验瓶日期，先进仓的先发用。搬运时轻装轻卸，防止钢瓶及附件破损。

如果发生氢气泄漏后的应急处理：迅速撤离泄漏污染区人员至上风处，并进行隔离，严格限制出入。切断火源。建议应急处理人员戴自给正压式呼吸器，穿消防防护服。尽可能切断泄漏源。合理通风，加速扩散。如有可能，将漏出气用排风机送至空旷地方或装设适当喷头烧掉。漏气容器要妥善处理，修复、检验后再用。灭火方法：切断气源。若不能立即切断气源，则不允许熄灭正在燃烧的气体。喷水冷却容器，可能的话将容器从火场移至空旷处。灭火剂：雾状水、泡沫、二氧化碳、干粉。

2. 丙烯

如果人体吸入了一定量的丙烯，应迅速脱离现场至空气新鲜处。保持呼吸道通畅。如呼吸困难，给输氧。如呼吸停止，立即进行人工呼吸。就医。

丙烯易燃，与空气混合能形成爆炸性混合物。遇热源和明火有燃烧爆炸的危险。与二氧化氮、四氧化二氮、氧化二氮等激烈化合，与其他氧化剂接触剧烈反应。气体比空气重，能在较低处扩散到相当远的地方，遇火源会着火回燃。

丙烯着火时应切断气源。若不能切断气源，则不允许熄灭泄漏处的火焰。喷水冷却容器，可能的话将容器从火场移至空旷处。可使用雾状水、泡沫、二氧化碳和干粉等作为丙烯的灭火剂。

如果发生了丙烯泄漏，应迅速撤离泄漏污染区人员至上风处，并进行隔离，严格限制出入。切断火源。建议应急处理人员戴自给正压式呼吸器，穿防静电工作服。尽可能切断泄漏源。用工业覆盖层或吸附/吸收剂盖住泄漏点附近的下水道等地方，防止气体进入。合理通风，加速扩散。喷雾状水稀释、溶解。构筑围堤或挖坑收容产生的大量废水。如有可能，将漏出气用排风机送至空旷地方或装设适当喷头烧掉。漏气容器要妥善处理，修复、检验后再用。

丙烯使用过程中应密闭操作，全面通风。操作人员必须经过专门培训，严格遵守操作规程。远离火种、热源，工作场所严禁吸烟。使用防爆型的通风系统和设备。防止气体泄漏到工作场所空气中。避免与氧化剂、酸类接触。在传送过程中，钢瓶和容器必须接地和跨接，防止产生静电。搬运时轻装轻卸，防止钢瓶及附件破损。配备相应品种和数量的消防器材及泄漏应急处理设备。

知识拓展

聚丙烯树脂

（一）聚丙烯树脂性质

聚丙烯（polypropylene）是丙烯的聚合物，英文缩写为PP。熔融温度约174℃，密度为 $0.91g/cm^3$。它具有强度高、硬度大、耐磨、耐弯曲疲劳、耐热温度达120℃、耐湿和耐化学性优良、容易加工成型、价格低廉而应用广泛的通用高分子材料。但具有低温韧性差，不耐老化等缺点。近年来可以通过共聚和共混等方法进行改进其性能。

聚丙烯可用注射、挤出、吹塑、层压、熔纺等工艺成型，也可双向拉伸。被广泛用于制造容器、管道、包装材料、薄膜和纤维，也常用增强方法获得性能优良的工程塑料。大量应用于汽车、建筑、化工、医疗器具、农业和家庭用品方面。聚丙烯纤维的中国商品名为丙纶。强度与耐纶相仿而价格低廉，用于织造地毯、滤布、缆绳、编织袋等。

（二）聚丙烯树脂分类

按聚丙烯分子中甲基（—CH_3）的空间位置不同分为等规、间规和无规三类。

等规聚丙烯又称全同立构聚丙烯，英文缩写为 IPP。从立体化学来看，IPP 分子中每个含甲基（—CH₃）的碳原子都有相同的构型，即如果把主链拉伸（实际呈线团状），使主链的碳原子排列在主平面内，则所有的甲基（—CH₃）都排列在主平面的同一侧。我国各石化企业生产的均聚聚丙烯都属于等规聚丙烯。

间规聚丙烯，英文缩写为 SPP。从立体化学来看，SPP 分子中含有甲基（—CH₃）的碳原子分为两种不同构型且交替排列，如把主链拉伸，使主链的碳原子排列在主平面内，则所有的甲基（—CH₃）交替排列在主平面的两侧。SPP 是高弹性的热塑性塑料，有良好的拉伸强度，它可以像乙丙橡胶那样进行硫化成为弹性体，力学性能优于一般不饱和橡胶。

无规聚丙烯，英文缩写为 APP。从立体化学来看，APP 主链上所连甲基（—CH₃）在主平面上下两方呈无规则排列。APP 曾是碳酸钙填充母料的载体树脂的主要原料，其原因是它作为 IPP 生产过程中的副产物，价格较为低廉，当初作为技术输出的外国公司认为它没有应用价值，通常将其焚烧处理，是我国的科技人员将其用于制作碳酸钙填充母料。在 20 世纪 80 年代初期，APP 母料曾红极一时，为当时合成树脂原料奇缺的塑料工业带来巨大经济效益。后来北京燕山石化进行了技术改造，改变了聚丙烯生产工艺，使得副产物 APP 的来源枯竭，碳酸钙填充母料用的载体树脂转向其他高分子材料。但 APP 作为一种聚合物，仍然有其自己的独特之处，至今仍有一些进口的 APP 在许多领域使用，这些 APP 已不再是 IPP 生产过程中的副产物，而是特殊工艺制造出的真正意义上的无规聚丙烯。纯 APP 为典型的非晶态高分子材料，内聚力较小，玻璃化温度低，常温下呈橡胶状态，而高于 50℃ 时即可缓慢流动。

（三）聚丙烯树脂的材料性能

1. 物理性能

一般地说，无规 PP 共聚物比 PP 均聚物的挠曲性好而刚性低。它们在温度降至 32℉ 时，还能保持适中的冲击强度，而当温度降至 −4℉ 时，用途就有限了。共聚物的弯曲模量（1% 应变时的割线模量）在 483~1034MPa 范围内，而均聚物则在 1034~1379MPa 范围内。PP 共聚物材料的分子量对刚性的影响不如 PP 均聚物的大。

2. 耐化学性能

无规 PP 共聚物对酸、碱、醇、低沸点碳氢化合物溶剂及许多有机化学品的作用有很强的抵抗力。室温下，PP 共聚物基本不溶于大多数有机溶剂。而且，当暴露在肥皂、皂碱液、水性试剂和醇类中时，它们不像其他许多聚合物那样会发生环境应力断裂损坏。当与某些化学品接触时，特别是液体烃、氯代有机物和强氧化剂，能引起表面裂纹或溶胀。非极性化合物一般比极性化合物更容易为聚丙烯所吸收。

3. 阻隔性能

PP 共聚物和均聚物都有很低的水蒸气渗透率。这些性质可以通过定向加以改进。拉伸吹塑型聚丙烯瓶子已把抗水蒸气渗透性能改进至 0.3，氧气渗透率到 2500。

4. 电性能

一般地，聚丙烯有很好的电性能，包括：高介电强度，低介电常数和低损耗因子。其中，电力应用一般选择均聚物。

（四）聚丙烯树脂的生产方法

聚丙烯的生产方法如果按聚合反应相态来分，主要有 4 种，即溶液法、溶剂淤浆法、液相本体法和气相法。

1. 溶液法

溶液法是早期的生产方法，丙烯在 160～170℃、聚合压力在 2.8～7.0MPa 下进行聚合反应，聚合反应生成的 PP 溶解在溶剂中，PP 冷却后方能析出，用离心分离机分离出 PP 和溶剂，再从溶剂中除去催化剂残渣和无规物。这种方法容易控制 PP 的分子量和分子量分布，但是需要采用高温和较高的压力，反应设备费用高、工艺流程长、无规物多、生产成本高，所以现在很少采用。

2. 溶剂淤浆法

溶剂淤浆法工艺可以分为常规催化剂淤浆法和高效催化剂淤浆法两种。早期的溶剂淤浆法工艺是采用常规催化剂，用溶剂作稀释剂，采用 C_6～C_7 脂肪烃，丙烯在 60～80℃、1～2MPa 下进行聚合反应，生成的 PP 悬浮在稀释剂中，聚合反应在带有搅拌机和冷却装置的釜式反应器中进行。工艺需要除去未反应的单体，除去无规物和催化剂残渣，PP 需要进行干燥。

高效催化剂淤浆法工艺采用超高活性催化剂，无需除去无规物和催化剂残渣，因而简化了工艺流程，降低了生产成本。

3. 液相本体法

液相本体法无需烃类稀释剂，而是将丙烯单体本身作为稀释剂来使用，在 50～80℃、3.0～4.0MPa 和催化剂下进行聚合反应，聚合物淤浆则减压闪蒸，除去未反应的丙烯单体，采用高活性催化剂，无需脱灰和脱无规聚合物工艺，因而简化了生产工艺。

4. 气相法

PP 气相法工艺是 BASF 在 1969 年实现工业化的。由于采用反应器的种类不同，可以分为气相搅拌床法和气相流化床法。

气相搅拌床反应器内单体的流速保持在流态化速度以下，因而空速比气相流化床工艺高，而且向反应器加入液相丙烯时，能够吸收反应热后汽化，除去聚合热。

项目七 丙烯腈生产过程操作与控制

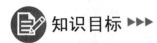 知识目标 ▶▶▶

1. 了解丙烯腈的性质与用途。
2. 了解丙烯腈的生产方法，理解各生产方法的优缺点。
3. 掌握氨氧化法制备丙烯腈的工艺原理、工艺流程和工艺条件。
4. 了解氨氧化法制备丙烯腈工艺过程中所用设备的作用、结构和特点。
5. 了解催化剂在氨氧化法制备丙烯腈工艺过程中的作用。
6. 了解氨氧化法制备丙烯腈的开停车操作步骤和事故处理方法。
7. 了解氨氧化法制备丙烯腈的 HSE 管理。

 能力目标 ▶▶▶

1. 能够通过分析比较各种丙烯腈生产方法，确定丙烯腈的生产路线。
2. 能识读并绘制带控制点的氨氧化法制备丙烯腈的工艺流程。
3. 能对氧氯化法生产氨氧化法制备丙烯腈的工艺过程进行转化率、收率、选择性等计算，通过给定的装置处理能力能进行装置的简单物料衡算。
4. 能对氨氧化法制备丙烯腈工艺过程进行工艺控制（包括工艺参数调节和开停车操作）。
5. 能根据原料性质和产品需求选择氨氧化法制备丙烯腈的催化剂。
6. 能对氨氧化法制备丙烯腈的工艺过程中可能出现的事故拟定事故处理预案。

任务一 丙烯腈生产的工艺路线选择

一、丙烯腈的性质与应用

1. 丙烯腈的性质

（1）物理性质 丙烯腈在常温下是无色透明液体，味甜，微臭，沸点 77.5℃，凝固点 −83.3℃，闪点 0℃，自燃点 481℃。可溶于有机溶剂如丙酮、苯、四氯化碳、乙醚和乙醇中，与水部分互溶，20℃时在水中的溶解度为 7.3%（质量分数），水在丙烯腈中的溶解度为 3.1%（质量分数）。其蒸气与空气形成爆炸混合物，爆炸极限为 3.05%～17.5%（体积分数）。丙烯腈和水、苯、四氯化碳、甲醇、异丙醇等会形成二元共沸混合物，和水的共沸点为 71℃，共沸物中丙烯腈的含量为 88%（质量分数），在有苯乙烯存在下，还能形成丙烯腈-苯乙烯-水三元共沸混合物。

丙烯腈剧毒，其毒性大约为氢氰酸毒性的十分之一，能灼伤皮肤，低浓度时刺激黏膜，长时间吸入其蒸气能引起恶心、呕吐、头晕、疲倦等，因此在生产、储存和运输中，应采取严格的安全防护措施，工作场所内丙烯腈允许浓度为 0.002mg/L。

（2）化学性质　丙烯腈分子中有双键$\left(\begin{smallmatrix}\diagdown\\ \diagup\end{smallmatrix}C=C\begin{smallmatrix}\diagup\\ \diagdown\end{smallmatrix}\right)$和氰基（—C≡N）两种不饱和键，化学性质很活泼，能发生聚合、加成、水解、醇解等反应。

聚合反应发生在丙烯腈的C=C双键上，纯丙烯腈在光的作用下就能自行聚合，所以在成品丙烯腈中，通常要加入少量阻聚剂，如对苯二酚甲基醚（阻聚剂 MEHQ）、对苯二酚、氯化亚铜和胺类化合物等。除自聚外，丙烯腈还能与苯乙烯、丁二烯、乙酸乙烯、氯乙烯、丙烯酰胺等中的一种或几种发生共聚反应，由此可制得各种合成纤维、合成橡胶、塑料、涂料和黏合剂等。

2. 丙烯腈的应用

丙烯腈是三大合成的重要单体，目前主要用它生产聚丙烯腈纤维（商品名叫"腈纶"）；其次用于生产 ABS 树脂（丙烯腈-丁二烯-苯乙烯的共聚物），和合成橡胶（丙烯腈-丁二烯共聚物）。丙烯腈水解所得的丙烯酸是合成丙烯酸树脂的单体。丙烯腈电解加氢，偶联制得的己二腈，是生产尼龙 66 的原料。其主要用途如图 7-1 所示。

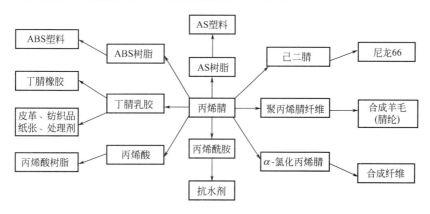

图 7-1　丙烯腈的主要用途

二、丙烯腈的主要生产方法

1960 年以前，丙烯腈的生产方法有四种。

1. 环氧乙烷法

1893 年在实验室以环氧乙烷与氢氰酸为原料，经两步反应合成丙烯腈，1930 年环氧乙烷法制备丙烯腈实现工业化。

$$H_2C\!-\!CH_2 + HCN \xrightarrow[50\sim60℃]{Na_2CO_3} \underset{OH\quad CN}{CH_2\!-\!CH_2} \xrightarrow[200\sim220℃]{NaCO_3} CH_2\!=\!CH\!-\!CN + H_2O$$

环氧乙烷法制备丙烯腈的生产技术容易掌握，产品纯度高，但原料不易得到，价格昂贵。

2. 乙醛法

$$CH_3CHO + HCN \xrightarrow[10\sim20℃]{NaOH} \underset{OH}{CH_3\!-\!CH\!-\!CN} \xrightarrow[600\sim700℃]{H_3PO_4} CH_2\!=\!CH\!-\!CN + H_2O$$

3. 乙炔法

$$CH\!\equiv\!CH + HCN \xrightarrow[80\sim90℃]{CuCl_2\text{-}NH_4Cl\text{-}HCl} CH_2\!=\!CH\!-\!CN$$

1952 年以后世界各国相继建立了乙炔与氢氰酸合成丙烯腈的工厂。本方法比上两法技术先进、工艺过程简单，但丙烯腈分离提纯较为困难，需大量电能生产电石。虽然这一方法曾被世界各国普遍采用，但生产发展受到地区资源的限制。

由于以上生产方法原料贵，需用剧毒的 HCN 为原料引进—CN 基，生产成本高。限制了丙烯腈生产的发展。

1959 年开发成功了丙烯氨氧化一步合成丙烯腈的新方法。

4. 丙烯胺氧化法合成丙烯腈

该法具有原料价廉易得、工艺流程简单、设备投资少、产品质量高、生产成本低等许多优点，使其 1960 年就在工业生产上应用，很快取代了乙炔法，迅速推动了丙烯腈生产的发展，成为世界各国生产丙烯腈的主要方法。

三、丙烯腈生产技术的发展

丙烯氨氧化法技术（又称 Sohio 法），经过近四十年的发展，技术日趋成熟。多年来，在整体工艺上没有重大改变，而以新型催化剂的开发为中心，开展节能、降耗的工艺技术改造，从而提高产品收率。目前主要技术改进集中在催化剂、流化床反应器以及节能降耗等方面。

1. 催化剂的研制

催化剂是丙烯腈合成的关键，许多公司都着重于高性能催化剂的开发，以提高催化剂的性能与活性，以使最终提高丙烯腈的收率。目前居于世界领先水平的催化剂有美国 INEOS/BP 公司 C-49MC、旭化成工业公司的 S-催化剂、日东化学的 NS-733D、Solutia 公司的 MAC-3 及上海石油化工研究院（SRIPT）的 MB-98、SAC-2000 等。近期，上海石化股份公司研制的 CTA5 低氧比催化剂也具有很好应用前景。这些催化剂的共同特点是制作简单、活性高、高烃/空气比、反应温度降低、氨转化率高、产品收率高等特点。

近年来报道的新一代催化剂，用 Mo、Bi、Fe、Co 等数十种金属混合氧化物，以 50％的硅土为载体，反应温度为 435℃，丙烯转化率达到 96.4％，丙烯腈转化率为 80.2％。旭化成也介绍以 50％α-低铝氧化硅为载体的金属氧化物催化剂，丙烯腈收率可达到 84.3％。

目前国内主要采用 MB-82 和 MB-86，特别是 M-86 达到国际水平，与最新的 C-49MC 相当。

目前主要通过丙烯氨氧化制备丙烯腈，采用促进作用的 Fe-Bi-Mo-O 或者促进作用的 Fe-Sb-O。近年来，锡/锑/氧催化系统在烯丙基氧化和氨氧化中作为催化剂进行了广泛研究。

近年来，一些公司开始着手研究丙烷氨氧化法制备丙烯腈。其中一个直接氨氧化烷烃的催化剂系统是锑/钒/氧。

目前最有潜力的系统为 Mo-V-Nb-Te-氧化物催化系统，具有 62％的丙烯腈产率。

2. 工艺过程的改进

尽管丙烯氨氧化法技术成熟可靠，但是人们不断寻求更经济、更合理的合成技术。

以 BP、三菱化成公司为代表的主要丙烯腈生产商开始了以丙烷为原料的开发研究工作。主要合成工艺有两种。

（1）BP 公司开发的丙烷直接氨氧化法是在特定的催化剂下，以纯氧为氧化剂，同时进行丙烷氧化脱氢和丙烯氨氧化法反应。

（2）BOC 与三菱化成公司开发的独特的循环工艺，主要是丙烷氧化脱氢后生成丙烯，然后再以常规氨氧化法生产丙烯腈，其主要特点是采用选择性烃的吸附分离体系的循环工艺，可将循环物流中的惰性气体和碳氧化物选择性除去，原料丙烷和丙烯100％的回收，从而降低了生产成本。尽管丙烷法较丙烯氨氧化法总投资高，但是由于丙烷价格比丙烯价格低，因此从成本上看丙烷法比丙烯法低得多，有关资料介绍丙烷法有望比丙烯氨氧化法降低30％的生产成本。

对流化床反应器的改进主要集中在气体分布、旋风分离器、催化剂补加方式等方面。我国目前也自行开发出具有国际先进水平的新型流化床布气系统、PV 型旋风分离器等。

在节能降耗方面包括萃取塔侧线出料、提高脱氰塔的分离效率、增设废热锅炉等。

为了适应环保要求，废液处理开发了深井处理、湿空气氧化、硫酸铵分离与生物处理等方法，如利用湿氧化法，将含氮化合物（如乙腈等）以亚硝酸盐/硝酸盐与氨的形式析出，调整亚硝酸盐/硝酸盐与氨的比例，生成硝酸铵，通过热脱氮的方式，将氮气排入空气，氧气回收，净化水对环境无任何影响。

四、丙烯腈生产的工艺路线选择

目前，全球95％以上的丙烯腈生产都采用美国 BP 公司（现为 BP-AMOCO 公司）开创并发展的丙烯氨氧化法技术（又称 Sohio 法），该技术以丙烯和氨气为原料，通过氧化生产丙烯腈，副产乙腈和氢氰酸。该法原料易得、工序简单、操作稳定、产品精制方便，经过近四十年的发展，技术日趋成熟。目前主要技术改进集中在催化剂、流化床反应器以及节能降耗等方面。

以美国 BP 公司、日本三菱化成公司为代表的主要丙烯腈生产商开始了以丙烷为原料的生产丙烯腈的技术开发工作。该技术主要合成工艺有两种：一是 BP 公司开发的丙烷直接氨氧化法，在特定的催化剂下，以纯氧为氧化剂，同时进行丙烷氧化脱氢和丙烯氨氧化法反应；二是 BOC 与三菱化成公司开发的独特循环工艺，主要是丙烷氧化脱氢后生成丙烯，然后再以常规氨氧化法生产丙烯腈，其主要特点是采用选择性烃的吸附分离体系的循环工艺，可将循环物流中的惰性气体和碳氧化物选择性除去，原料丙烷和丙烯100％回收，从而降低了生产成本。

尽管丙烷法较丙烯氨氧化法的总投资高，但是由于丙烷价格比丙烯价格低一半，因此单从原料成本上看丙烷法比丙烯法更有前景，有关资料介绍丙烷法有望比丙烯氨氧化法降低30％的生产成本。尽管目前尚处于研究阶段，开发高效的催化剂是关键，但是由于丙烷价格低廉、容易得到，不久的将来丙烷氨氧化法法可望工业化生产，前景乐观。

尽管丙烷直接氨氧化法的成本相对较低，但工程化方面出现了两个主要问题：一是丙烷很难活化，需要苛刻的操作条件和活性及选择性和稳定性均很高的催化剂；二是丙烯腈的稳定性较丙烷差，在工艺条件下容易生成不需要的碳氧化物和氮氧化物。因此，丙烷氨氧化工艺工业化的关键在于开发出在适宜的反应条件下可使丙烷分子活化的高活性、高选择性催化剂，并增加其他具有商业价值的联产物产量。

目前，丙烷氨氧化工艺主要有：

（1）BP 公司开发的丙烷直接氨氧化工艺。以纯氧为氧化剂，在特制催化剂上，丙烷氧化脱氢的同时丙烯氨氧化生产丙烯腈。BP 公司的催化剂以锑酸钒为主体，化学式为 $VSB_xM_yO_z$，具有金红石型结构，其中"M"为 W、Te、Nb、Sn、Bi、Cu、Al 或 Ti 等助催化剂元素。

（2）BOC 与 MCC 公司开发的带丙烷循环的氨氧化工艺。首先丙烷氧化脱氢后生成丙烯，以常规氨氧化法生产丙烯腈。然后采用选择性丙烷吸附分离技术，将未反应丙烷循环，丙烷的单程转化率为 40%～60%，丙烯回收率为 100%，降低了生产成本。MCC 公司开发了以钼、钒、碲的氧化物为基础，其中含少量铌和锑的丙烷氧化脱氢催化剂。

（3）旭化成公司开发了丙烷固定床直接氨氧化法。将丙烷、氨和空气，通入装有专用催化剂的固定床中反应，在 410℃、0.1MPa、气体时空速率 0.33m/s 下，丙烷转化率为 91.0%，丙烯腈选择性为 65.5%，丙烯腈收率为 59.7%。

任务二　丙烯腈生产的工艺流程组织

一、丙烯腈生产的工艺原理

1. 丙烯氨氧化法生产丙烯腈的反应原理

主反应：

$$CH_2=CH-CH_3+NH_3+\frac{3}{2}O_2 \longrightarrow CH_2=CH-CN+3H_2O$$

丙烯、氨、氧在一定条件下发生反应，除生成丙烯腈外，尚有多种副产物生成。

副反应：

$$CH_2=CHCH_3+3NH_3+3O_2 \longrightarrow 3HCN+6H_2O$$

氢氰酸的生成量约占丙烯腈质量的 1/6。

$$CH_2=CHCH_3+\frac{3}{2}NH_3+\frac{3}{2}O_2 \longrightarrow \frac{3}{2}CH_3CN+3H_2O$$

乙腈的生成量约占丙烯腈质量的 1/7。

$$CH_2=CHCH_3+O_2 \longrightarrow CH_2=CHCHO+H_2O$$

丙烯醛的生成量约占丙烯腈质量的 1/100。

$$CH_2=CHCH_3+\frac{9}{2}O_2 \longrightarrow 3CO_2+3H_2O$$

二氧化碳的生成量约占丙烯腈质量的 1/4，它是产量最大的副产物。

上述副反应都是强放热反应，尤其是深度氧化反应。在反应过程中，副产物的生成，必然降低目的产物的收率。这不仅浪费了原料，而且使产物组成复杂化，给分离和精制带来困难，并影响产品质量。为了减少副反应，提高目的产物收率，除考虑工艺流程合理和设备强化外，关键在于选择适宜的催化剂，所采用的催化剂必须使主反应具有较低活化能，这样可以使反应在较低温度下进行，使热力学上更有利的深度氧化等副反应，在动力学上受到抑制。

2. 催化剂

工业上用于丙烯氨氧化反应的催化剂主要有两大类，一类是复合酸的盐类（钼系），如磷钼酸铋、磷钨酸铋等；另一类是重金属的氧化物或是几种金属氧化物的混合物（锑系），例如 Sb、Mo、Bi、V、W、Ce、U、Fe、Co、Ni、Te 的氧化物，或是 Sb-Sn 氧化物、Sb-U 氧化物等。

（1）钼系催化剂　工业上最早使用的是 P-Mo-Bi-O（C-A）催化剂，其代表组成为 $PBi_9Mo_{12}O_{52}$。其中 Mo 和 Bi 为催化剂的活性组分（主催化剂）。单一的 MoO_3 虽有一定的催化活性，但选择性差，单一的 BiO_3 对生成丙烯腈无催化活性，只有两者的组合才表现出较好的活性、选择性和稳定性。单独使用 P-Ce 时，对反应不能加速或极少加速，但当它们和 Mo-Bi 配合使用时，能改进 Mo-Bi 催化剂的性能。Bi 的作用是夺取丙烯中的氢，Mo 的作用是往丙烯中引入氧或氨，因而是一个双功能催化剂。P 是助催化剂，起提高催化剂选择性的作用，其用量一般在 5％以下。这种催化剂要求的反应温度较高（460～490℃），丙烯腈收率 60％左右。由于在原料气中需配入大量水蒸气（约为丙烯量的 3 倍），在反应温度下 Mo 和 Bi 因挥发损失严重，催化剂容易失活，而且不易再生，寿命较短，只在工业装置上使用了不足 10 年就被 C-21 和 C-41 等代替。

C-41 是七组分催化剂，可表示为 P-Mo-Bi-Fe-Co-Ni-K-O/SiO$_2$，是由德国 Knapsack 公司在 Mo-Bi 中引入 Fe 后再经改良研制而成的。中国兰州化学物理研究所曾对催化剂中各组分的作用作过研究，发现 Bi 是催化活性的关键组分，不含 Bi 的催化剂，丙烯腈的收率很低（6％～15％）；Fe 与 Bi 适当地配合不仅能增加丙烯腈的收率，而且有降低乙腈生成量的作用；Ni 和 Co 的加入主要起到抑制生成丙烯醛和乙醛的副反应的作用；K 的加入可改变催化剂表面的酸度，抑制深度氧化反应。根据实验结果，适宜的催化剂组成为：Fe$_3$Co$_{4.5}$Ni$_{2.5}$Bi$_1$Mo$_{12}$P$_{0.5}$K$_e$（$e=0\sim0.3$）。C-49 和 C-89 也为多组分催化剂。

（2）锑系催化剂　Sb 系催化剂在 20 世纪 60 年代中期用于工业生产，有 Sb-U-O、Sb-Sn-O 和 Sb-Fe-O 等。初期使用的 Sb-U-O 催化剂活性很好，丙烯转化率和丙烯腈收率都较高，但由于具有放射性，废催化剂处理困难，使用几年后已不采用。Sb-Fe-O 催化剂由日本化学公司开发成功，即牌号为 NB-733A 和 NB-733B 催化剂。据文献报道，催化剂中 Fe/Sb 比为 1∶1（体积分数），X 光衍射测试表明，催化剂的主体是 FeSbO$_4$，还有少量的 Sb$_2$O$_4$。工业运转结果表明，丙烯腈收率达 75％左右，副产乙腈生成量甚少，价格也比较便宜，添加 V、Mo 和 W 等可改善该催化剂的耐还原性。添加电负性大的元素，如 B、P 和 Te 等，可提高催化剂的选择性。为消除催化剂表面的不均匀的 Sb$_2$O$_4$ 白晶粒，可添加镁和铝等元素。

锑系催化剂的活性组分是 Sb 和 Fe，锑铁催化剂中的 α-Fe$_2$O$_3$。是活性很高的氧化催化剂，但选择性很差。据研究，在纯氧化铁催化剂上丙烯氨氧化结果是丙烯腈的收率只有 2.5％，而 CO$_2$ 的收率却高达 93％。纯氧化锑活性很低，但选择性良好，只有氧化铁和氧化锑的组合才表现出了优良的活性和选择性。锑系催化剂中 Sb^{5+} 和 Sb^{3+} 的循环是催化剂活性的关键。

我国目前采用的主要是第一类催化剂。钼系代表性的催化剂有美国 Sohio 公司的 C-41、C-49 及我国的 MB-82、MB-86。一般认为，其中 Mo-Bi 是主催化剂，P-Ce 是助催化剂，具有提高催化剂活性和延长催化剂寿命的作用。按质量计，Mo-Bi 占活性组分的大部分，单一的 MoO$_3$ 虽有一定的催化活性，但选择性差，单一的 BiO$_3$ 对生成丙烯腈无催化活性，只有二者的组合才表现出较好的活性、选择性和稳定性。单独使用 P-Ce 时，对反应不能加速或极少加速，但当它们和 Mo-Bi 配合使用时，能改进 Mo-Bi 催化剂的性能。一般来说，助催化剂的用量在 5％以下。载体的选择也很重要，由于反应是强放热，所以工业生产中采用流化床反应器。流化床反应器要求催化剂强度高，耐磨性能好，故采用粗孔微球型硅胶作为催化剂的载体。

二、氨氧化法生产丙烯腈的工艺流程

丙烯氨氧化生产丙烯腈的工艺过程可简单表示为图 7-2 所示。

工艺流程主要分三个部分：反应部分、回收部分和精制部分。各生产装置的工艺流程所

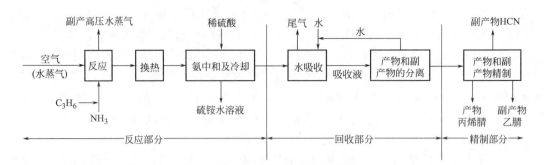

图 7-2 丙烯氨氧化生产丙烯腈的工艺流程框图

采用的反应器的型式各不相同，回收部分和精制部分流程也有较大差异，现对工业上采用较多的工艺流程组织分别讨论如下。

1. 反应部分的工艺流程

氨氧化反应是强放热反应，反应温度较高，工业上大多采用流化床反应器。丙烯氨氧化生产丙烯腈的反应部分的工艺流程如图 7-3(a) 所示。

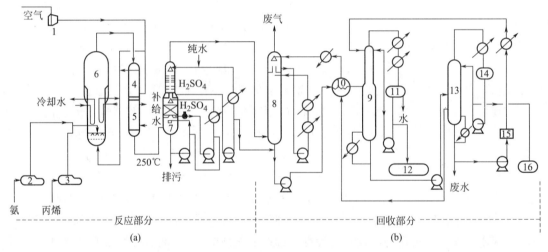

图 7-3 丙烯氨氧化制丙烯腈反应好回收部分的工艺流程

1—空气压缩机；2—氨蒸发器；3—丙烯蒸发器；4,10—热交换器；5—冷却管补给水加热器；
6—反应器；7—急冷器；8—水吸收塔；9—萃取塔；11—回流沉降槽；12—粗丙烯中间储槽；
13—乙腈解析塔；14—回流罐；15—过滤器；16—粗乙腈中间储槽

原料空气经过过滤器除去灰尘和杂质后，用透平压缩机加压到 250kPa 左右，在空气预热器中与反应器出口物料进行热交换，预热到 300℃ 左右，然后从流化床反应器底部经空气分布板进入流化床反应器。丙烯和氨分别来自丙烯蒸发器和氨蒸发器，先在管道中混合后，经分布管进入流化床反应器。丙烯和氨混合器的分布管设置在空气分布板上部。空气、丙烯和氨均需控制一定的流量已达到反应所要求达到的原料配比。

在流化床反应器内设置一定数量的 U 形冷却管，通入高压热水，借助于水的汽化从而移走反应器中反应所放出的反应热。反应温度的控制除了依靠使用的冷却管的管子数调节外，原料空气预热温度的控制也很重要。反应放出的热一部分被反应物料所带走，经过与原料空气换热和冷却管补给水换热得以回收利用；反应放出的热大部分由流化床反应器中的冷却系统所导出，产生高压过热水蒸气（2.8MPa 左右），作为空气透平压缩机的动力，高压过热水蒸气经透平压缩机利用其能量后，变成低压水蒸气（350kPa 左右），可作为回收和精制部分的热源。从反应器出来的物料的组成，因所用的催化剂不同、反应条件不同而不同。表 7-1 对反应产物的物料组成做一个举例。

表 7-1 反应产物的物料组成

组成	反应产物和副产物						未反应物质			惰性物质	
	丙烯腈	乙腈	HCN	丙烯醛	CO_2	CO	H_2O	C_3H_6	NH_3	O_2	N_2	C_3H_8
各物收率/%（摩尔分数）	73.1	1.8	7.2	1.9	8.4	5.2						
反应物料组成/%（摩尔分数）	5.85	0.22	1.73	0.15	2.01	1.25	24.90	0.19	0.20	1.10	61.8	0.6

从举例可以看出，在反应器的流出物料中，有少量未反应的氨，这些氨必须先除去，因为在氨存在下，在碱性介质中会发生一系列副反应：HCN 聚合、丙烯醛聚合、HCN 与丙烯醛加成为氰醇、HCN 与丙烯腈加成生成丁二腈。还会发生 NH_3 与丙烯腈反应生成 $H_2NCH_2CH_2CN$、$NH(CH_2CH_2CN)_2$ 和 $N(CH_2CH_2CN)_3$ 等，生成的聚合物会堵塞管道。各种加成反应会导致产物丙烯腈和副产物 HCN 的损失，使回收率降低。

为了避免在气相中发生聚合反应，反应气体产物经热交换后的温度不宜过低，因为气体中有氨存在时，温度低会促使聚合反应的发生，致使管道发生堵塞现象，一般应控制在 250℃ 左右。

目前除去氨的方法，工业上均采用硫酸中和法，硫酸浓度为 1.5%（质量分数）左右。中和过程也是反应物料的冷却过程，故氨中和塔也称为急冷塔。反应物料经急冷塔除去未反应的氨并冷却到 40℃ 左右后进入回收系统。

由于稀硫酸具有强腐蚀性，在急冷塔中循环液体的 pH 值不宜控制得太小，要求保持在 5.5~6.0。如果 pH 值过小则稀硫酸对设备的腐蚀性大；pH 值也不能太大，如果 pH 值过大，则会引起聚合和加成反应加剧。

2. 回收部分的工艺流程

在急冷塔中，反应器出来的反应物料中未反应的氨被脱除后，从急冷塔出来的混合物种产物丙烯腈的浓度很低，副产物乙腈和氢氰酸的浓度更低，反应产物中大量为惰性气体。这些产物和副产物的有关物理性质见表 7-2 所示。

表 7-2 产物和副产物的物理性质

性 质	丙烯腈	乙腈	氢氰酸	丙烯醛
沸点/℃	77.3	81.6	25.7	52.7
熔点/℃	−83.6	−41	−13.2	−8.7
共沸组成（质量比）	丙烯腈/水=88/12	乙腈/水=84/16	—	丙烯醛/水=97.4/2.6
共沸点/℃	71	76	—	52.4
在水中的溶解度/%（质量分数）	7.35(25℃)	互溶	互溶	20.8
水在该物质中的溶解度/%（质量分数）	3.1(25℃)			6.8

由表 7-2 可以看出，产物丙烯腈和副产物乙腈、氢氰酸和丙烯醛能与水部分互溶或互溶，而惰性气体、未反应的丙烯、氧以及副产物 CO_2 和 CO 不溶于水或在水中的溶解度很小，故工业上采用水作为吸收剂的吸收法将反应产物及副产物与其他气体分离，回收部分的流程见图 7-3(b) 所示。

回收部分的工艺流程主要由三塔构成：吸收塔（50 层塔板）、萃取精馏塔（70 层塔板）和乙腈解析塔。由急冷塔出来的反应物料进入吸收塔，用冷却至 $5\sim10℃$ 的冷水进行吸收分离。产物丙烯腈、副产物乙腈、氢氰酸、丙烯醛和丙酮等溶于水中，其他气体自塔顶排出，所排出的气体中要求丙烯腈和氢氰酸的含量均小于 20×10^{-6}。排出的尾气最好经过催化燃烧处理充分利用其热能后，再排放至大气。目前，工业上采用的是经高烟囱直接排放至高空，借大气流将有毒气体进行稀释已达到无害化程度。

增大压力可提高吸收效率，因吸收塔压力的升高会影响反应器的操作压力，故吸收塔压力的提高有其限度，即不影响氨氧化反应的选择性。

从吸收塔塔底排出的水吸收液含丙烯腈 $4\%\sim5\%$（质量分数），含其他有机副产物约 1%。由于从吸收液中回收产物和副产物的顺序和方法不同，流程的组织也不相同。基本上有两种流程：一种是将产物和副产物全部解吸出来，然后进行分离精制；另一种流程是先将产物丙烯腈和副产物氢氰酸解吸出来（称部分解吸法），然后分别进行精制。后一种流程获得产品丙烯腈的过程较简单，工业生产中大多采用此流程，图 7-3(b) 所示即为这种流程。

采用该流程首先要解决丙烯腈和乙腈的分离问题，它们的分离完全度不仅影响产品质量，也影响回收率。丙烯腈和乙腈的相对挥发度接近于 1，难以用一般精馏的方法分离，工业上采用萃取精馏法分离，以水作为萃取剂。萃取剂用的水量为进料中丙烯腈含量的 $8\sim10$倍。在萃取精馏塔的塔顶蒸出的是氢氰酸和丙烯腈与水的共沸物，乙腈残留在塔釜。副产物丙烯醛、丙酮等羰基化合物，虽然它们的沸点较低，它们能与 HCN 发生加成反应而生成氰醇，氰醇的沸点较高，丙烯醛主要以氰醇形式留在塔釜，只有极少量被蒸出。

由于丙烯腈和水部分互溶，蒸出的共沸物经冷凝冷却后分为水相和油相两相，水相回流至萃取精馏塔，油相为粗丙烯腈。

萃取精馏塔塔釜排出液（其中，乙腈含量仅 1% 左右或更低，并含有少量氢氰酸和氰醇，大量是水）送入乙腈解析塔进行解吸分离，以分出副产物粗乙腈和符合质量要求的水，水循环回水吸收塔和萃取精馏塔作为吸收剂和萃取剂使用，形成闭路循环。自乙腈解析塔排出的少量含氰废水送入污水处理装置。

3. 精制部分的工艺流程

回收部分得到的粗丙烯腈需要进一步分离精制以得到聚合级产品丙烯腈和所需纯度的副产物氢氰酸。

精制部分的工艺流程如图 7-4 所示。

精制部分的工艺流程由脱氢氰酸塔、氢氰酸精馏塔和丙烯腈精制塔这三个塔构成。从萃取精馏塔蒸出的粗丙烯腈含丙烯腈 80% 以上，氢氰酸 10% 左右，水 8% 左右，并含有微量其他杂质如丙烯醛、丙酮和氰醇等。由于各组分的沸点相差较大，可用精馏法精制。

从萃取精馏塔蒸出的粗丙烯腈先在氢氰酸塔中脱去氢氰酸，然后在丙烯腈精制塔中分离出水和高沸点杂质。丙烯腈精馏塔的塔顶蒸出的是丙烯腈和水的共沸物（含有少量丙烯醛、氢氰酸等杂质），经冷却冷凝和分层后，油层丙烯腈回流回丙烯腈精馏塔，水层分出。成品聚合级丙烯腈（丙烯腈含量 $>99.5\%$，水分含量 $0.25\%\sim0.45\%$，乙腈 $<300\times10^{-6}$，丙酮 $<150\times10^{-6}$，丙烯醛 $<15\times10^{-6}$，氢氰酸 $<5\times10^{-6}$）自塔上部侧线出料。为了防止丙烯腈聚合和氰醇的分解，丙烯腈精馏塔在减压下操作。

自脱氢氰酸塔蒸出的氢氰酸经氢氰酸精馏塔精馏，脱除溶于其中的不凝气体和分离出高沸点的丙烯腈，得到纯度为 99.5% 的氢氰酸。

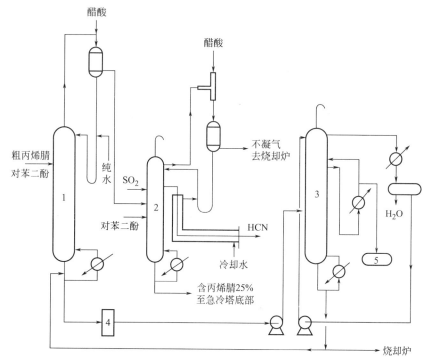

图 7-4　粗丙烯腈精制部分的工艺流程

1—脱氢氰酸塔；2—氢氰酸精馏塔；3—丙烯腈精制塔；4—过滤器；5—成品丙烯腈储槽

回收和精制部分所处理的物料丙烯腈、氢氰酸和丙烯醛等都易自聚，聚合物会使塔和塔釜发生堵塞现象，影响正常生产，处理这些物料时必须加入少量阻聚剂。由于聚合的机理不同，所用的阻聚剂的类型也不同。氢氰酸在酸性介质中易聚合，需加入酸性阻聚剂，由于在气相和液相中都能聚合，所以均需加入阻聚剂，一般气相阻聚剂用二氧化硫，液相阻聚剂用醋酸等。放氢氰酸的储槽中应加入磷酸作稳定剂。丙烯腈的阻聚剂可用对苯二酚或其他酚类，有少量水存在对丙烯腈也有阻聚作用。

三、氨氧化法制备丙烯腈的典型设备

丙烯氨氧化的反应装置多采用流化床反应器，其结构如图 7-5 所示。流化床反应器按其外形和作用分为三个部分，即床底段、反应段和扩大段。

床底段为反应器的下部，许多流化床的底部呈锥形，故又称锥形体，此部分有气体进料管、防爆孔、催化剂放出管和气体分布板等部件。床底段主要起原料气预分配的作用，气体分布板除使气体均匀分布外，还承载催化剂的堆积。

反应段是反应器中间的圆筒部分，其作用是为化学反应提供足够的反应空间，使化学反应进行完全。催化剂受气体的吹动而呈流化状，主要集中在这一部分，催化剂粒子的聚

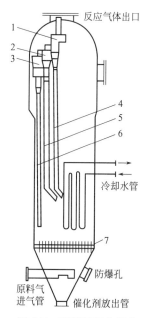

图 7-5　丙烯氨氧化流化
床反应器结构图

1—第一级旋风分离器；2—第二级
旋风分离器；3—第三级旋风分离器；
4—三级料腿；5—二级料腿；
6—一级料腿；7—气体分布板

集密度最大，故又称浓相段。为排出反应放出的热量，在浓相段设置一定数量的垂直 U 形管，管中通入高压软水，利用水的汽化带出反应热，产生的蒸汽可作能源。

扩大段是指反应器上部比反应段直径稍大的部分，其中安装了串联成二级或三级的旋风分离器，它的主要作用是回收气体离开反应段时带出的一部分催化剂。在扩大段中催化剂的聚集密度较小，故也称为稀相段。

四、氨氧化法生产丙烯腈的操作条件

1. 原料纯度

原料丙烯是从烃类裂解气或催化裂化气分离得到，其中可能含有的杂质是碳二、丙烷和碳四，也可能有硫化物存在。丙烷和其他烷烃对反应没有影响，它们的存在只是稀释了浓度，实际上含丙烯 50％ 的丙烯-丙烷馏分也可作原料使用。乙烯在氨氧化反应中不如丙烯活泼，因其没有活泼的 α-H，一般情况下，少量乙烯存在对反应无不利影响。但丁烯或更高级烯烃的存在会给反应带来不利，因为丁烯或更高级烯烃比丙烯易氧化，会消耗原料中的氧，甚至造成缺氧，而使催化剂活性下降；正丁烯氧化生成甲基乙烯酮（沸点 80℃），异丁烯氨氧化生成甲基丙烯腈（沸点 90℃），它们的沸点与丙烯腈沸点接近，会给丙烯腈的精制带来困难。因此，丙烯中丁烯或更高级烯烃含量必须控制。硫化物的存在，会使催化剂活性下降，应预先脱除。

2. 原料的配比

合理的原料配比，是保证丙烯腈合成反应稳定、副反应少、消耗定额低，以及操作安全的重要因素。因此，严格控制投入反应器的各物料流量是很重要的。

（1）丙烯与氨的配比（氨比）　由化学反应方程式可知，由化学反应方程式可知，理论所需氨与丙烯之比为 1∶1，但实际生产中，反应一般都是在氨过量的情况下进行的。这是因为氨与丙烯的配比直接影响到丙烯腈的收率和氧化副产物及深度氧化副产物的生成量。图7-6 表示了在不同氨烯比条件下，丙烯醛出口含量与接触时间的关系，图 7-7 给出了不同氨烯比条件下深度氧化副产物二氧化碳出口含量与接触时间的关系。

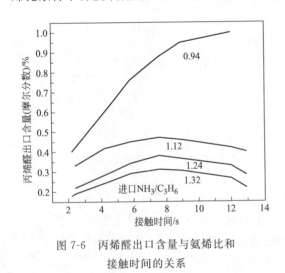

图 7-6　丙烯醛出口含量与氨烯比和
接触时间的关系

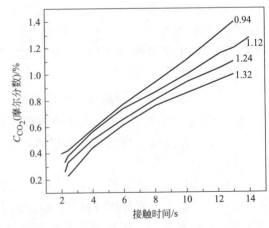

图 7-7　二氧化碳出口含量与氨烯比和
接触时间的关系

由图 7-6 和图 7-7 可以看出，当氨与丙烯的摩尔比（氨烯比）小于 1 时，丙烯醛和深度氧化副产物生成量增加。随着氨与丙烯的摩尔比的提高，丙烯醛和深度氧化副产物的生成量

就减少，尤其是丙烯醛的生成量减少得更快，这是因为氨的浓度高，抑制了吸附态丙烯和晶格氧之间的反应，减少了丙烯醛的生成；同时，当反应物料中有适量的氨存在时，丙烯醛也可以进一步氧化生成丙烯腈。另外，在较高氨烯比条件下，易氧化的丙烯醛含量下降，稳定性较高的含氮化合物生成，使深度氧化物减少。

过高的氨烯比将使氨耗上升，既增加了氨的消耗量，又增加了硫酸的消耗量，因为过量的氨要用硫酸去中和，所以又加重了氨中和塔的负担。因此，按照氨耗最小、丙烯腈收率最高、丙烯醛生成量最少的要求，丙烯与氨的摩尔比应控制在理论值或略大于理论值，即丙烯∶氨（摩尔比）＝1.1～1.2。

（2）丙烯与空气的配比（氧比）　丙烯氨氧化所需的氧气是由空气带入的。表7-3是在P-MO-Bi-O/SiO$_2$催化剂存在下，在454℃，丙烯∶空气＝1∶8（摩尔比）的反应条件下，丙烯腈收率与反应时间的关系。

表 7-3　丙烯腈收率与反应时间的关系

反应累计时间/h	尾气中氧含量/%	丙烯腈收率/%	反应累计时间/h	尾气中氧含量/%	丙烯腈收率/%
2.3	0	43.5	12.8	0	17.9
4.8	0	39.2	15.0	0	7.5
9.5	0	27.4			

从表7-3可以看出，虽然空气用量已经略大于理论所需空气量（理论用量比丙烯∶空气＝1∶7.3），因副反应也需要消耗氧气，故反应结果在尾气中没有氧存在，反应在缺氧的条件下进行，催化剂就不能进行氧化还原循环，六价钼离子被还原成低价钼离子，催化剂的活性下降，虽然这种失活现象不是永久性的，可以通入空气使被还原的低价钼重新氧化为六价钼。但在高温下缺氧或催化剂长期在缺氧条件下操作，即使通入空气再行氧化，活性也不可能完全恢复，故必须使用过量空气，以保持催化剂的活性稳定。

如果空气通入量过量过多时会带来以下几个方面的不利影响。首先，空气通入量过大时会使得丙烯的浓度下降，影响反应速率，从而降低装置的生产能力。其次，过量的氧能促使反应产物离开催化剂床层后继续发生气相深度氧化反应，使反应的选择性下降。通入过量的空气时还会使得装置的动力消耗增加。最后，过量的氧会使得反应器流出物中产物浓度下降，影响产物的回收。

适宜的空气的用量与催化剂的性能有关。当采用C-A催化剂时，由于选择性较差，空气用量比需要较高，丙烯∶空气＝1∶10.5（摩尔比）左右；采用C-41七组分催化剂时则空气用量较低，丙烯∶空气＝1∶9.8（摩尔比）左右。

（3）丙烯与水蒸气的配比（水比）　丙烯氨氧化的主反应并不需要水蒸气参加。但根据该反应的特点，在原料中加入一定量水蒸气有多种好处，如可促使产物从催化剂表面解吸出来，从而避免丙烯腈的深度氧化；若不加入水蒸气，原料混合气中丙烯与空气的比例正好处于爆炸范围内，加入水蒸气对保证生产安全有利；水蒸气的热容较大，又是一种很好的稀释剂，加入水蒸气可以带走大量的反应生成热，使反应温度易于控制；加入水蒸气对催化剂表面的积炭有清除作用。另一方面，水蒸气的加入，势必降低设备的生产能力，增加动力消耗。当催化剂活性较高时，也可不加水蒸气。因此，发展趋势是改进催化剂性能，以便少加或不加水蒸气。从目前工业生产情况来看，当丙烯与加入水蒸气的摩尔比为1∶3时，综合效果较好。

3. 反应温度

反应温度是影响丙烯氨氧化合成丙烯腈的一个重要因素。反应温度对反应产物的收率、催化剂的选择性及寿命、安全生产等均有影响。选择适宜的反应温度并控制其稳定性，可达到理想的反应效果，否则会降低丙烯腈的收率和选择性，使副产物增加。

对不同温度下，催化剂 P-Mo-Bi-O 的研究表明：丙烯氨氧化反应在 350℃时开始进行，但丙烯的转化率很低，随着反应温度升高，丙烯的转化率增大，当温度低于 350℃时，几乎不生成丙烯腈，要获得丙烯腈的高收率，必须控制较高的反应温度。

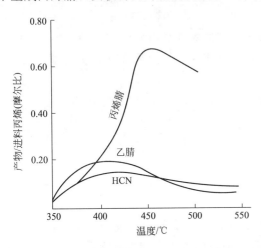

图 7-8　反应温度对单程收率的影响

图 7-8 所示是丙烯在 P-Mo-Bi-O/SiO₂ 催化剂上氨氧化反应温度对主、副反应产物收率的影响。由图 7-8 可以看出，当反应温度＜460℃时，随着反应温度升高，丙烯腈的单程收率增大；当反应温度为 460℃时，丙烯腈的单程收率达到最大值；当反应温度＞460℃时，反应温度升高，丙烯腈的单程收率反而减小。

从图 7-8 中副产物的单程收率与反应温度的关系，可以看出，当反应温度低于 415℃时，反应副产物乙腈和氢氰酸的收率随着温度升高而增大；当温度高于 415℃时，反应副产物乙腈和氢氰酸的收率随着温度升高而减小。

当温度高于 460℃时，丙烯腈的收率和副产物乙腈、氢氰酸的收率都下降，表明温度过高时连串副反应加剧，深度氧化反应发生，反应尾气中 CO 和 CO₂ 的量显著增加。同时，高温会使得催化剂的稳定性下降。

适宜的反应温度与催化剂的活性相关。对初期活性较高的 P-Mo-Bi-O 系催化剂，最适宜的反应温度为 450～550℃，一般取 460～470℃，只有当催化剂长期使用导致活性下降时，反应温度提高到 480℃。

不同催化剂有不同的最佳操作温度范围。C-A 催化剂（P-Mo-Bi-O/SiO₂）活性较低，需在 460℃左右进行反应；而 C-41 催化剂（P-Mo-Bi-Fe-CO-Ni-K-O/SiO₂）活性较高，适宜温度为 440℃左右。

4. 接触时间

丙烯氨氧化反应是气-固相催化反应，反应是在催化剂表面进行的。因此，原料气和催化剂必须有一定的接触时间，使原料气能尽量转化生成目的产物。

图 7-9 给出了接触时间对氨氧化反应的主反应产物和副反应产物收率的影响。由图 7-9

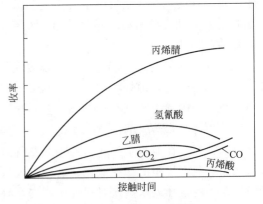

图 7-9　接触时间对目的产物和
副产物单程收率的影响

可以看出，延长接触时间，丙烯腈的收率增加的幅度比副产物氢氰酸、乙腈和二氧化碳的幅度大，因此，我们可以通过延长接触时间来提高丙烯腈的收率。过长的接触时间会使得装置的处理能力下降，另外，反应物和产物长时间处于高温下，容易发生热裂解及深度氧化反应，而且由于尾气中氧含量降低而造成催化剂活性下降。在保证较高丙烯腈收率及降低副产物收率的原则下，应尽量缩短接触时间。目前，生产装置控制一般接触时间为5～10s。

5. 反应压力

丙烯氨氧化生产丙烯腈是体积增大的反应，从热力学观点看，降低压力可提高反应的平衡转化率。由生产原理可见，丙烯氨氧化的主、副反应化学反应平衡常数 K 的数值都很大，故可将这些反应看作不可逆反应。此时，反应压力的变化对反应的影响主要表现在动力学上。从动力学分析，反应压力的增加有利于加快反应速率，提高反应器的生产能力。

但实验表明，加压反应的效果不如常压理想。这可能是由于加压对副反应更有利，反而降低了丙烯腈的收率。因此，一船采用常压操作，适当加压只是为了克服后部设备及管线的阻力。

对固定床反应器，反应进口气体压力为0.078～0.088MPa（表）；对于流化床反应器，为0.049～0.059MPa（表）。

任务三　氨氧化法生产丙烯腈的操作控制

一、氨氧化法生产丙烯腈的开工操作

1. 开车准备

① 撤热水管化学处理。

② 脱氢氰酸塔酸洗。

③ 装置吹扫、水冲洗、氮气置换合格。

④ 开工用加热炉烘炉完毕。

2. 开车操作

① 单机试运。

② 反应器投料。

③ 建立大循环系统冷运操作。

④ 建立大循环系统热运操作。

⑤ 四效蒸发系统开车。

⑥ 脱氢氰酸塔进料。

⑦ 成品塔进料。

二、氨氧化法生产丙烯腈的正常停工操作

① 急冷塔停车处理。

② 回收塔停车处理。

③ 脱氢氰酸塔停车处理。

④ 硫铵溶液汽提塔（急冷塔上段汽提罐）。

⑤ 反应气体冷却水泵停车。

三、氨氧化法生产丙烯腈的紧急停工操作

1. 事故处理的原则

① 事故处理的总原则是按照预防、控制、消除的程序进行控制。

② 当事故发生时，操作员应立即判明事故真相，决策处理目标，明确操作，使装置在

事故状态下避免进一步扩大事故范围，使事故状态朝着可控的方向发展，达到最终的安全受控状态。

③ 在控制事故状态发展时，应及时与质量安全环保部及生产调度联系，避免造成相关单位的安全生产事故。

④ 在有丙烯通入反应器的状态下，严禁尾气中氧含量达到或超过 7%。

⑤ 只要反应器中有催化剂存在，任何情况下，反应器内任一点的温度必须低于 450℃。

⑥ 应防止反应气体冷却器免于热冲击，在反应器冷却下来，即达到 200℃之前，要一直保持蒸汽发生器给水流过反应气体冷却器壳层。

⑦ 各受压容器的操作参数（温度、压力），要严格按照设备、工艺要求执行，以免发生泄漏、爆炸事故。

⑧ 当脱氢氰酸塔顶温高于控制指标上限时，应停止向下游装置送液相氢氰酸

⑨ 当重大事故发生时，应遵循"安全第一，环境优先"的原则进行处理。

2. 紧急停工的步骤

① 通知生产调度，装置紧急停车，同时按下紧急停车按钮，此时反应器进料中断，事故氮气通入，空压机放空阀全开。

② 同时手动关闭丙烯和蒸汽压力调节阀和丙烯蒸发器和氨蒸发器的液相进料调节阀。

③ 现场关闭丙烯和氨原料的进料流量调节阀前后阀、低压蒸汽进装置及中压蒸汽出装置压力调节阀前后阀、丙烯和氨蒸发器的液位调节阀前后阀，同时打开反应气体冷却器底部放净和急冷塔顶部放空。

④ 撤热水系统继续运转，停一台反应器冷却水泵，撤热水走跨线。

⑤ 停送液相 HCN，液相 HCN 管线扫线。

⑥ 脱氰塔进料泵走倒空，脱氢氰酸塔和成品塔停运。

⑦ 打开水吸收塔的塔釜脱盐水，保持贫水大循环运转。

⑧ 空压机、冰机保持低速运行。

⑨ 焚烧炉或余热炉继续运行。

任务四　丙烯腈生产过程的 HSE 管理

丙烯腈作为剧毒的危险化学品，对人体健康和周边环境有重要影响。本装置丙烯腈和副产品的加工生产中所使用的原料、中间产品和最终产品绝大多数属于可燃液体或可燃气体，具有易燃易爆特性，火灾危险性高，如丙烯、丙烯腈、氰化氢和乙腈等。丙酮、硫酸属于第三类易制毒化学品，丙烯腈、丙酮氰醇、氰化氢、丙烯醛属于国家公布的《剧毒化学品目录》（2002 年版）及其补充和修正范围，丙烯腈属于《中国严格限制进出口的有毒化学品目录》（2011 年）。依据《中华人民共和国监控化学品管理条例》（国务院令 190 号），氰化氢属于第三类可作为生产化学品武器主要原料的化学品。

一、装置易引起中毒的危险介质分析

1. 丙烯腈

丙烯腈可被吸入、食入、经皮吸收。丙烯腈在体内析出氰根，抑制呼吸酶；对呼吸中枢有直接麻醉作用。

急性中毒表现与氢氰酸相似。以中枢神经系统症状为主，伴有上呼吸道和眼部刺激症

状。轻度中毒有头晕、头木、神态模糊及口唇发绀等。眼结膜及鼻、咽部充血。重者除上述症状加重外，出现四肢阵发性强直抽搐、昏迷。液体污染皮肤，可致皮炎，局部出现红斑、丘疹或水疱。长期接触，部分工人出现神经衰弱综合征、低血压等。

2. 氨

氨是无色而有刺激气味的碱性气体。空气中氨气浓度达 $500\sim700\text{mg/m}^3$ 时，可出现"闪电式"死亡。吸入中毒可出现口、眼、鼻有辛辣感觉、咳嗽、流泪、流涎、胸痛、胸闷、呼吸急促，有氨味。严重者皮肤糜烂、水肿、坏死、肺水肿，喉痉挛，呼吸困难等。皮肤接触可出现皮肤红肿、水疱、糜烂、角膜炎等症状。发生人员中毒后，使患者速离现场，静卧、给氧。眼、皮肤烧伤时用清水或 2％硼酸溶液彻底冲洗。点抗生素眼药水，速送医院救治。

3. 氰化物

氰化物中毒应尽快脱去污染的衣服并抬至新鲜空气处。如呼吸已停止，先行人工呼吸（禁止口对口呼吸）。皮肤或眼污染时用大量清水冲洗，皮肤灼伤时用 0.01％高锰酸钾清洗。口服中毒者用 0.1％高锰酸钾或 5％硫代硫酸钠洗胃。

二、生产工艺过程安全防护措施

丙烯氨氧化法的生产工序主要有氧化和回收精制化法的丙烯与氨按一定比例混合送入氧化反应器，由分布器均匀分散到催化剂床层中。空气按一定比例从反应器底部进入，经分布板向上流动，与丙烯、氨混合并使催化剂床层流化。丙烯、氨、空气在 $440\sim450℃$ 和催化剂的作用下生成丙烯腈。反应生成热由高压冷却水管产生高压蒸汽移出；反应气体中的过量氨在中和塔上部与硫酸中和生成硫酸铵被回收；反应气体中的丙烯腈和其他有机产物在吸收塔被水全部吸收下来；吸收塔液中的乙腈在回收塔被分离出来；回收塔液中的氢氰酸在脱氢酸塔蒸出回收；在成品塔将水和易挥发物脱除得到高纯度的丙烯腈产品。本装置所用原料和产品及副产物均为可燃气体或易燃液体，其中氢氰酸为Ⅰ级毒物，丙烯腈等为Ⅱ级毒物。该装置属石油、化工生产中安全卫生检查的重点。

1. 重点部位

（1）氧化反应器　氧化反应器是本装置的主要生产设备，生产中参加反应的物料丙烯、氨、空气具有形成爆炸性混合物的基础条件，加之反应温度提供的热能源，因此具备燃烧、爆炸三要素。当工艺控制失调，参加反应气体比例达到爆炸范围，由催化剂床温即可引爆或引燃（床温 450℃，丙烯自燃点 410℃），此类事故在开、停工过程中更易发生。某丙烯腈装置在开工预热时，因系统的氮气置换不彻底，加热炉点火造成反应器内的可燃气体爆鸣。丙烯氨氧化为强放热反应，保持器内正常热量平衡是安全稳定操作的关键，当遇到自动控制系统故障，如突然停电、停水、停气（仪表空气）或仪表局部失灵等，有发生飞温烧坏催化剂或设备的危险。在自动化程度不高和安全保护设施不够完善的固定床反应器的操作中，发生事故的可能性更大。如某厂固定床反应器，曾两次发生反应器列管腐蚀泄漏，造成丙烯、氨、空气进入热载体——熔盐（硝酸钾、亚硝酸钠的混合物）着火，引起熔盐分解爆炸事故。

（2）精制工序机泵区　精制工序机泵区是转送丙烯腈、氢氰酸、乙腈和其他混合物料的集中区，泵区的静、动密封点甚多，是跑、冒、滴、漏等隐患的危险区域，特别是氢氰酸的沸点仅为 26℃，常温下极易溶化，对作业人员威胁甚大。该装置中发生氢氰酸、丙烯腈中毒或因抢救知识不足、方法不当而发生的死亡事故已有多起。正确的操作维护和严格的防护以及安全监督是该区不容忽视的工作。

（3）火炬和焚烧炉　火炬和焚烧炉是处理装置中排出的废气、废液、废渣的专用设施，一般不被重视。但是，它们的故障会造成整个装置的废料无处排放而被迫停车，还可构成爆炸、污染、中毒等严重事故。

2. 安全要点

（1）氧化反应器　预热升温投料前，必须进行系统气密性试压，经氮气置换氧含量低于2％，否则不准点火升温和投料。投料升温时，要检查投料程序是否正确，一定按照先投空气再投氨，待器内氧含量降至7％以下逐渐投入丙烯的顺序进行，防止丙烯过早进入反应器与过量氧气发生激烈燃烧而飞温，致使催化剂和设备被烧坏。生产过程中须经常对原料气的混合比例和催化剂床层温度进行检查。其中床层温度不能超过450℃，发现异常要及时查找原因和处理。要防止丙烯投料过量，造成飞温或投料比例失常，形成爆炸性混合气体。

反应器的高压冷却水是平衡反应热量的重要手段，其供水压力是重要的工艺指标之一，必须经常检查。发现不正常现象时要迅速处理，防止烧坏水管（高压蒸汽锅炉）或由此而引起的其他事故。

（2）精制工艺　机泵区及塔系的静、动密封点是正常生产中应经常检查和严密监视的部位，发现泄漏和有不正常现象时，必须迅速采取措施处理，不准在泄漏和不正常的情况下继续生产，以防止中毒、污染环境及形成爆炸性混合物。

丙烯腈、氢氰酸等物料有自聚性质（国内某丙烯腈装置曾有自聚爆炸事故教训），要注意对回收塔、脱氢氰酸塔系统操作温度的检查和按规定添加阻聚剂，防止高温自聚而堵塞设备和管道。要经常注意检查急冷塔的硫酸铵母液浓度，发现超过正常值22％时，要及时调整处理，防止浓度过高硫酸铵结晶使系统堵塞。为防止接触剧毒物料时的中毒危险（泵区抢修中曾发生多次沾染剧毒物料，造成中毒和死亡事故），对机泵的抢修要严格进行安全措施的检查。其主要内容包括：关闭泵出入口及旁路阀，泵内物料排放至废液回收槽，通入清水冲洗泵内物料和用氮气吹扫，作业人员佩戴防护用具，监护人员和救护器材到位，拆机泵螺栓时要避开接口。上述措施未执行前，禁止开始抢修作业。要定期对塔系的避雷接地、易燃可燃高电阻率物料的设备管道静电接地、电气设备的外壳地等安全保护设施进行检查，发现隐患和缺陷要及时消除和整改。

（3）火炬和焚烧　火炬在生产投料前要检查是否已点燃及正常生产中有无熄火现象，发现熄火要立即查明原因并及时恢复正常状态。氢氰酸、氰化钠（或丙酮氰醇）装置突然故障时，要防止大量剧毒物料排空造成的环境污染、中毒、爆炸着火等事故。

要经常用工业电视对焚烧炉的燃烧情况进行检查和监视，防止因燃料油中带水或残液残渣中含水过多造成熄火和可能发生的复燃，防止炉膛爆鸣或爆炸。

三、正常生产操作中的安全环保规定

①巡检过程中须两人同行，随身携带便携式氢氰酸报警仪。单肩背过滤式防毒面具背包，包内过滤式滤毒罐、面罩、软管齐全并装配好，处于备用状态。

②丙烯腈装置原料和产物都具有易燃、易爆、有毒的特性，其中氰化物是剧毒物质，在生产过程中车间各岗位人员要加强巡检，对物料的跑、冒、滴、漏现象应及时处理，并要保持泵房通风良好。

③副产物氰氢酸是本装置最危险的物质，不仅存在于反应器出料中，而且以各种浓度存在于整个装置系统中。如空气中浓度较高时，还可通过皮肤吸收而引起急性中毒。当设

备、管线发生泄漏、毒物浓度不明时，操作人员或作业人员前去现场检查或处理过程中，必须戴好空气呼吸器，穿全身防毒服。

④ 岗位人员必须了解装置不同部位有毒物（氨、氢氰酸、丙烯腈）的浓度，如设备或管道瞬间发生泄漏时，要避开气体或液体喷出口的对面或下风口，迎风或侧向撤离。

⑤ 严防本装置撤热水、蒸汽及凝液系统、贫水系统、四效高温水对人的烫伤，在对撤热水和蒸汽系统进行导淋放净操作时要缓慢进行并带隔热手套，避免喷出的热水或蒸汽烫伤人。对撤热水和蒸汽系统法兰、垫片、螺栓的选材和安装都必须符合安全规定。

⑥ 如进行丙烯、氨蒸发器液位维修，须对丙烯、氨液位计进行导凝操作，操作人员不得用身体去直接接触放出的介质，且操作人员须站在上风处。

⑦ 在配制碳酸钠、磷酸钠溶液时须戴好防酸碱手套，配置联胺、醋酸溶液时要佩戴防酸碱手套、防护面罩，并要防止醋酸接触皮肤，造成烧伤。

⑧ 进行接触硫酸介质的操作时应穿戴好防护眼镜或防护面罩，防酸服、防酸手套和高筒胶鞋，严防灼伤。如果溅到皮肤上，应先用纸或布轻轻拭去（勿扩大面积）然后用大量水冲洗，如果溅入眼内，除用大量水冲洗外，要迅速送医院治疗。

⑨ 当从反应器中采集高温催化剂样品时应戴好隔热手套，防止灼、烫伤。

⑩ 对成品中间罐检修时必须两人同去，一人作业，另一人监护，严禁一人单独进行作业。作业者要站在上风头。

⑪ 当机泵开关等电气设备不正常时，应立即通知电工来维修。其他人员不得检修电气设备。

⑫ 日常巡检时不得在管架上行走。在雷阵雨等极端天气下可暂停巡检。在冬季，要及时清除巡检路线上的积雪及冰，及时砸掉悬挂的冰柱。上下楼梯时要扶好栏杆，一步一梯的走。

⑬ 必须要通过连接临时胶管进行的设备吹扫置换，要确保胶管与吹扫介质提供管线的甩头连接牢靠，以防崩开。吹扫时，设备上的阀门和吹扫介质提供管线上的阀门要同时打开，若向设备外吹扫，则必须保证排放口处无人，以防发生事故。在拆胶管时，如果胶管内有压力，则在拆胶管时要缓慢放松拧紧的铁丝，先将管内压力卸掉后再拆。

⑭ 日常启泵或切泵操作时，操作人员要认真检查机泵各部件的完好情况，在打开位于高处的出入口阀时，要避免发生摔伤。

⑮ 在吊运对苯二酚过程中，吊运物下不得站人。

⑯ 在处理现场液位计、调节阀或更换压力表时，要在与设备相连的阀门关闭并放净后，方可进行。

⑰ 操作人员在夏季巡检或从事高温作业时，要防止中暑，车间应采取必要的防暑降温措施。

四、"三废"处理

1. 产生废弃催化剂的预防措施

① 严格按照工艺要求的消耗量进行催化剂补加，控制废弃催化剂的产生量。

② 严格按照工艺要求操作反应器，注意加强对影响反应线速各变量的控制（尤其

是三进料量和反应压力），防止反应线速超高，使催化剂消耗增大，废催化剂的产生量增加。

③ 严格按工艺要求控制反应器三进料的各项指标，防止三进料夹液，造成催化剂堵塞旋风分离器料腿，导致催化剂跑损，使废催化剂的产生量增加。

④ 加强对反应器旋风分离器料腿反吹风转子流量计的检查，确保反吹风正常，防止料腿堵塞，如发现堵塞，用高压氮气进行吹扫。

⑤ 在装置进行检修时，对催化剂沉降槽 V-306 及时进行清理。

⑥ 对产生的废弃催化剂按程序文件规定的程序进行处理。

2. 废液处理

在丙烯腈生产中，有大量的工业污水产生，这些污水中含有氢氰酸、乙腈、丙烯腈和丙烯醛等有毒物质，如不经处理直接排放，会污染水源，对人体和动、植物造成危害。因此，国家对含氰废水的排放有严格的规定，一定要将它们治理达到标准后，才准予排放。工厂排出的污水中，氰化物（以游离氰根计）仅为 0.5mg/L（即 0.5×10^{-6}）。

丙烯腈装置的废水来源主要是反应生成水和工艺过程用水。因反应条件和采用的催化剂不同，各主、副反应物的单程收率不会一样，生成水量也会有所差别。工艺过程用水包括分离合成产物过程用的吸收水和萃取水，反应器用的稀释蒸气（有些催化剂不用）和蒸馏塔用的直接蒸气（最终冷凝成水）。在提纯丙烯腈、乙腈、氢氰酸的加工过程中需将水分离、排放。这些排放水中有含氰毒物、聚合物、无机物（硫酸铵、催化剂粉尘等），在排放前都需要经过处理。例如，氨中和塔釜液经废水塔处理后，含丙烯腈 $100 \sim 300$mg/L，乙腈 $100 \sim 200$mg/L，氢氰酸 $1000 \sim 1500$mg/L，化学需氧量 $20000 \sim 30000$mg/L，总有机物含量达 5%（质量分数）。来自乙腈精制系统及清洗设备的废碱液中，含乙腈 1.0%～1.5%（质量分数），氢氧化钠 2.0%～2.5%（质量分数），其他物质 1.5%～2.0%（质量分数）。

减少废水量对废水治理极为有利，是防治污染的有效措施。由于丙烯腈生产中各设备排放出来的污水成分不同，将它们分别处理比较有利。氨中和塔（急冷塔）产生的硫酸铵污水，先经废水塔回收丙烯腈等有机物，再通过沉降分离除去催化剂粉末和不溶性的固体聚合物，由于这部分污水有毒物质含量高、杂质多，处理比较困难，故直接送焚烧炉烧掉。燃烧时，用中压蒸汽雾化，以重油作辅助燃料，炉内温度保持在 $800 \sim 1000$℃之间。因污水中含有硫酸铵，燃烧中又转化成二次污染物二氧化硫，为了不造成二次污染，需用 60m 高的烟囱排入大气，保持着地废气中二氧化硫含量小于 0.5×10^{-6}。

来自乙腈精制系统及清洗设备的碱性污水，乙腈含量较高，用焚烧方法处理比较合适。由于碱对一般的污水焚烧炉耐火材料的腐蚀作用，故应专门设置碱性污水焚烧炉。当废水量较大、氰化物（包括有机氰化物）含量较低时，则可用生化方法处理，最常用的方法是曝气池活性污泥法。

3. 丙烯腈生产中的废气处理

丙烯腈生产中的废气处理，近年来都采用催化燃烧法。这是一种对含低浓度可燃性有毒有机物废气的重要处理方法。将待处理的废气和空气混合后，通过负载型金属催化剂，使废水中含有的可燃有毒有机物在较低温度下发生完全氧化反应，产物为无毒的 CO_2、H_2O 和 N_2。催化燃烧后的尾气温度可升至 $600 \sim 700$℃，将它送入废气透平，利用其热能发电，随后再由烟囱排入大气。

聚丙烯腈-腈纶

（一）腈纶的定义

腈纶主要由聚丙烯腈组成，它是用 85％以上的丙烯腈和不超过 15％的第二、第三单体共聚而成，经湿法或干法纺丝制成短纤或长丝。丙烯腈含量占 85％以上，称为第一单体，纯净的聚丙烯腈结构紧密，性脆硬，染色性很差。第二单体通常用含有酯基的化合物，如丙烯酸甲酯、甲基丙烯酸甲酯、醋酸乙烯酯等，第二单体加入后，大分子排列的规整性变差，分子间作用力减弱，从而使纤维在微观结构上趋于疏松，纤维的柔软性提高，弹性和手感改善，并有利于染料分子的引入，改善纤维染色性。第二单体含量占 5％～9％，其含量的多少除了影响纤维的染色性外，对其他性能也有显著影响。其他条件不变时，随着第二单体含量的增加，由于丙烯酸甲酯的玻璃化温度降低，纤维的耐热变色稳定性下降，即受热后纤维易发黄，并使纤维的热蠕变量增加，热收缩变形性提高，初始模量降低，纤维受热后容易产生变形，但由于大分子链段的柔曲性提高，成品纤维表现出较好的弹性回复能力。加入第三单体，是为了向纤维中引入一定数量的亲染料基团，以改善染色性能。第三单体含量很低，一般为 1％左右。

（二）腈纶的生产

腈纶的原料为石油裂解副产的廉价丙烯。由于聚丙烯腈共聚物加热到 230℃以上时，只发生分解而不熔融，因此，它不能像涤纶、锦纶纤维那样进行熔融纺丝，而采用溶液纺丝的方法。纺丝可采用干法，也可用湿法。干法纺丝速度高，适于纺制仿真丝织物。湿法纺丝适合制短纤维，蓬松柔软，适用制仿毛织物。

（三）腈纶的性能

腈纶纤维有"人造羊毛"之美称。其弹性及蓬松度类似天然羊毛。其织物保暖性也不在羊毛织物之下，甚至比同类羊毛织物高 15％左右。具有柔软、膨松、易染、色泽鲜艳、耐光、抗菌、不怕虫蛀等优点，根据不同用途的要求可纯纺或与天然纤维混纺，其纺织品被广泛地用于服装、装饰、产业等领域。

腈纶的优点有以下四个方面：腈纶织物染色鲜艳，耐光性属各种纤维织物之首，露天暴晒一年，强度仅下降 20％；它的弹性较好，仅次于涤纶，比锦纶高约 2 倍；腈纶织物有较好耐热性，软化温度为 190～230℃，在合成纤维中仅次于涤纶居第二位，且耐酸、氧化剂和有机溶剂，腈纶织物在合纤织物中属较轻的织物，仅次于丙纶，因此它是好的轻便服装衣料，如登山服、冬季保暖服装等；腈纶还是高科技产品——碳纤维的原料。

腈纶的缺点有以下三点：腈纶织物吸湿性较差，容易沾污，穿着有闷气感；耐磨性是各种合成纤维织物中最差的；而且不耐碱。

（四）腈纶的品种

1. 腈纶纯纺织物

腈纶纯纺织物采用 100％的腈纶纤维制成，如用 100％毛型腈纶纤维加工的精纺腈纶女式呢，具有松结构特征，其色泽艳丽，手感柔软有弹性，质地不松不紧，适合制作中低档女用服装。而采用100％的腈纶膨体纱为原料，可制得平纹或斜纹组织的腈纶膨体大衣呢，具有手感丰满，保暖轻松的毛型织物特征，适合制作春秋冬季大衣、便服等。

2. 腈纶混纺织物

指以毛型或中长型腈纶与粘胶或涤纶混纺的织物。包括腈/粘华达呢、腈/粘女式呢、腈/涤花呢等。腈/粘华达呢，又称东方呢，以腈、粘各占50％的比例混纺而成，具有呢身厚实紧密，结实耐用，呢面光滑、柔软、似毛华达呢的风格，但弹性较差，易起皱，适合制作低廉的裤子。腈/粘女式呢是以85％的腈纶和15％的粘胶混纺而成，多以绉组织织造，呢面微起毛，色泽鲜艳，呢身轻薄，耐用性好，回弹力差，适宜做外衣。腈/涤花呢是以腈、涤各占40％和60％混纺而成，因多以平纹、斜纹组织加工，故具有外观平挺、坚牢免烫的特点，其缺点是舒适性较差，因此多用作外衣、西服套装等中档服装的制作。

（五）腈纶的改性

细旦腈纶纤维是利用高科技手段制成的微孔喷丝板纺制而成的。细旦腈纶纤维可纺成高支纱，制得的纺织品手感平滑、柔软、细腻，色泽柔和，同时具有织物精致、轻薄、柔滑，悬垂性好以及抗起球等优良特性，是仿羊绒、仿丝绸的主要原料之一，符合当今世界服饰的新潮流。

仿羊绒腈纶有短纤维和毛条两种。它具有天然羊绒那种平滑、柔软而富有弹性的手感，保暖、透气性能良好，同时具有腈纶优良的染色性能，使腈纶羊绒产品更加鲜艳美观，细腻滑爽，适合于轻薄型服饰，价廉物美。

聚丙烯腈纤维的在线染色方法主要有原液着色和凝胶染色两种。其中凝胶染色纤维是在腈纶湿法纺丝过程中，对尚处于凝胶状态的初生纤维进行染色，所用染料以阳离子染料为主。凝胶染色纤维作为一种量大面广的产品，和传统的印染工艺相比，具有染料省、流程及染色时间短、能耗小、劳动强度低等优点。

异形纤维是利用异形喷丝孔，改变工艺条件而制成。纤维风格独特，仿真效果佳，产品档次提高。截面形状为扁平形的异形腈纶纤维，简称扁平腈纶，扁平腈纶类似于动物毛发，在光泽、弹性、抗起球性、蓬松性以及手感等方面都具有特色，能起到仿真兽皮的独特效果。

抗菌导湿腈纶纤维是采用高科技的Chitosante活化剂制成，制成的织物具有抗菌、防霉、除臭、护肤、吸湿、柔软、抗静电、丰满、抗皱等机能。由于Chitosante藉由吸附、渗透、固着、链结等作用，与纤维永久性结合，无须树脂接着，且耐水洗性极佳。经测试，强力水洗50次后，织物仍能保持优良的抗菌能力。没有污染环境和污染人体的副作用，创造了一种天然、清新、洁净、卫生、健康和舒适的机能性衣着效果，是一种兼具多种功能的新一代腈纶产品。

抗静电腈纶纤维可改善纤维的导电性能，有利于纺织后加工，抗静电纤维可改善织物的起球、沾污、黏附皮肤现象。对人体无不良副作用。

项目八　丁二烯生产过程操作与控制

知识目标 ▶▶▶

1. 了解丁二烯的性质与用途。
2. 了解丁二烯的生产方法，理解各生产方法的优缺点。
3. 掌握抽提法生产丁二烯的工艺原理、工艺流程和工艺条件。
4. 了解抽提法生产丁二烯的开停车操作步骤和事故处理方法。
5. 了解抽提法生产丁二烯的 HSE 管理。

能力目标 ▶▶▶

1. 能够通过分析比较各种丁二烯生产方法，确定丁二烯的生产路线。
2. 能识读并绘制带控制点的抽提法生产丁二烯的工艺流程。
3. 能对抽提法生产丁二烯的工艺过程进行转化率、收率、选择性等计算，通过给定的装置处理能力能进行装置的简单物料衡算。
4. 能对抽提法生产丁二烯工艺过程进行工艺控制（包括工艺参数调节和开停车操作）。
5. 能对抽提法生产丁二烯的工艺过程中可能出现的事故拟定事故处理预案。

任务一　丁二烯生产的工艺路线选择

一、丁二烯的性质与应用

丁二烯是一种重要的石油化工基础有机原料和合成橡胶单体，是 C_4 馏分中最重要的组分之一，在石油化工烯烃原料中的地位仅次于乙烯和丙烯。由于其分子中含有共轭二烯，可以发生取代、加成、环化和聚合等反应，使得其在合成橡胶和有机合成等方面具有广泛的用途。

1. 丁二烯的性质

（1）物理性质　丁二烯在常温常压下为无色而略带大蒜味的气体，常压沸点为 $-4.4\,℃$。丁二烯在加压下，常作为液体处理，便于储存和运输。液体丁二烯极易挥发，闪点低，易燃易爆，其爆炸极限为 $2\% \sim 11.5\%$（体积分数）。丁二烯微溶于水和醇，易溶于苯、甲苯、乙醚、氯仿、四氯化碳、汽油、无水乙腈、二甲基甲酰胺、N-甲基吡咯烷酮、糠醛、二甲基亚砜等有机溶液。丁二烯有毒，低浓度下能刺激黏膜和呼吸道，高浓度能引起麻醉作用。按卫生标准空气中允许的丁二烯浓度为 $100\,mg/m^3$。

（2）化学性质　丁二烯分子结构中具有共轭双键，化学性质活泼，能与氢、卤素、卤化氢等起加成反应。丁二烯容易发生自身聚合作用，也容易与其他单体进行共聚作用，所以工业上利用这一性质生产合成橡胶、合成树脂和合成纤维等。丁二烯长时期储存时易自聚，所以需低温储存并加入阻聚剂。

2. 丁二烯的应用

丁二烯的最主要用途是用来生产合成橡胶，消耗量占丁二烯总量的90％以上。例如丁二烯和苯乙烯共聚可生产丁苯橡胶；丁二烯在催化剂作用下可发生定向聚合反应生成顺丁橡胶；丁二烯与丙烯腈共聚生成丁腈橡胶等。另外丁二烯与苯乙烯、丙烯腈三元共聚可生成ABS树脂；丁二烯与苯乙烯在不同的条件下，可生产BS和SBS等产品。丁二烯的主要用途见图8-1所示。

二、丁二烯的主要生产方法

丁二烯（butadiene）可以采用以粮食酒精、电石乙炔和乙醛、丁烯、正丁烷为原料进行生产。随着石油烃裂解的发展，乙烯生产能力增大，由于其副产的馏分中含有40％～60％的丁二烯，为丁二烯生产提供了一种丰富而廉价的原料来源，因此各种C_4抽提法生产丁二烯的工艺备受重视。

工业上获取丁二烯的方法主要有以下三种。

1. 丁烷（丁烯）催化脱氢制取丁二烯

该法采用碳四烃（正丁烷、正丁烯）为原料，在高温下进行催化脱氢生成丁二烯。反应式为：

$$CH_3CH_2CH_2CH_3 \rightleftharpoons CH_2 = CH—CH = CH_2 + 2H_2$$
$$CH_3—CH_2—CH = CH_2 \rightleftharpoons CH_2 = CH—CH = CH_2 + H_2$$

2. 丁烯氧化脱氢制取丁二烯

该法采用空气为氧化剂，丁烯和空气在水蒸气存在下通过固体催化剂，发生氧化脱氢反应而生成丁二烯。反应式为：

$$C_4H_8 + \frac{1}{2}O_2 \xrightarrow{\text{水蒸气}} C_4H_6 + H_2O$$

氧化脱氢法于1965年开始工艺化。它开辟了从碳四馏分中获取丁二烯的新途径，而且较以前丁烯催化脱氢法有许多显著优点，因此颇为科学界和企业界所重视，并已逐渐取代了丁烯催化脱氢法。

3. 碳四馏分抽提制取丁二烯

此法是在裂解碳四馏分中加入某种溶剂，使丁二烯分离出来。因使用的溶剂不同，名称也不同。如以乙腈为溶剂，进行碳四馏分抽提丁二烯，称为乙腈法；以二甲基甲酰胺为溶剂，则称为二甲基甲酰胺法等。

从乙烯裂解装置副产的混合C_4馏分中抽提生产丁二烯，根据所用溶剂的不同，该生产方法又可分为乙腈法（ACN法）、二甲基甲酰胺法（DMF法）和N-甲基吡咯烷酮法（NMP法）三种。

（1）乙腈法　该法最早由美国Shell公司开发成功，并于1956年实现工业化生产。它以含水10％的乙腈（ACN）为溶剂，由萃取、闪蒸、压缩、高压解吸、低压解吸和溶剂回收等工艺单元组成。目前，该方法以意大利SIR工艺和日本JSR工艺为代表。

意大利SIR工艺以含水5％的ACN为溶剂，采用5塔流程（氨洗塔、第一萃取精馏塔、第二萃取精馏塔、脱轻塔和脱重塔）。

日本JRS工艺以含水10％的ACN为溶剂，采用两段萃取蒸馏，第一萃取蒸馏塔由两塔串联而成。

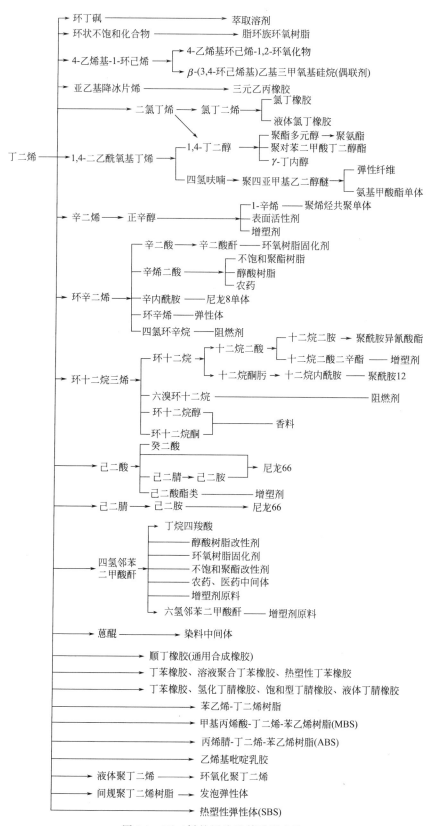

图 8-1 丁二烯的用途及其系列产品

采用 ACN 法生产丁二烯的特点是：

① 沸点低，萃取、汽提操作温度低，易防止丁二烯自聚；

② 汽提可在高压下操作，省去了丁二烯气体压缩机，减少了投资；

③ 黏度低，塔板效率高，实际塔板数少；

④ 毒性微弱，在操作条件下对碳钢腐蚀性小；

⑤ 丁二烯分别与正丁烷、丁二烯二聚物等形成共沸物，溶剂精制过程复杂，操作费用高；

⑥ 蒸气压高，随尾气排出的溶剂损失大；

⑦ 用于回收溶剂的水洗塔较多，相对流程长。

（2）二甲基甲酰胺法　二甲基甲酰胺法（DMF 法）又名 GPB 法，由日本瑞翁公司于 1965 年实现工业化生产，并建成一套 4.5 万吨/年生产装置。该生产工艺包括四个工序，即第一萃取蒸馏工序、第二萃取蒸馏工序、精馏工序和溶剂回收工序。

DMF 法工艺的特点是：

① 对原料 C_4 的适应性强，丁二烯含量在 15％～60％范围内都可生产出合格的丁二烯产品；

② 生产能力大，成本低，工艺成熟，安全性好、节能效果较好，产品、副产品回收率高达 97％；

③ 由于 DMF 对丁二烯的溶解能力及选择性比其他溶剂高，所以循环溶剂量较小，溶剂消耗量低；

④ 无水 DMF 可与任何比例的 C_4 馏分互溶，因而避免了萃取塔中的分层现象；

⑤ DMF 与任何 C_4 馏分都不会形成共沸物，有利于烃和溶剂的分离，但由于其沸点较高，溶剂损失小；

⑥ 热稳定性和化学稳定性良好；

⑦ 由于其沸点高，萃取塔及解吸塔的操作温度都较高，易引起双烯烃和炔烃的聚合；

⑧ 无水情况下对碳钢无腐蚀性，但在水分存在下会分解生成甲酸和二甲胺，因而有一定的腐蚀性。

（3）N-甲基吡咯烷酮法　N-甲基吡咯烷酮法（NMP 法）由德国 BASF 公司开发成功，并于 1968 年实现工业化生产，建成一套 7.5 万吨/年生产装置。其生产工艺主要包括萃取蒸馏、脱气和蒸馏以及溶剂再生工序。

NMP 法工艺的特点是：

① 溶剂性能优良，毒性低，可生物降解，腐蚀性低；

② 原料范围较广，可得到高质量的丁二烯，产品纯度可达 99.7％～99.9％；

③ C_4 炔烃无需加氢处理，流程简单，投资低，操作方便，经济效益高；

④ NMP 具有优良的选择性和溶解能力，沸点高、蒸气压低，因而运转中溶剂损失小；

⑤ 热稳定性和化学稳定性极好，即使发生微量水解，其产物也无腐蚀性，因此装置可全部采用普通碳钢。

我国丁二烯的生产经历了酒精接触分解、丁烯或丁烷氧化脱氢和蒸汽裂解制乙烯联产 C_4 抽提分离三个发展阶段。目前我国正在运行的丁二烯生产装置，绝大多数都是随着乙烯工业的发展而逐步配套建设起来的。1971 年兰州石油化工公司利用自己开发设计的 ACN 技术建成我国第一套工业生产装置，生产能力为 1.25 万吨/年。随后，吉林石油化工公司、北京燕山石油化工公司也相继建成生产装置。1976 年北京燕山石油化工公司首次从日本瑞翁公司引进 DMF 生产技术，建设了以 DMF 为溶剂的 4.5 万吨/年丁二烯生产装置。20 世纪 80 年代又分别建成了大庆、齐鲁、扬子和上海等 4 套丁二烯生产装置，到 1990 年，我国丁二烯的生产能力达到 31.6 万吨/年，产量达到 25.8 万吨/年。随着我国乙烯生产装置的不断建设，"八五"期间我国又在北京东方化工厂、新疆独山子石油化工公司新建了 2 套以 NMP 为溶剂的丁二烯生产装置。

截止到 2004 年 10 月底，我国丁二烯的生产装置总共有 19 套，总生产能力为 97.5 万吨/年，全部采用 C_4 馏分抽提法进行生产。其中采用 DMF 法最多，约占我国丁二烯总生产能力的 70.3%；采用 ACN 法的装置居中，约占我国丁二烯总生产能力的 23.0%；采用 NMP 法的装置最少，约占我国丁二烯总生产能力的 6.7%。

三、丁二烯生产技术的进展

近年来，美国 UOP 和 BASF 公司共同开发出抽提联合工艺，即将 UOP 的炔烃选择加氢工艺（KLP 工艺）与 BASF 公司的丁二烯抽提蒸馏工艺结合在一起，先将 C_4 馏分中的炔烃选择加氢，然后采用抽提蒸馏技术从丁烷和丁烯中回收 1，3-丁二烯。在加氢工序中，原料 C_4 馏分与一定计量的氢气混合，进入装有 KLP-60 催化剂的固定床反应器中，并采用足够高的压力使反应混合物保持液相。随后 KLP 反应器流出物进入蒸馏塔中进行汽化，并作为抽提工序的原料，同时移除工艺过程中形成的少量重质馏分。在丁二烯抽提工序中，从蒸发器顶部出来的蒸汽进入主洗涤塔，并用 NMP 进行抽提蒸馏。塔底富含丁二烯的物流进入精馏塔，然后再进入最后一个蒸馏塔，可产出纯度大于 99.6% 的 1,3-丁二烯。该工艺的优点是丁二烯产品纯度高，收率高，公用工程费用低，维修费用低，操作安全性高。

对于丁二烯抽提过程，近年有报道称采用一种分壁式技术（divided-wall technology）可以改进传统的抽提工艺，降低装置能耗和投资成本。

传统的丁二烯抽提工艺为浓缩的粗 C_4 馏分先通过吸收工序（含主洗涤器、精馏器和后洗涤器），再将从后洗涤器顶部馏出的粗丁二烯在两个精馏塔中进行精馏。在第一个精馏塔中馏出轻质馏分；在第二个精馏塔中，重质馏分被分离后从塔底移除，丁二烯产品从塔顶馏出。采用分壁式技术后，可使两步精馏工序在一个装备中进行，这样就可节省 1~2 个热交换器和外围设备。

分壁式精馏塔由 6 个区域组成，分别为第 1 区域（精馏段，重组分和轻组分/丁二烯分离）、第 2 区域（提馏段，轻组分和重组分/丁二烯分离）、第 3 区域（精馏段，丁二烯和轻组分分离）、第 4 区域（提馏段，丁二烯和重组分分离）、第 5 区域（提馏段，丁二烯和轻组分分离）、第 6 区域（精馏段，丁二烯和重组分分离）。对这几个区域进行优化设计，如调整分壁长度、进料塔板位置及塔顶回流比等，可进一步降低精馏的投资和操作成本。在该塔设计中可应用计算机软件模拟技术，按照装置的实际运行条件进行模拟试验，整个过程的物料平衡达到 99.99% 以上。除精馏工序外，分壁式技术还可应用于吸收工序的设计，基本思路是将精馏器和后洗涤器结合在一个分壁塔中。将设计的分壁接近于塔的顶部，以使粗丁二烯和 C_4 气相混合物流从塔顶溢出。在整个丁二烯抽提过程中两处采用分壁式技术后，工艺流程大大简化，从而降低了投资成本和维修成本，同时也降低了因丁二烯自聚导致爆炸的可能性。

四、丁二烯工艺路线的选择

20 世纪 60 年代之后，以石脑油为原料裂解制乙烯技术的迅速发展，在裂解制得乙烯和丙烯约同时可分离得到副产 C_4 馏分，为抽提丁二烯提供价格低廉的原料，经济上占优势，因而成为目前世界上丁二烯的主要来源；而脱氢法只在一些丁烷、丁烯资源丰富的少数几个国家采用。全球乙烯副产丁二烯装置的生产能力约占总生产能力的 92%，其余 8% 来自正丁烷和正丁烯的脱氢工艺。

目前 C_4 馏分抽提生产丁二烯采用最多并具有竞争力的工艺路线为乙腈法（ACN 工艺）、二甲基甲酰胺（DMF）工艺以及 N-甲基吡咯烷酮（NMP）工艺。这些抽提原理和基本工艺过程大致相同，热利用都达到了极限，具体分离组合差别较小，主要差别在溶剂、溶剂的性能及由此而造成的环境保护、产品收率、产品质量、装置投资和消耗指标的差别上。其中，NMP 无毒性，而 DMF 和 ACN 都有毒，含 DMF 溶剂的污水不易生化处理。按溶剂蒸气在空气中的允许浓度，DMF 值最小，乙腈接近 DMF，NMP 最大。从蒸汽消耗量、冷却水消耗量和溶剂消耗量等消耗指标的比较，NMP 的消耗最小。

按主要和综合方面的指标比较结果，NMP 工艺为目前抽提最佳工艺。

任务二　丁二烯生产的工艺流程组织

一、丁二烯生产的工艺原理

碳四抽提分离丁二烯的原理是萃取精馏。由于碳四组分之间的相对挥发度较小，很难用普通精馏实现分离，C_4 馏分中各组分的沸点极为接近（见表 8-1），有的还与丁二烯形成共沸物。无论是乙烯裂解装置副产 C_4 馏分，还是丁烯氧化脱氢所得的 C_4 馏分，要从其中分离出高纯度的丁二烯，用普通精馏的方法是十分困难的，一般须采用特殊的分离方法，目前工业上广泛采用萃取精馏和普通精馏相结合的方法。将乙腈作为萃取剂（或溶剂）加入混合碳四馏分中，能够改变原有组分间的相对挥发度，未被萃取下来的易挥发组分由塔顶逸出，难挥发组分和萃取剂由塔底采出，从而达到分离要求，分离后的丁二烯再经过水洗、脱水、精馏，获得纯度大于 98% 的聚合级丁二烯产品，送往聚合装置。

表 8-1　C_4 馏分中各组分的沸点和相对挥发度（未加溶剂）

组分	异丁烷	异丁烯	1-丁烯	丁二烯	正丁烷	反-2-丁烯	顺-2-丁烯
沸点/℃	−11.57	−6.74	−6.1	−4.24	−0.34	−0.34	3.88
相对挥发度[①]	1.18	1.030	1.031	1.000	0.886	0.845	0.805

① 在 −51.44℃、6.86×10^5 Pa 下。

1. 萃取精馏的基本原理

萃取精馏法与一般精馏不同之处，在于萃取精馏是在精馏塔中，加入某种选择性溶剂（萃取剂），这种溶剂对精馏系统中的某一组分具有较大的溶解能力，而对其他组分溶解能力较小。这样，使分子间的距离加大，分子间作用力发生改变，被分离组分之间的相对挥发度差值增大，使精馏分离变得容易进行。其结果使易溶的组分随溶剂一起由塔釜排出，未被萃取下来的组分由塔顶逸出，以达到分离的目的。

由表 8-1 和表 8-2 可以看出，未加溶剂之前，顺-2-丁烯、反-2-丁烯等相对挥发度都 <1，说明它们都比丁二烯难挥发，但当加入溶剂以后，顺-2-丁烯、反-2-丁烯等相对挥发度却 >1，这说明它们比丁二烯更易挥发，这是因为溶剂对丁二烯有选择性溶解能力，从而使丁二烯较难挥发而造成的。其他 C_4 烃的相对挥发度也有改变，更利于分离。

表 8-2　50℃时 C_4 馏分在各溶剂中相对挥发度（溶剂浓度 100％）

组　分	乙腈	二甲基甲酰胺	N-甲基吡咯烷酮
1-丁烯	1.92	2.17	2.38
丁二烯	1.00	1.00	1.00
正丁烷	3.13	3.43	3.66
反-2-丁烯	1.59	2.17	1.90
顺-2-丁烯	1.45	1.76	1.63

2. 萃取精馏的操作特点

萃取精馏的最大特点是加入了萃取剂，而且萃取剂的用量较多，沸点又高，所以在塔内各板上，基本维持一个固定的浓度值，此值为溶剂恒定浓度，一般为 70％～80％。而且要使被萃组分和萃取剂完全互溶，严防分层，否则会使操作恶化，达不到分离要求。根据这一特点，在进行萃取精馏操作时应注意以下几点。

①　必须严格控制好溶剂比。溶剂比指溶剂量与加料量之比，通常情况下，溶剂比增大，选择性明显提高，分离越容易进行。但是，过大的溶剂比将导致设备与操作费用增加，经济效果差。过小则会破坏正常操作，使其产品不合格。在实际操作中，随溶剂的不同其溶剂比也不同。

②　考虑溶剂物理性质的影响。溶剂的物理性质对萃取蒸馏过程有很大的影响，溶剂的沸点低，可在较低温度下操作，降低能量损耗，但塔顶馏出物中溶剂夹带量增加，导致溶剂损耗量上升，溶剂黏度对萃取精馏塔板效率有较大的影响，黏度大板效率低，黏度小则板效率大。

③　选择合适的溶剂进塔温度。在萃取精馏操作过程中，由于溶剂量很大，所以溶剂进料温度的微小变化对分离效果都有很大的影响。溶剂进料温度主要影响塔内每层塔板上各组分的浓度和汽液相平衡。若萃取温度低，会使塔内回流量增加，反而会使"恒定浓度"降低，不利于分离正常进行，导致塔釜产品不合格；如果溶剂温度过高，使塔底溶剂损失量增加，塔顶产品不合格。生产中温度一般比塔顶温度高 3～5℃。

④　调节溶剂含水量。溶剂中加入适量的水可提高组分间的相对挥发度，使溶剂选择性大大提高。另外，含水溶剂可降低溶液的沸点，使操作温度降低，减少蒸汽消耗，避免二烯烃自聚。但是，随着溶剂中含水量不断增加，烃类在溶剂中的溶解度降低。为避免萃取精馏塔内出现分层现象，则需要提高溶剂比，从而增加了蒸汽和动力消耗。在工业生产中，以乙腈为溶剂，加水量以 8％～12％为宜。由于二甲酰胺受热易发生水解反应，因此不易操作。

⑤　维持适宜的回流比。这一点不同于普通精馏，萃取精馏塔的回流比一般非常接近最小回流比，操作过程一定要仔细地控制、精心调节。回流比过大不会提高产品质量，反而会降低产品质量。因为增加回流量就直接降低了每层塔板上溶剂的浓度，不利于萃取精馏操作，使分离变得困难。

二、丁二烯生产的工艺流程

1. 乙腈法（ACN 法）

乙腈法是以含水 5％～10％的乙腈为溶剂，以萃取精馏的方法分离丁二烯。我国于 1971年 5 月由兰化公司合成橡胶厂自行开发的乙腈法 C_4 抽提丁二烯装置试车成功。该装置采用两级萃取精馏的方法，一级是将丁烷、丁烯与丁二烯进行分离；二级是将丁二烯与炔烃进行分离。其工艺流程见图 8-2。

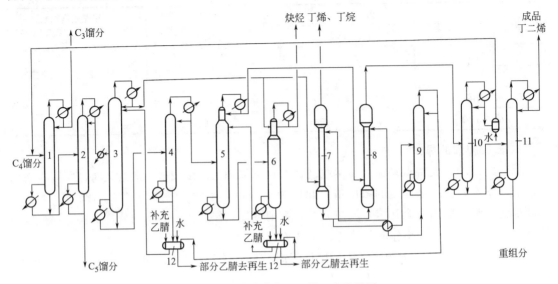

图 8-2 乙腈法分离丁二烯工艺流程图

1—脱 C_3 塔；2—脱 C_5 塔；3—丁二烯萃取精馏塔；4—丁二烯蒸出塔；

5—炔烃萃取精馏塔；6—炔烃蒸出塔；7—丁烷、丁烯水洗塔；8—丁二烯水洗塔；

9—乙腈回收塔；10—脱轻组分塔；11—脱重组分塔；12—乙腈中间储槽

由裂解气分离工序送来的 C_4 馏分首先送进 C_3 塔 1 C_5 塔（2），分别脱除 C_3 馏分和 C_5 馏分，得到精制的 C_4 馏分。

精制后的 C_4 馏分，经预热汽化后进入丁二烯萃取精馏塔 3。丁二烯萃取精馏塔分为两段，共 120 块塔板，塔顶压力为 0.45MPa，塔顶温度为 46℃，塔釜温度 114℃，C_4 馏分由塔中部进入，乙腈由塔顶加入，经萃取精馏分离后，塔顶蒸出的丁烷、丁烯馏分进入丁烷、丁烯水洗塔 7 水洗，塔釜排出的含丁二烯及少量炔烃的乙腈溶液，进入丁二烯蒸出塔 4。在塔 4 中塔釜排出的乙腈经冷却后供丁二烯萃取精馏塔循环使用，丁二烯、炔烃从乙腈中蒸出去塔顶，并送进炔烃萃取精馏塔 5。经萃取精馏后，塔顶丁二烯送丁二烯水洗塔 8，塔釜排出的乙腈与炔烃一起送入炔烃蒸出塔 6。为防止乙烯基乙炔爆炸，炔烃蒸出塔 6 顶的炔烃馏分必须间断地或连续地用丁烷、丁烯馏分进行稀释，使乙烯基乙炔的含量低于 30%（摩尔），炔烃蒸出塔釜排出的乙腈返回炔烃蒸出塔循环使用，塔顶排放的炔烃送出用作燃料。

在塔 8 中经水洗脱除丁二烯中微量的乙腈后，塔顶的丁二烯送脱轻组分塔 10。在塔 10 中塔顶脱除丙炔和少量水分，为保证丙炔含量不超标，塔顶产品丙炔允许伴随 60% 左右的丁二烯，塔釜丁二烯中的丙炔小于 5mg/L，水分小于 10mg/L。对脱轻组分塔来说，当釜压为 0.45MPa、温度为 50℃ 左右时，回流量为进料量的 1.5 倍，塔板为 60 块左右，即可保证塔釜产品质量。

脱除轻组分的丁二烯送脱重组分塔 11，脱除顺-2-丁烯、1,2-丁二烯、2-丁炔、二聚物、乙腈及碳五等重组分。其塔釜丁二烯含量不超过 5%（质量分数），塔顶蒸汽经过冷凝后即为成品丁二烯。成品丁二烯纯度为 99.6%（体积分数）以上，乙腈小于 10mg/L，总炔烃小于 50mg/L。为了保证丁二烯质量要求，脱重组分塔采用 85 块塔板，回流比为 4.5，塔顶压力为 0.4MPa 左右。

丁烷、丁烯水洗塔 7 和丁二烯水洗塔 8 中，均用水作萃取剂，分别将丁烷、丁烯及丁二烯中夹带的少量乙腈萃取下来送往乙腈回收塔9，塔顶蒸出乙腈与水共沸物，返回萃取精馏塔系统，塔釜排出的水经冷却后，送水洗塔循环使用。另外，部分乙腈送去净化再生，以除去其中所积累的杂质，如盐、二聚物和多聚物等。

2. 二甲基甲酰胺法（DMF法）

用DMF作溶液从 C_4 馏分中抽提丁二烯的方法是日本瑞翁公司开发的，我国于1976年5月由日本引进了第一套年产4.5万吨的DMF法抽提丁二烯的装置。

该工艺采用二级萃取精馏和二级普通精馏相结合的流程，包括丁二烯萃取精馏、烃烃萃取精馏、普遍精馏和溶剂净化四部分。其工艺流程如图8-3所示。

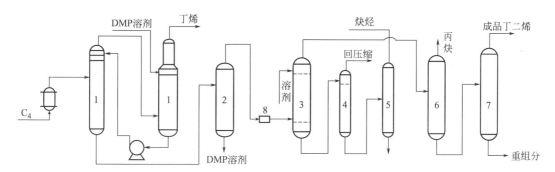

图8-3　二甲基甲酰胺抽提丁二烯流程图

1—第一萃取精馏塔；2—第一解吸塔；3—第二萃取精馏塔；4—丁二烯回收塔；

5—第二解吸塔；6—脱轻组分塔；7—脱重组分塔；8—丁二烯压缩机

原料 C_4 馏分汽化后进入第一萃取精馏塔1的中部，二甲基甲酰胺则由塔顶部第七或第八板加入，其加入量约为 C_4 馏分进料量的七倍。第一萃取精馏塔顶丁烯、丁烷馏分直接送出装置，塔釜含丁二烯、炔烃的二甲基甲酰胺进入第一解吸塔2。解吸塔釜的二甲基甲酰胺溶剂，经废热利用后循环使用。丁二烯、炔烃由塔顶解吸出来经丁二烯压缩机8加压后，进入第二萃取精馏塔3，由第二萃取精馏塔塔顶获得丁二烯馏分，塔釜含乙烯基乙炔、丁炔的二甲基甲酰胺进入丁二烯回收塔4。为了减少丁二烯损失，由丁二烯回收塔顶采出含丁二烯多的炔烃馏分，以气相返回丁二烯压缩机，塔底含炔烃较多的二甲基甲酰胺溶液进入第二解吸塔5。炔烃由第二解吸塔顶采出，可直接送出装置，塔釜二甲基甲酰胺溶液经废热利用后循环使用，由第二萃取精馏塔顶送来的丁二烯馏分进入脱轻组分塔6，用普通精馏的方法由塔顶脱除丙炔，塔釜液进脱重组分塔7。在脱重组分塔中，塔顶获得成品丁二烯，塔釜采出重组分，主要组分是顺-2-丁烯、乙烯基乙炔、丁炔、1,2-丁二烯以及二聚物、碳五等，其中丁二烯含量小于2％，一般作为燃料。

为除去循环溶剂中的丁二烯二聚物。将待再生的二甲基甲酰胺抽出0.5％，送入溶剂精制塔顶除去二聚物等轻组分，塔釜得到净化后的再生溶剂（图中未画出）。

3. N-甲基吡咯烷酮法（NMP法）

N-甲基吡咯烷酮法（NMP法）由德国BASF公司开发成功，并于1968年实现工业化生产。我国于1994年由新疆独山子引进了第一套装置。

NMP法从 C_4 馏分中分离丁二烯的基本流程与DMF法相同。其不同之处在于，溶剂中含有5％～10％的水，使其沸点降低，有利于防止自聚反应。具体流程如图8-4所示。原料 C_4 馏分经塔1脱 C_5 后，进行加热汽化，进入第一萃取精馏塔3，由塔上部加入含水NMP

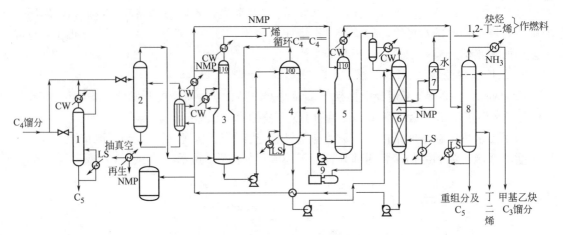

图 8-4　NMP 法丁二烯抽提装置工艺流程

1—脱 C_5 塔；2—汽化塔；3—第一萃取精馏塔；4—解吸塔；5—第二萃取精馏塔；

6—脱气塔；7—水洗塔；8—丁二烯精馏塔；9—压缩机

溶剂进行萃取精馏，丁烷、丁烯由塔顶采出，直接送出装置，塔釜丁烯、丁二烯、炔烃、溶剂进入丁烯解吸塔 4。在塔 4 中塔顶解吸后的气体主要含有丁烯、丁二烯，返回塔 3，中部侧线气相采出丁二烯、炔烃馏分送入第二萃取精馏塔 5，塔釜为含炔烃、丁二烯的溶剂，送入脱气塔 6。塔 5 上部加入溶剂进行萃取精馏，粗丁二烯由塔顶部采出送入丁二烯精馏塔 8，塔釜的炔烃和溶剂返回塔 4。脱气塔 6 顶部采出的丁二烯经压缩机 9 压缩后返回塔 4，中部的侧线采出经水洗塔 7 回收溶剂后，送到火炬系统，塔釜回收的溶剂再返回塔 3 和塔 5 循环使用。在丁二烯精馏塔 8 中，塔顶分出丙炔，塔釜采出重组分，产品丁二烯由塔下部侧线采出。

三、丁二烯生产的典型设备

NMP 工艺设备材质均为碳素钢，除了一台螺杆压缩机外，其余为塔器、容器、换热器和泵，压缩机为双螺杆，功率为 2000kV，吸气量为 22000m³/h，排气压力为 0.64MPa。

NMP 工艺的设备约为 100 台，DMF 工艺的设备约为 125 台，改进的 ACN 法设备多于 125 台。

四、丁二烯生产的操作条件

1. 溶剂的恒定浓度

溶剂的用量及浓度是萃取精馏的主要影响因素。在萃取精馏塔内，由于所用溶剂的相对挥发度比所处理的物料低得多，溶剂蒸气压要比被分离物料中所有组分的蒸气压小得多，因此，在塔内从加料板至灵敏板溶剂的浓度基本维持在一个恒定的浓度值，此浓度值称为溶剂恒定浓度，简称溶剂浓度。

通常情况下，溶剂的恒定浓度增大，选择性明显提高，分离越容易进行。但是过大的溶剂恒定浓度将导致设备投资与操作费用增加，经济效益差。在实际操作中，随所选溶剂的不同，其溶剂恒定浓度也不相同，对乙腈萃取剂，溶剂质量浓度一般控制在 78%～83%。

2. 溶解的温度

在萃取精馏操作过程中，由于溶剂用量很大，所以溶剂的进料温度对分离效果也有很大的影响。溶剂的进料温度主要影响塔内温度分布、气液负荷和操作稳定性。通常溶剂的进料温度高于塔顶温度，略低于进料板温度。如果溶剂进料温度过高，则易引起塔顶溶剂挥发量增大，造成损失，从而使塔顶馏分中丁二烯含量增加；溶剂温度过低，或由于内冷量过大，易造成塔内碳四烃大量积累，导致塔釜产品不合格，严重时甚至会造成液相超负荷而使操作无法进行。

3. 溶剂含水量

溶剂的含水量对分离选择性有较大的影响。表 8-3 以乙腈作为溶剂为例列出了在不同浓度乙腈溶剂中顺丁烯对丁二烯的相对挥发度。

表 8-3　不同浓度乙腈溶剂中顺丁烯对丁二烯的相对挥发度

项目	无水乙腈	含水 5% 的乙腈			含水 10% 的乙腈				
溶剂浓度/%	100	80	70	100	80	70	100	80	70
相对挥发度	1.45	1.35	1.30	1.48	1.36	1.30	1.51	1.37	1.30

由表 8-3 可知，溶剂中加入适量水可提高组分间的相对挥发度，使分离变得容易进行。另外含水溶剂可降低溶液的沸点，减少蒸汽消耗，避免丁二烯在塔内的热聚。但是，随着溶剂中含水量不断增加，烃类在溶剂中溶解度降低。为避免塔内出现溶剂与烃类分层现象，破坏萃取分离效果，需控制适宜的含水量。生产中一般控制乙腈含水量 6%～10%（质量分数），二甲基甲酰胺由于受热会发生水解反应而不能含水。

4. 回流比

在普通精馏中，当进料量一定及其他条件不变的情况下，增加回流比可提高分离效果。但在萃取精馏中，若被分离混合物进料量和溶剂用量一定时，增大回流比反而会降低分离效果。这是因为增加回流比后，使塔板上溶剂浓度降低，导致被分离组分的相对挥发度减小，结果达不到分离要求。

在萃取精馏塔中，回流液的作用只是为了维持各塔板上的物料平衡，或者说是保证相邻板之间形成浓度差，稳定精馏操作。因此，实际生产中的回流比略大于最小回流比，对于乙腈法萃取系统常采用 3.5 左右。若溶剂为冷液进料，在塔内有相当一部分上升蒸气被冷凝而形成内回流，此时，回流比可选择低于 3.0 操作。

任务三　丁二烯生产过程的操作与控制

一、丁二烯生产过程的开车操作

（1）开车准备条件确认　确认开工准备全部到位。确认各岗位工艺管线连接正确，设备、仪表、安全附件完好备用、各机泵加好合格润滑油，盘车正常，冷却水畅通。已经准备好详细的开工方案，人员培训合格，开工分工明确，职责分明。原材料和辅助材料都准备齐全。

（2）系统准备工作

① 引蒸汽、引循环水、引净化风、电进入装置。

② 各系统贯通、试压。

③ 按流程走向确认吹扫流程，打开各岗位设备的排凝阀，进行吹扫工作。

④ 确认氮气置换流程，确认所有定点打开的排气阀和排凝阀，各岗位引氮气排气置换，气源压力要保证不低于 0.1MPa。采样分析合格，萃取系统含氧量≤2%（体积分数）、脱水再蒸馏系统含氧量≤0.1%（体积分数）。

⑤ 抽插盲板、氮气保压。执行盲板方案，确认各岗位盲板抽插正确，重新充氮气进行保压。对各抽插盲板位置进行气密试漏。

⑥ 通过确认各阀门和设备处于开工待命状态。

（3）溶剂冷运。

（4）溶剂热运。

（5）碳四原料投料操作

① 第一精馏塔部分开车。

② 第二精馏塔部分开车。

③ 丁二烯水洗塔开车。

④ 丁二烯净化部分的开车。

⑤ 溶剂精制部分的开车。

二、丁二烯生产过程的正常停车操作

（1）停进料。

（2）第一萃取精馏部分停车。

（3）第一汽提塔的停工。

（4）第二萃取精馏部分的停工。

（5）丁二烯净化部分的停车操作。

三、丁二烯生产过程的紧急停车操作

（1）发生紧急停车时，由当班值班长（班长）通知调度、值班人员和本部门直接领导，在领导和调度协助和指导下进行紧急停车。

（2）立即关闭蒸汽调节阀，停止加热。

（3）立即停止原料（碳四）进料。

（4）停止萃取精馏、精馏塔和溶剂回收等系统的塔顶和塔底采出。

（5）各水洗塔停止加水。

（6）汽提塔停止侧线采出。

（7）关闭产品采出阀门，关闭污水出装置阀门。

（8）各塔的压力调节阀打开防止系统超压。

（9）密切注意各塔液位、压力和温度，如超压可向火炬系统泄压。

任务四　丁二烯生产过程的 HSE 管理

一、丁二烯抽提装置化学品对人体的危害

装置所接触的物料，如碳四、溶剂及其他各种化学品，都有一定的毒性，操作人员应了解各类化学品对人体的危害及其防护措施，加强自我保护意识。

1. 碳四、丁烷、丁烯、丁二烯

均属于低毒物质，对人体有窒息、弱麻醉、弱刺激作用，中毒表现有头痛、头晕、恶心、咽痛、耳鸣、全身乏力、呕吐等症状，脱离接触后迅速恢复正常。

2. DMF

属于低毒物质。急性中毒后有头痛、焦虑、恶心、呕吐、腹痛、便秘、肝损害及血压升

高等症状，长期慢性中毒可使人患有神经衰弱综合征，并有血压偏低、便秘、肝大、肝功能损害等。

3. 糠醛

属于中等毒性，蒸气有强烈的刺激性，并有麻醉作用，中毒后表现有呼吸道刺激、肺水肿、肝损害、中枢神经系统损害、呼吸中枢麻醉等。

4. 甲苯

属低毒类物质，对皮肤、黏膜有刺激作用，对中枢神经系统有麻醉作用，长期作用可影响肝功能。

5. TBC

属低毒物质，对眼睛、皮肤、黏膜和上呼吸道有刺激作用，中毒表现有灼烧感、咳嗽、喘气、喉炎、头痛、恶心、呕吐等。

6. 亚硝酸钠

中毒作用为麻醉血管运动中枢及周围血管。

二、化学品安全规定

凡有毒有害物质均应加强保管，实行严格的科学管理，堆放和放置位置要有固定的地点；对于工业生产上用剩的有毒有害残渣要及时进行焚烧处理，以免污染环境；对剧毒物品的管理应严格遵守《剧毒物品管理制度》。

工作现场要按规定穿戴劳保防护用品，在进行可能接触到有关化学品的作业时，要戴胶皮手套；在进行添加 TBC、抽溶剂、抽糠醛等作业时，要戴防护眼镜或面罩；在处理紧急事故或作业地点周围空气中有毒物质浓度较高时，应戴长管面具或自给式呼吸器；平时应注意个人卫生。

三、丁二烯生产装置泄露处理

（1）在岗人员应迅速、准确地判断出跑漏物料的种类和来源，立即穿戴好防护用品，采用防爆工具进行处理。

（2）应及时切断物料来源，防止事故进一步扩大。

（3）在可燃气体跑漏时，装置内部及可能有气体漫延的地方绝对禁止启动或关闭一切电器开关，必要时通知电工切断总电源；并用蒸汽或氮气稀释可燃气。

（4）立即通知和停止附近的一切动火作业，安排人员切断事故周围的交通，禁止车辆和行人通过。

（5）如果液料泄漏面积较大，则应立即报告厂调度和值班领导，由厂里协调和帮助处理。

（6）应根据情况决定装置是否要紧急停车处理。

（7）如果是溶剂等其他化学品泄漏，应尽量予以回收利用或集中处理，减少环境污染。

四、人身安全与急救及其他物品的特殊要求

（1）碳四和所用的化学品均属易燃易爆、有毒物质，在操作过程中要尽可能避免吸入大量的挥发气体造成中毒；在检修期间、倒空设备或清过滤器时，萃取溶剂不得随意排放，要用容器接收，操作时要穿戴好劳保防护用品，并严格遵守其安全规程，以防止物料接触皮肤引起中毒。

（2）岗位职工都应掌握本装置各种有毒物质的性质、可能的中毒症状，预防中毒措施及急救方法；熟知各种防毒器具的性能、使用及维护保养方法，平时注意对防毒防护器材定期进行检查，避免器具失效或不好用。

（3）未经气样分析和办理《进入设备作业证》，禁止进入有害危险的设备进行作业；作业时，除工作者必须戴带规定的防护器具外，外面应设专人联络和监护。

（4）凡有毒有害物质均应加强保管，实行严格的科学管理，堆放和放置位置要有固定的地点；对于工业生产上用剩的有毒有害残渣要及时进行焚烧处理，以免污染环境；对剧毒物品的管理应严格遵守《剧毒物品管理制度》。

（5）置换含有丁二烯自聚的设备，应用蒸汽或氮气多次置换、吹扫后，再打开人孔，注入水，加入硫酸亚铁并通蒸汽蒸煮，以破坏过氧化物。清除下来的过氧化物不得放在热的设备内、阳光下或扔到垃圾箱内，应及时送堆埋场烧掉。送烧有聚合物的设备、管线，在烧除前必须将聚合物穿成多孔，以免烧除时发生爆炸事故。

五、主要设备安全规定

（1）严格执行各岗位操作法规定的各项技术工艺指标（温度、压力、液位、流量等），未经车间和厂主管部门同意并签发"工艺条件变更通知书"不得随意变更工艺条件，严格禁止违章操作，防止超温、超压、超负荷等不安全因素发生。

（2）系统开车投料前，应用氮气置换，严格控制系统中的氧含量。溶剂系统氧含量<0.1%，丁二烯系统<0.05%，否则系统内不得进物料。

（3）在启动螺旋杆压缩机之前，必须进行间断盘车，不得启动电机强行盘车，盘车后确认没有问题才能通知电工送电，送电后不准再盘车。认真检查压缩机的冷却系统、润滑系统、密封系统和仪表联锁系统，按照操作法中的有关规定使之具备开车条件。

（4）压缩机的安全联锁在使用前应认真检查并做联动试验，联动参数不得随意更改，如有问题应及时处理并经有关部门确认后才能开车。在启动丁二烯气体压缩机时必须有厂主管领导、主管部门和车间领导在场。如果压缩机一次启动不起来，应查明原因并排除故障后才能再次启动，不得连续启动。压缩机启动后，操作人员要在现场启动开关处进行监护，待压缩机运转正常后方可离开。

（5）在压缩机运行中，要定时检查冷却系统、润滑系统、密封系统和电机。检查各温度、压力、电机电流、震动和泄露情况，发现问题及时处理。当压缩机发现异常声响，严重泄漏或其他严重危及压缩机安全的异常变化时，操作工有权采取紧急停车进行处理。紧急停车后，应按照操作法中的紧急停车的操作处理，待查明停车原因并排除故障后方可按正常程序开车。

（6）定时检查压缩机吸入罐、吸滤器和段间气液分离罐的液位，使之保持在规定范围内，防止液体进入压缩机。

（7）在压缩机运转中不得对其转动部分进行清扫，转动部分要有安全罩，不得用水冲洗电机。

（8）压缩机的停车操作要严格按照操作法中的程序进行。

（9）停车后要用氮气将机体内的丁二烯等烃类置换干净，防止发生丁二烯自聚和其他危险。

（10）对停车的压缩机要进行定期盘车、检查机体润滑油等系统，防止水、蒸汽和其他物料串入。在冬季要注意防冻。机壳冷却水罐断开，将机壳内的冷却水彻底吹扫干净；油冷却器（两台）上下水阀、上下水连通阀均应打开3~4扣防冻。

丁二烯的下游产品——ABS 工程塑料

（一）ABS 塑料的物化性质

ABS 的化学名称为丙烯腈-丁二烯-苯乙烯塑料（acrylonitrile butadiene styrene plastic），ABS 的分子式如下所示：

$$\left[CH_2-\underset{\underset{CN}{|}}{CH}-CH_2-CH=CH-CH_2-CH_2-CH \right]_n$$

ABS 树脂是目前产量最大、应用最广泛的聚合物。ABS 树脂无毒、无味，外观呈象牙色半透明或透明颗粒或粉状。密度为 $1.05\sim1.18g/cm^3$，收缩率为 $0.4\%\sim0.9\%$，弹性模量值为 0.2GPa，吸湿性 $<1\%$，熔融温度 $217\sim237℃$，热分解温度 $>250℃$。

ABS 的吸水率低，其制品可着成各种颜色，并具有 90% 的高光泽度。ABS 同其他材料的结合性好，易于表面印刷、涂层和镀层处理。ABS 的氧指数为 18.2，属易燃聚合物，火焰呈黄色，有黑烟，烧焦但不滴落，并发出特殊的肉桂味。

（二）ABS 的性能

1. 力学性能

ABS 有优良的力学性能，其冲击强度极好，可以在极低的温度下使用。即使 ABS 制品被破坏，也只能是拉伸破坏而不会是冲击破坏。ABS 的耐磨性能优良，尺寸稳定性好，又具有耐油性，可用于中等载荷和转速下的轴承。ABS 的蠕变性比 PSF（poly-silicic-ferric-sulfate，聚硅酸铁）及 PC（polycarbonate，聚碳酸酯）大，但比 PA（polyamide，聚酰胺）及 POM（polyformaldehyde，聚甲醛）小。ABS 的弯曲强度和压缩强度属塑料中较差的。ABS 的力学性能受温度的影响较大。

2. 热学性能

ABS 属于无定形聚合物，无明显熔点；熔体黏度较高，流动性差，耐候性较差，紫外线可使其变色；热变形温度为 $70\sim107℃$（85℃ 左右），制品经退火处理后还可提高 10℃ 左右。对温度、剪切速率都比较敏感；ABS 在 $-40℃$ 时仍能表现出一定的韧性，可在 $-40\sim85℃$ 的温度范围内长期使用。

3. 电学性能

塑料 ABS 的电绝缘性较好，并且几乎不受温度、湿度和频率的影响，可在大多数环境下使用。

4. 环境性能

塑料 ABS 不受水、无机盐、碱及多种酸的影响，但可溶于酮类、醛类及氯代烃中，受冰醋酸、植物油等侵蚀会产生应力开裂。ABS 的耐候性差，在紫外光的作用下易产生降解；于户外半年后，冲击强度下降一半。

（三）ABS 的加工工艺

1. 成型工艺

塑料 ABS 也可以说是聚苯乙烯的改性，比 HIPS（耐冲击性聚苯乙烯）有较高的抗冲击强度和更好的机械强度，具有良好的加工性能，可以使用注塑机、挤出机等塑料成型设备进行注塑、挤塑、吹塑、压延、层合、发泡、热成型，还可以焊接、涂覆、电镀和机械加工。ABS 的吸水性比较高，加工前需进行干燥处理，干燥温度为 70～85℃，干燥时间为 2～6h；ABS 制品在加工中容易产生内应力，如应力太大，致使产品开裂，应进行退火处理，把制件放于 70～80℃ 的热风循环干燥箱内 2～4h，再冷却至室温即可。

2. 注塑工艺

塑料 ABS 是最常用的工程塑料，广泛应用于制造齿轮、轴承、把手、泵叶轮、电视机、计算机、打字机壳体、键盘、电器仪表、蓄电池槽、冰箱部件及机械工业部件、各种日用品、消费品包装等制品。ABS 注塑成型温度在 160～220℃ 之间，注射压力在 70～130MPa 之间，模具温度为 55～75℃。

3. 挤出工艺

塑料 ABS 生产管材、板材、片材及型材等制品，管材可用于各种水管、气管、润滑油及燃料油的输送管；板材、片材可用于地板、家具、池槽、过滤器、墙壁隔层及热成型或真空成型。挤出机的螺杆长径比通常比较高，L/D 为 18～22 之间，压缩比为 (2.5～3.0)∶1，宜用渐变型带鱼雷头螺杆，料筒温度分别为：料斗部 150～160℃，料筒前部 180～190℃，模头温度 185～195℃，模具温度 180～200℃。其吹塑成型温度可控制在 140～180℃ 之间。

（四）ABS 的性能检测

塑料性能检测技术服务遍布化工行业，从原材料鉴定、化工产品配方分析，到产品生产中的工业问题诊断、产品应用环节的失效分析、产品可靠性测试，都可以提供最专业的分析技术服务。ABS 树脂集合了三者单体的优良性质，即：苯乙烯的光泽、电性能、成型性；丙烯腈的耐热性、刚性、耐油性；丁二烯的耐冲击性。

性能测试是通过自动化的测试工具模拟多种正常、峰值以及异常负载条件来对系统的各项性能指标进行测试。

项目九　苯乙烯生产过程操作与控制

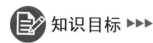 **知识目标** ▶▶▶

1. 了解苯乙烯的性质与用途。
2. 了解苯乙烯的生产方法，理解各生产方法的优缺点。
3. 掌握乙苯脱氢生产苯乙烯的工艺原理、工艺流程和工艺条件。
4. 了解乙苯脱氢生产苯乙烯工艺过程中所用设备的作用、结构和特点。
5. 了解乙苯脱氢生产苯乙烯的开停车操作步骤和事故处理方法。
6. 了解乙苯脱氢生产苯乙烯的 HSE 管理。

 能力目标 ▶▶▶

1. 能够通过分析比较各种苯乙烯生产方法，确定苯乙烯的生产路线。
2. 能识读并绘制带控制点的乙苯脱氢生产苯乙烯的工艺流程。
3. 能对乙苯脱氢生产苯乙烯的工艺过程进行转化率、收率、选择性等计算，通过给定的装置处理能力能进行装置的简单物料衡算。
4. 能对乙苯脱氢生产苯乙烯工艺过程进行工艺控制（包括工艺参数调节和开停车操作）。
5. 能对乙苯脱氢生产苯乙烯的工艺过程中可能出现的事故拟定事故处理预案。

任务一　苯乙烯生产的工艺路线选择

一、苯乙烯的性质与应用

1. 苯乙烯的性质

（1）物理性质　苯乙烯又名乙烯基苯，英文名称为 styrene；styrol；vinylbenzene；phenylethylene。它是无色油状液体，有辛辣气味，易燃，难溶于水，易溶于甲醇、乙醇、乙醚、二硫化碳等有机溶剂中，对皮肤有刺激性，毒性中等，在空气中的最大允许浓度是 100mg/L，主要物理性质见表 9-1。

表 9-1　苯乙烯的主要物理性质

性　　能	指标	性　　能	指标
密度(25℃)/(g/mL)	0.91	爆炸极限/%(体积分数)	1.1～6.1
黏度(25℃)/Pa·s	$0.73×10^{-3}$	沸点/℃	145.3
比热容(液体 25℃)/[J/(g·℃)]	1.8	凝固点/℃	−30.6
蒸发热(25℃)/(J/g)	428.8		

（2）化学性质　苯乙烯具有乙烯基烯烃的性质，反应性能极强，如氧化、还原、氯化等

反应均可进行，并能与卤化氢发生加成反应。

苯乙烯因其含有不饱和键，且不饱和键与苯环形成共轭体系，因此在热、光、氧的作用下极易自聚合，形成低分子量聚合物。苯乙烯在自由基、负离子引发剂的作用下几乎可以用所有聚合方法（本体、悬浮、溶液、乳液）使其实施均聚和共聚，苯乙烯易自聚生成聚苯乙烯树脂，也易与其他含双键的不饱和化合物共聚。例如苯乙烯与丁二烯、丙烯腈共聚，其共聚物可用于生产 ABS（acrylonitrile butadiene styrene）工程塑料；与丙烯腈共聚为 AS（acrylonitrile styrene）树脂；与丁二烯共聚可生成乳胶或合成橡胶 SBR（styrene butadiene rubber）。此外苯乙烯还被广泛用于制药、涂料、纺织等工业。

苯乙烯可燃，中等毒性，在特定条件下猛烈发生聚合。储存和运输中一般加入 15mg/kg 的 TBC 阻聚剂（叔丁基邻苯二酚）。TBC 的阻聚作用需要有一定的溶解氧，故苯乙烯储罐采用拱顶罐形式。环境温度小于 25℃，采取降温措施，长期储存采用泵打循环或内冷管。

苯乙烯不能与橡胶、铜等物质接触。苯乙烯与铜接触会使苯乙烯变色。苯乙烯不能直接光照和暴露于空气中，因为光照会使苯乙烯聚合，暴露于空气中会逐渐发生聚合和氧化反应，易被氧化成醛、酮类。

2. 苯乙烯的应用

苯乙烯自聚制得的聚苯乙烯塑料为无色透明体材料，易于加工成型，且产品经久耐用，外表美观，介电性能很好。发泡聚苯乙烯还可用作防震材料和保温材料。苯乙烯与丁二烯共聚生成丁苯橡胶，是用途较广、产量较大的合成橡胶之一。丙烯腈与丁二烯、苯乙烯共聚生成 ABS 树脂，ABS 树脂是一种力学性能极高的工程塑料。苯乙烯可与丙烯腈共聚得 AS 树脂。苯乙烯与顺丁烯二酸酐、乙二醇以及邻苯二甲酸酐等共聚生成不饱和聚酯树脂等。苯乙烯还被广泛应用于制药、涂料、纺织等工业。

二、苯乙烯的主要生产方法

目前工业化的苯乙烯生产技术主要有乙苯脱氢法、环氧丙烷联产法及裂解汽油抽提苯乙烯三条路线。

1. 乙苯脱氢制苯乙烯路线

乙苯脱氢法是目前国内外生产苯乙烯的主要方法，其生产能力约占世界苯乙烯总生产能力的 90%。乙苯脱氢制苯乙烯技术的特点是工艺技术相当成熟，产品纯度高，装置运行平稳，操作弹性大。它包括乙苯催化脱氢和乙苯氧化脱氢两种生产工艺。

（1）乙苯催化脱氢工艺 乙苯催化脱氢是工业上生产苯乙烯的传统工艺，由美国 Dow 化学公司首次开发成功。催化脱氢技术已相当成熟，在反应器、负压脱氢过程及能量综合利用等方面的改进进展不大。目前典型的生产工艺主要有 Fina/Badger 工艺、ABB 鲁姆斯/UOP 工艺以及 BASF 工艺等。

① ABB 鲁姆斯/UOP 工艺。目前世界上有近 40 套苯乙烯装置采用该工艺进行生产，总能力约 7.8Mt/a。采用该工艺生产苯乙烯的装置主要有蒸汽过热炉、绝热型反应器、热回收器、气体压缩机和乙苯/苯乙烯分离塔等。将蒸汽过热至 800℃，与乙苯一起进入绝热反应器。反应温度 550～650℃，常压或负压，蒸汽/乙苯质量比为 1.0～1.5。通过脱氢反应器所生成的脱氢产物经冷凝后进入乙苯/苯乙烯分离塔，经分馏后塔底分出高纯度苯乙烯，塔顶馏出未反应的乙苯。

② Fina/Badger 工艺。Fina/Badger 工艺通常与美孚/Badger 乙苯工艺联合签发许可。

该工艺采用绝热脱氢，蒸汽过热至 $800\sim950℃$，与预热器内的乙苯混合后再通过催化剂，反应温度为 $560\sim650℃$，压力为负压，蒸汽/乙苯质量比为 $1.5\sim2.2$。反应器材质为铬镍，反应产物在冷凝器中冷凝。Fina/Badger 与 ABB Lummus 公司一起几乎垄断了世界苯乙烯生产专利市场。

③ BASF 工艺。BASF 工艺的特点是用烟道气直接加热的方式提供反应热，这是与绝热反应的最大不同点。反应产物与原料气系统进行热交换，列管间加折流挡板，使加热气体径向流动，烟道气进口温度为 $750℃$，出口温度为 $630℃$，换热后乙苯的进料温度达到 $585℃$，直接与管内脱氢催化剂接触反应。出口气体经急冷、换热，再经空气冷却，分离脱氢尾气（H_2、CH_4、CO_2 等）、水和油，上层脱氢料液送精馏工序制得苯乙烯。

（2）乙苯氧化脱氢法

乙苯氧化脱氢技术是利用氢气和氧气的放热反应给乙苯脱氢反应提供热量，从而大大降低了能耗，提高了反应效率。是近年来具有竞争力的新技术。典型的生产工艺是 SMART 工艺。世界上已有 6 套采用该技术生产苯乙烯的装置。

该工艺于 20 世纪 90 年代初期开发成功，是 UOP 公司开发的乙苯脱氢选择性氧化技术（Styro-Plus 工艺）与 Lummus、Monsanto 以及 UOP 三家公司开发的 Lummus/UOP 乙苯绝热脱氢技术的集成。该工艺是在原乙苯脱氢工艺的基础上，向脱氢产物中加入适量氧气，使氢气在选择性氧化催化剂作用下氧化为水，这不但降低了反应产物中的氢气分压，使平衡反应向有利于生成苯乙烯的方向进行，而且还可为乙苯脱氢反应提供热量。"Smart"工艺流程与 Lummus/UOP 苯乙烯工艺流程基本相同，但反应器结构有较大的差别，主要是在传统脱氢反应器中增加了氢氧化反应过程。

2. 环氧丙烷联产苯乙烯路线

环氧丙烷-苯乙烯（PO/SM）联产法又称共氧化法，由壳牌公司开发成功，并于 1973 年在西班牙首次实现工业化生产。在 $130\sim160℃$、$0.3\sim0.5MPa$ 下，乙苯先在液相反应器中用氧气氧化生成乙苯过氧化物。生成的乙苯过氧化物经提浓到 17% 后进入环氧化工序，在反应温度为 $110℃$、压力为 $4.05MPa$ 条件下，与丙烯发生环氧化反应生成环氧丙烷和甲基苄醇。环氧化反应液经过蒸馏得到环氧丙烷，甲基苄醇在 $260℃$、常压条件下脱水生成苯乙烯。反应产物中苯乙烯与环氧丙烷的质量之比为 $2.5:1$。苯乙烯/环氧丙烷联产法的特点是不需要高温反应，可以同时联产苯乙烯和环氧丙烷两种重要的有机化工产品；将乙苯脱氢的吸热和丙烯氧化的放热两个反应结合起来，节省了能量，解决了环氧丙烷生产中的三废处理问题；由于联产装置的投资费用要比单独的环氧丙烷和苯乙烯装置降低 25%，操作费用降低 50% 以上，因此采用该法建设大型生产装置时更具竞争优势。该法的不足之处在于工艺流程长，装置总投资费用较高，且反应复杂，副产物多，操作条件严格，乙苯单耗和装置能耗等都要高于乙苯脱氢法工艺，不适宜建中小型装置。近年来采用该技术建大型苯乙烯装置的明显增加，2006 年 3 月在广东惠州投产的中海油/壳牌合资公司的 56 万吨/年苯乙烯装置及镇海炼油化工公司正在建设的苯乙烯装置均采用 PO/SM 技术。目前世界上采用该法的苯乙烯装置生产能力约占世界苯乙烯总生产能力的 10% 以上。

近年来，美国壳牌等公司不断对该技术进行完善和更新换代，最新开发的第四代环氧丙烷联产技术与第三代比较，不仅可减少投资约 10%，而且在热量利用和反应工序优化等方面的改进提高了装置的操作效率。目前世界上拥有该技术专利转让权的生产商有 Shell 公司、Lyondell 化学公司等。

3. 裂解汽油抽提苯乙烯路线

这是近几年发展起来的没有大规模应用的苯乙烯生产新技术路线。石脑油、柴油、液化石油气为原料的蒸汽裂解制乙烯装置生产的裂解汽油中含 4%~6% 的苯乙烯，采用抽提方式可将其中的苯乙烯分离出来。在传统的乙烯装置中，通常只有苯/甲苯抽提工艺，其中的苯乙烯都通过处理制成较低附加值的产品（如加氢成乙苯、作汽油调和组分、C_8 芳构化原料等）。近年来，随着乙烯规模的大型化，裂解汽油中苯乙烯量大幅增加，如在加氢前分离出苯乙烯，不仅可获得廉价苯乙烯，而且可大幅度减轻装置的加氢负荷，同时不含乙苯的 C_8 芳烃作为异构化原料的价值也相应提高。裂解汽油抽提苯乙烯路线一般通过传统精馏、萃取精馏、选择加氢及精制处理等过程，在低温下将乙烯裂解汽油中富含的苯乙烯提取出来，最高纯度可达到 99.9%，生产成本仅是乙苯脱氢法的 1/2。

美国 GTC 技术公司开发了采用选择性溶剂的抽提蒸馏塔 GT-苯乙烯工艺，从粗热解汽油（来自石脑油、瓦斯油和 NGL 蒸汽裂解）直接回收苯乙烯。提纯后苯乙烯产品纯度为 99.9%，含苯基乙炔小于 50mg/kg。采用抽提技术将苯乙烯回收，既可减少后续加氢过程中的氢气消耗，又避免了催化剂因苯乙烯聚合而引起的中毒，也增产了苯乙烯。典型的世界规模级（60 万~80 万吨/年）裂解装置可从热解汽油回收约 3 万吨/年苯乙烯和 4.5 万吨/年混合二甲苯。

国内的苯乙烯装置基本上都是采用国外先进的成熟技术，技术水平较高，如中海壳牌装置采用壳牌公司第三代 SM/PO 联产技术；部分采用国内的自主技术，如海南实华嘉盛化工有限公司的催化干气制乙苯技术，是采用大连化学物理研究所与抚顺石油二厂研究开发的第三代催化干气制乙苯技术，它相比用纯乙烯与苯合成乙苯工艺的成本要低 6.2%。他们研制成功的两种新型分子筛催化剂具有低温活性高、选择性好和寿命长等特点，用于固定床和催化蒸馏反应工艺中，可大大降低反烃化和烃化的反应温度，显著提高乙苯产品的质量。其技术属国内先进水平。另外，山东菏泽玉皇化工有限公司新投产了我国首套大型乙醇直接烃化制苯乙烯装置。该方法为没有乙烯资源的企业生产苯乙烯提供了一条新路线。与传统乙烯法工艺相比，新工艺的烃化产物中的重组分较少，烃化液中乙苯得率在 20%~15%；苯塔顶几乎不排放烃化尾气。

三、苯乙烯生产技术的进展

1. 国内外新工艺研发及应用

（1）苯和乙烯直接合成路线　苯和乙烯直接合成苯乙烯法是由日本 Asahi 化学工业有限公司最新开发成功的。主要是在含有 HZSM-5 沸石的催化剂存在下，乙烯和苯在膜式反应器中反应制备苯乙烯单体，特点是该反应器能采用氢分离膜脱除氢。具体是苯和乙烯的气相混合物在催化剂的存在下，在 490℃ 的反应温度下，于一个含有 H 分离膜的反应器中被处理，得到选择性达 93% 的苯乙烯。该反应器内的 H 分离膜是由镀 Pt 烧结管制得。该公司开发的另一种直接制苯乙烯的技术是在一含有 H 渗透膜的反应器中，使苯和乙烯在气相条件下与沸石催化剂接触发生反应合成苯乙烯。该工艺中的沸石催化剂是用元素周期表中Ⅲ~Ⅴ族中的至少一种金属交换的。苯和乙烯在一个装有氢渗透膜的反应器中在锌交换的 Na^+ 型 ZSM-5 催化剂存在下，于 500℃ 反应，结果苯乙烯选择性为 89%，乙烯转化率为 88%。

苯和乙烯直接合成苯乙烯是近年来苯乙烯研究领域出现的新方向，但距离实现工业化尚有许多工作要做，特别是该方法的工艺合理性、操作可行性、生产成本、经济效益等还需进一步探讨。

(2) 丁二烯合成路线　Dow 化学公司和荷兰国家矿业公司 (DSM) 都在开发以丁二烯为原料合成苯乙烯技术，两种工艺都有可能在近期实现工业化。环化二聚反应所用的丁二烯必须是经过提纯的，或者可以用来自乙烯装置 C_4 馏分所含的丁二烯，但后者在二聚之前必须除去 C_4 馏分中的乙炔，以避免催化剂快速中毒。

DOW 化学工艺以负载在 γ-沸石上的铜为催化剂，反应于 1.8MPa 和 100℃下在装有催化剂的固定床上进行，丁二烯转化率为 90%，4-乙烯基环己烯 (4-VCH) 的选择性接近 100%。之后的氧化脱氢采用以氧化铝为载体的锡/锑催化剂，在气相中进行。在 1 个月的运转期内，催化剂活性下降了一半，此时在催化剂床上通入氧气使其再生。该反应在 0.6MPa 和 400℃下进行，VCH 的转化率约为 90%，苯乙烯的选择性为 90%，副产物为乙苯、苯甲醛、苯甲酸和二氧化碳。

DSM 工艺采用在四氢呋喃溶剂中负载于二亚硝基铁的锌为催化剂，锌的作用是使硝基化合物活化。液相反应在 80℃ 和 0.5MPa 下进行，丁二烯转化率大于 95%，4-乙烯基环己烯选择性为 100%。4-乙烯基环己烯的脱氢采用负载氧化镁的钯催化剂，在 300℃ 和 0.1MPa 的气相中进行，4-乙烯基环己烯完全转化，乙苯选择性超过 96%，唯一的副产物是乙基环己烷。

从目前丁二烯市场价格来看，采用丁二烯合成苯乙烯是很难与现行的生产工艺相竞争的。但是，随着全球性丁二烯的过剩，该工艺路线不失为一条丁二烯利用的重要途径。

(3) 甲苯甲醇合成路线　自 20 世纪 70 年代，在碱金属交换的 X 型和 Y 型沸石上成功地进行甲醇与甲苯侧链烷基化反应合成苯乙烯以来，该课题的研究得到广泛开展。与传统的苯乙烯合成工艺路线相比，该技术工艺简单，流程短，原料价廉，来源广泛，具有较为实用的价值。甲苯、甲醇侧链烷基化催化剂一般为碱性分子筛催化剂，目前仍未突破这一范畴。一般认为催化剂既要有合适的酸碱性质，又要有一定的空间结构。使用较多的是 X 型、Y 型分子筛催化剂，最近 L 型、β 型以及 HSAPO-5 分子筛催化剂也有研究。采用该工艺的设备投资和可变费用比传统乙苯脱氢法优越，但该工艺目前尚难工业化，主要原因是催化剂结炭严重，故只有在进一步解决催化剂寿命问题后才有可能实现工业化。

(4) 乙烷制苯乙烯技术　美国 Dow 公司和意大利 Enichem 公司 Snamprogetti 公司合作对乙烷生产苯乙烯技术进行攻关，在改进催化剂和反应器技术方面取得了重大突破。该技术的优势是乙烷原料价格比乙烯便宜，但有一种观点认为，要将乙烷和脱氢反应中生成的乙烯进行分离和循环，投入的操作成本和投资成本足以抵消乙烷的价格优势。但是，如果在乙烷价格比美国海湾地区的乙烷价格便宜 90% 的中东地区使用该工艺，可以使原料成本降低 16%，再把附加的投资成本考虑进去，按 25% 的投资返还率计算，以乙烷为原料的苯乙烯工艺总成本将比乙烯为原料工艺低约 10%。

2. 工艺技术发展趋势

(1) 基本格局保持不变　多年来，我国在乙苯烷化技术、脱氢催化剂、反应器、生产改进等方面进行了大量的研究与开发，并取得了重大进展，但从发展趋势看，在未来几年内，国内苯乙烯生产装置采用国外进口催化剂的厂家仍将占绝大多数，Lummus 液相分子筛等国外经典技术仍将是国内苯乙烯装置的主流技术。

(2) 苯乙烯/环氧丙烷新技术占有率增加　投资费用可降低 10% 的苯乙烯/环氧丙烷技术逐渐成为苯乙烯工艺路线的优势选项。如 2004 年建成投产的美国 Lyondell 化学公司与德国 Bayer 公司合资建设的 63.5 万吨/年的苯乙烯装置，中海油公司与 Shell 公司合资的惠州石化 56 万吨/年苯乙烯联合装置以及 2010 年投产的镇海炼化与莱昂戴尔（Lyondell）合资的 60 万吨/年苯乙烯项目均采用苯乙烯/环氧丙烷联产技术。这两套新装置的建成将为我国苯乙烯行业注入新活力，可进一步增进我国苯乙烯生产技术多样性，为国内大型苯乙烯装置建设积累宝贵经验。同时，PO/SM 联产法与乙苯脱氢法两种工艺间的竞争将进一步促进各自的技术改造与创新，提高生产技术水平。

（3）低成本稀乙烯工艺越来越受到关注　据 Nexant ChemSystems 咨询公司称，采用稀乙烯生产苯乙烯时，其净原料成本比以聚合级乙烯为原料的标准工艺节省 13%～15%，工艺成本低 6.2%，原料预精制部分的投资约占乙苯装置总投资的 60%。该工艺因采用不需经特殊精制催化干气直接用作反应气，工艺流程短、技术指标先进。该技术已发展到第三代和第四代技术，即烷化反应和反烷化反应分别放在两个反应器中进行，气相反烷化改为液相反烷化，可将乙苯产品中二甲苯的含量降低到 1000mg/L 以下。

2006 年投产的海南实华嘉盛苯乙烯装置就是采用大连化学物理研究所与抚顺石化联合开发的第三代催化干气制乙苯技术，目前正在开发的第五代技术使工艺流程更为简单，能耗进一步降低。

（4）具有独特优势的先进技术和设备不断涌现　目前，有效抑制催化剂结焦，提高催化剂活性稳定性等技术方面均具有独特创新的循环固定床烷化制乙苯新技术；以轴径向反应器为关键技术的新一代乙苯脱氢制苯乙烯技术、各种旨在提高烷化和脱氢催化剂综合性能的新型催化剂以及四段绝热负压反应系统（CSP-SM 反应体系）、轴径向反应器、流化床反应器等各种高效、低阻力、高能力的新型脱氢反应器等前沿和热点技术正以其独特优势开始进入苯乙烯工业化生产中。这些新技术的开发与应用，可明显提高反应速率、转化率、选择性及催化剂的使用寿命等重要生产工艺指标，从而实现化工生产追求的高效节能理念。

总而言之，苯乙烯生产技术的发展理念是高收率、高转化率、低能耗、环保、工艺简单且投资少，这也是苯乙烯生产技术的发展方向。

四、苯乙烯工艺路线的选择

规模化的工业生产苯乙烯的方法主要有乙苯脱氢法和苯乙烯-环氧丙烷联产法。其中联产法工艺复杂，一次性投资大，能耗高，难以成为主导方法，因此其产量仅为苯乙烯总产量的 10%，乙苯催化脱氢制苯乙烯，其流程短，转化率高，且乙苯易得价廉，因此其余 90% 苯乙烯采用乙苯催化脱氢的方法。本项目主要介绍乙苯催化脱氢生产苯乙烯。

任务二　乙苯催化脱氢生产苯乙烯的工艺流程组织

一、乙苯催化脱氢生产苯乙烯的工艺原理

1. 工艺原理

乙苯催化脱氢生产苯乙烯是以苯和乙烯为原料，通过苯烷基化反应生成乙苯，然后乙苯再催化脱氢生成苯乙烯。其中苯烷基化反应指在苯环上的一个或几个氢被烷基所取代，生成烷基苯的反应。在发生乙苯烷基化反应生成苯乙烯的同时，还会发生异构化、烷基转移以及芳烃缩合和烯烃缩合反应，生成其他的副产物。

2. 化学反应

（1）乙苯催化脱氢生成苯乙烯的主反应

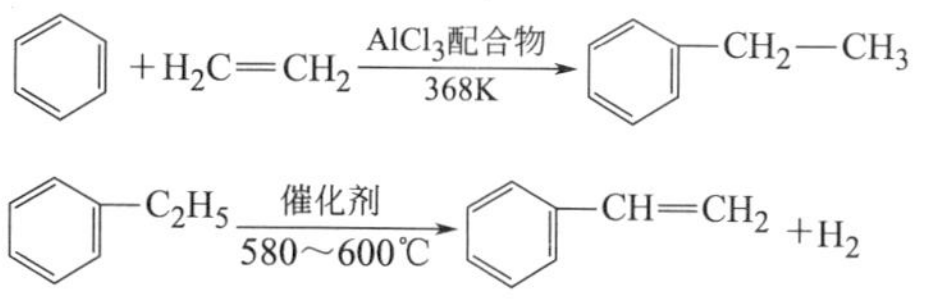

（2）乙苯催化脱氢生成苯乙烯的副反应

① 多烷基苯的生成

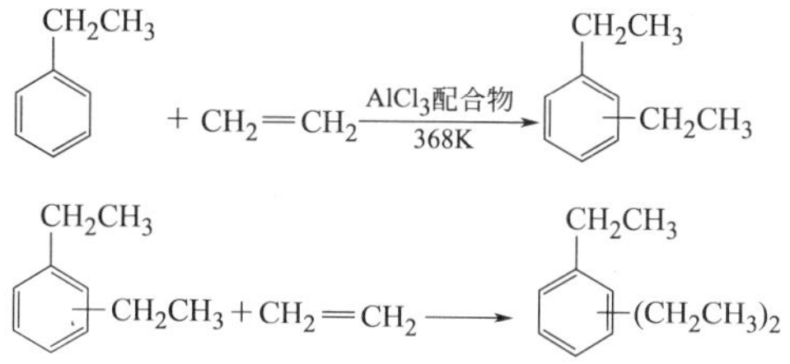

② 异构化反应　由于烷基的异构转位，单乙苯进一步烷基化反应，可得到邻、间、对三种二乙苯的异构体。反应条件越激烈，如温度较高、时间较长、催化剂活性和浓度较高时，异构化反应越易发生。

③ 烷基转移反应　多乙苯与过量的苯发生烷基转移反应，转化为单乙苯，可以增加单乙苯的收率。

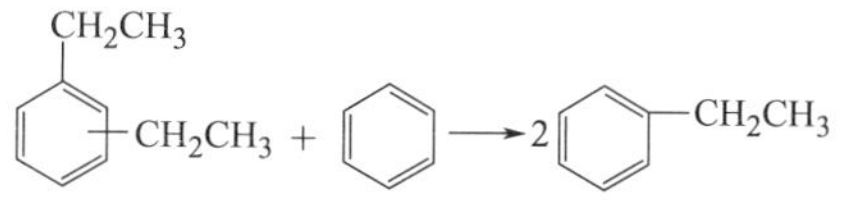

④ 芳烃缩合和烯烃的缩合反应　主要生成高沸点的焦油和焦炭。

综上所述，由于芳烃的烷基化过程中，同时有其他各种芳烃转化反应发生，产物是乙苯、二乙苯、多乙苯的复杂混合物。实际生产中选择适宜的烷基化反应温度、压力、原料纯度和配比，对获得最大的烷基苯收率具有十分重要的意义。

3. 催化剂

乙苯脱氢工艺过程的关键技术是催化剂。催化剂的性能决定了乙苯的转化率和生成苯乙烯的选择性、蒸汽/烃比、液时空速（LHSV）和运转周期等，催化剂的性能决定了乙苯脱氢生产苯乙烯工艺过程的经济性。

由于乙苯脱氢的反应必须在高温下进行，而且反应产物中存在大量氢气和水蒸气，因此乙苯脱氢反应的催化剂应满足下列条件要求：

① 有良好的活性和选择性，能加快脱氢主反应的速率，而又能抑制聚合、裂解等副反应的进行；

② 高温条件下有良好的热稳定性，通常金属氧化物比金属具有更高的热稳定性；

③ 有良好的化学稳定性，以免金属氧化物被氢气还原为金属，同时在大量水蒸气的存在下，不致被破坏结构，能保持一定的强度；

④ 不易在催化剂表面结焦，且结焦后易于再生。

国外许多公司对乙苯脱氢催化剂进行了深入研究。早期，美国采用 Standard 石油公司的 1707 催化剂（Fe_2O_3-CuO-K_2O/MgO），德国采用 Farben 公司的 Lu-114G 催化剂（ZnO-K_2CrO_4-K_2SO_4-MgO-CaO-Al_2O_3）。后来，催化剂都发展成为以铁为基础的多组分催化剂。美国壳牌公司开发了以钾、铬为助催化剂的铁系催化剂 Shell 105（Fe_2O_3-K_2O-Cr_2O_3），为世界广泛采用。由于铁化合物 Fe_2O_3 在反应过程的高温下还原成低价氧化铁，导致催化剂因结炭而失活，可加入 Cr_2O_3 起稳定作用，K_2O（以 K_2CO_3 形式加入）具有抑制结炭的作用。

乙苯脱氢催化剂的研发主要有三个方向：一方面可以通过选择合适的助催化剂提高乙苯的转化率和苯乙烯的选择性；另外，可通过改变催化剂的粒径和形状以提高催化剂的选择性，研究发现：小粒径和低比表面积有利于提高苯乙烯的选择性，颗粒采用异形截面（星形、十字形）以及大孔隙率等都有利于提高催化剂的选择性；第三，通过改进催化剂的使用方法可以提高苯乙烯的收率，孟山都化学公司在多段反应器中填充不同的催化剂，其中进口段装填高选择性、低活性催化剂，出口装填高活性、低选择性催化剂，这样装填催化剂比装填任何一种单一催化剂时苯乙烯的收率都高。Dow 化学公司采用周期性开停反应器不同部位的水蒸气插入管的方法使催化剂在各区域轮流活化，从而解决因活化引起的温度和压力波动。

二、乙苯催化脱氢生产苯乙烯的工艺流程

1. 乙苯催化脱氢的反应部分工艺流程

乙苯脱氢的化学反应是强吸热反应，因此工艺过程的基本要求是要连续向反应系统供给大量热量，并保证化学反应在高温条件下进行。

根据供给热能方式的不同，乙苯脱氢的反应过程按反应器型式的不同分为多管等温反应器和绝热式反应器两种。多管等温型反应器以烟道气为载体，反应器放在炉内，由高温烟道气将反应所需的热量通过管壁传给催化剂床层。绝热型反应器所需热量由过热水蒸气直接带入反应系统。采用两种不同型式的反应器，工艺流程的主要区别是脱氢部分的水蒸气用量不同，热量的供给和回收利用不同。

（1）列管式等温反应器脱氢的工艺流程　列管式等温反应器乙苯脱氢的工艺流程如图9-1 所示。

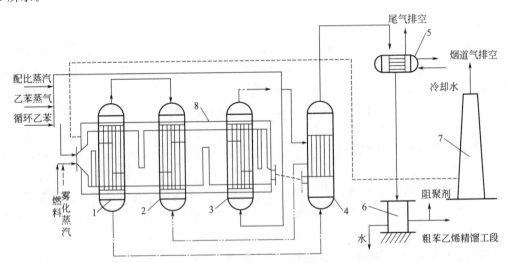

图 9-1　列管式等温反应器乙苯脱氢工艺流程

1—脱氢反应器；2—第二预热器；3—第一预热器；4—热交换器；

5—冷凝器；6—粗苯乙烯储槽；7—烟囱；8—加热器

原料乙苯蒸气和配比蒸汽混合后，先后经过第一预热器 3、热交换器 4 和第二预热器 2 预热至 540℃左右，进入脱氢反应器 1 的管内，在催化剂作用下进行脱氢反应。反应后的脱

氢产物离开反应器时的温度为 580～600℃，进入热交换器 4，利用其余热间接预热原料气体，而同时使反应产物降温。然后再经冷凝器 5 冷却、冷凝，凝液在粗苯乙烯储槽 6 中与水分层分离后，粗苯乙烯送精馏工序进一步精制为精苯乙烯。不凝气体中会有 90％左右的 H_2，其余为 CO_2 和少量 C_1 及 C_2 烃类，一般可作为气体燃料使用，也有直接用作本流程中等温反应器的部分燃料。

该等温反应器的脱氢反应过程中，水蒸气仅仅是作为稀释剂使用，因此水蒸气与乙苯的摩尔配比为 (6～9)∶1。脱氢反应的温度控制范围与催化剂活性有关，一般新鲜催化剂控制在 580℃左右，已老化的催化剂可以逐渐提高到 620℃左右。反应器的温度分布是沿催化剂床层逐渐增高，出口温度可能比进口温度高 40～60℃。此外，为了充分利用烟道气的热量，一般是将脱氢反应器、原料第二预热器和第一预热器顺序安装在用耐火砖砌成的加热炉内，加热炉后的部分烟道气可循环使用，其余送烟囱排放；此外用脱氢产物带出的余热也可间接在热交换器 4 中预热原料气，都充分地利用了热能。

对脱氢吸热反应来说，由于升高温度对提高平衡转化率和提高反应速率都是有利的，因此催化剂床层的最佳温度分布应随转化率的增加而升高，所以等温反应器比较合理，可获得较高的转化率，一般可达 40％～45％，而苯乙烯的选择性达 92％～95％。

列管等温反应器的水蒸气耗用量虽为绝热式反应器的一半，但因反应器结构复杂，耗用大量特殊合金钢材，制造费用高，所以不适用于大规模的生产装置。

（2）绝热式反应器脱氢工艺流程　单段绝热式反应器乙苯脱氢的工艺流程如图 9-2 所示。

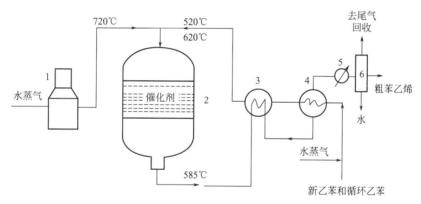

图 9-2　单段绝热式反应器乙苯脱氢工艺流程

1—水蒸气过热炉；2—脱氢反应器；3,4—热交换器；5—冷凝器；6—分离器

循环乙苯和新鲜乙苯与水蒸气总用量中 10％的水蒸气混合以后，与高温的脱氢产物在热交换器 4 和 3 间接预热到 520～550℃，再与过热到 720℃的其余 90％的过热水蒸气混合，大约是 650℃进入脱氢反应器 2，在绝热条件下进行脱氢反应，离开反应器的脱氢产物约为 585℃，在热交换器 3 和 4 中，利用其余热间接预热原料气，然后在冷凝器 5 中进一步冷却、冷凝，凝液在分离器 6 中分层，排出水后的粗苯乙烯送精制工序，尾气中氢含量为 90％左右，可作为燃料，也可精制为纯氢气使用。

绝热反应器脱氢过程所需热量完全由过热水蒸气带入，所以水蒸气用量很大。反应器脱氢反应的工艺操作条件为：操作压力 138kPa 左右，水蒸气∶乙苯（摩尔比）=14∶1，乙苯液空速 0.4～0.6m³/(m³·h)。单段绝热反应器进口温度比脱氢产物出口温度高约 65℃，由前面分析可知，这样的温度分布对提高原料的转化率是很不利的，所以单段绝热反应器脱氢不仅转化率比较低（35%～40%），选择性也比较低（约90%）。

与列管等温反应器相比较，绝热式反应器具有结构简单、耗用特殊钢材少，因而制造费用低、生产能力大等优点。一台大型的单段绝热反应器，生产能力可达年产苯乙烯6万吨。

2. 乙苯催化脱氢的分离和精制部分工艺流程

（1）粗苯乙烯分离和精制方案的选择　由于乙苯脱氢反应伴随着裂解、氢解和聚合等副反应，同时乙苯转化率一般在40%左右，所以脱氢产物粗苯乙烯（也称脱氢液或炉油）是一个混合物，除含有产物苯乙烯外，还含有未反应的乙苯和副产物苯、甲苯及少量焦油。其组成因脱氢方法和操作条件不同而不同，以某反应产物粗苯乙烯的组成为例来加以说明，粗苯乙烯的组成见表9-2所示。

表 9-2　粗苯乙烯的组成

组分名称	乙苯	苯乙烯	苯	甲苯	焦油
含量/%	55～60	35～45	约1.5	约2.5	少量
沸点/℃	136.2	145.2	80.1	110.7	

脱氢产物可用精馏方法分离，但由于脱氢产物中除苯乙烯外，尚含有乙苯、苯和甲苯，这些物质均为基本有机原料，也需进行回收。因此，脱氢产物的分离和精制过程较复杂，而乙苯-苯乙烯的分离又是整个分离和精制过程的关键。在组织苯乙烯分离和精制流程时需要注意的问题如下。

① 苯乙烯在高温下容易自聚，而且聚合速率随温度的升高而加快，如果不采取有效措施和选择适宜的塔板型式，就容易出现堵塔现象，使生产不能正常进行。为此，除在苯乙烯高浓度液中加入阻聚剂（聚合用精苯乙烯不能加）外，塔釜温度应控制不能超过90℃，因此必须采用减压操作。

② 欲分离的各种物料沸点差比较大，用精馏方法即可将其逐一分开。但是苯乙烯和乙苯的沸点比较接近，相差仅9℃，因此在原来的分离流程中，将粗苯乙烯中低沸物蒸出时，因采用泡罩塔，压力损失大，效率低，因而釜液中仍含有少量乙苯，必须再用一个精馏塔蒸出这少量的乙苯，即用两个精馏塔分离乙苯，流程长，设备多，动力消耗也大，不经济。后来的流程对此做了改进，乙苯蒸出塔采用压力损失小的高效筛板塔，就简化了流程，用一个塔即可将乙苯分离出去。

根据以上情况，对于粗苯乙烯分离和精制流程组织方案可有如下两种，见图9-3所示。

第一种方案是按粗苯乙烯中各组分的挥发度顺序，先轻组分，后重组分，逐个蒸出各组分进行的。此方案的特点是可省能量，但目的产品苯乙烯被加热的次数较多，聚合的可能性较大，对生产不太有利。

第二种方案比较合理，较前一个方案的优点是：产品苯乙烯是从塔顶取出，保证了苯乙烯的纯度，不会含有热聚产物；苯乙烯被加热的次数减少一次，减少了苯乙烯的聚合损失；苯-甲苯蒸出塔因没有苯乙烯存在，可不必在真空下操作，节省了能量。

（2）分离和精制工艺流程　粗苯乙烯分离和精制的工艺流程示意图如图9-4所示。

粗苯乙烯（炉油）首先送入乙苯蒸出塔1，该塔是将未反应的乙苯、副产物苯、甲苯与苯乙烯分离。塔顶蒸出乙苯、苯、甲苯经冷凝器冷凝后，一部分回流，其余送入苯、甲苯回收塔3，将乙苯与苯分离。塔釜得到乙苯，可送脱氢炉脱氢，塔顶得到的苯、甲苯经冷凝器

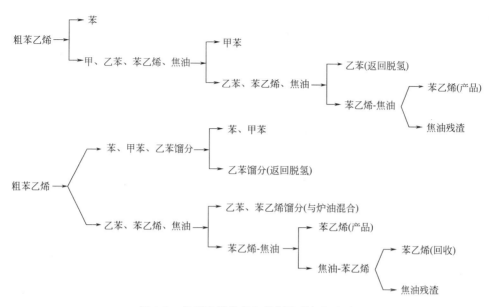

图 9-3 粗苯乙烯分离和精制流程组织方案

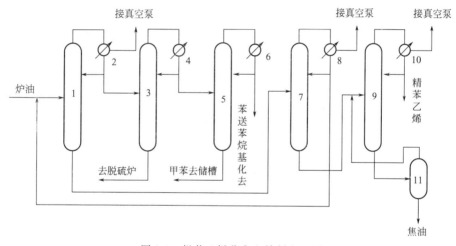

图 9-4 粗苯乙烯分离和精制流程图

1—乙苯蒸出塔；2—冷凝器；3—苯、甲苯回收塔；4,6,8,10—冷凝器；
5—苯、甲苯分离塔；7—苯乙烯粗馏塔；9—苯乙烯精馏塔；11—蒸发釜

冷凝后部分回流，其余再送入苯、甲苯分离塔 5，使苯和甲苯分离，塔釜得到甲苯，塔顶得到苯，其中苯可作烷基化原料用。

乙苯蒸出塔后冷凝器 2 出来的不凝气体经分离器分出夹带液体后去真空泵放空。乙苯蒸出塔塔釜液主要含苯乙烯、少量乙苯、焦油等，送入苯乙烯粗馏塔 7，将乙苯与苯乙烯、焦油分离，塔顶得到含少量苯乙烯的乙苯可与粗苯乙烯一起进入乙苯蒸出塔。苯乙烯粗馏塔塔釜液则送入苯乙烯精馏塔 9，在此，塔顶即可得到聚合级成品精苯乙烯，纯度可达到 99.5% 以上，苯乙烯收率可达 90% 以上。塔釜液为含苯乙烯 40% 左右的焦油残渣，进入蒸发釜 11 中可进一步蒸馏回收其中的苯乙烯。回收苯乙烯可返回精馏塔作加料用。

粗苯乙烯和苯乙烯精馏塔顶部冷凝器 8、10，出来的未冷凝气体均经一分离器分离掉所夹带液滴后再去真空泵放空。

　　该流程中乙苯蒸出塔 1 和苯乙烯粗馏塔 7、苯乙烯精馏塔 9 要采用减压精馏，同时塔釜应加入适量阻聚剂（如对苯二酚或缓聚剂二硝基苯酚、叔丁基邻苯二酚等），以防止苯乙烯自聚。

　　分离精制系统中，各个蒸馏塔的操作条件随着进料物组成的改变有所不同。如随着物料中苯乙烯含量的增加，塔釜操作温度是递减的，而塔的真空度却要增加。为了便于操作控制，每一个塔都担负着特定的控制指标，有的是着重塔顶的成分，有的则是着重塔釜的成分，相互配合，以完成分离任务。此外随物料性质的不同和各组分沸点差的变化，相应地选择合适塔型，即选择压力小、板效率高的塔板结构，以满足分离和精制的要求。

三、乙苯催化脱氢生产苯乙烯的典型设备

　　乙苯催化脱氢生产苯乙烯工艺过程最重要的设备是反应器，根据反应器型式不同，工艺过程的工艺流程和操作条件也不同。

1. 多管等温反应器

　　多管等温反应器由许多耐高温的镍铬不锈钢管或内衬铜、锰合金的耐热钢管组成，管径为 100～185mm，管长 3m，管内装催化剂，管外用烟道气加热，反应器放在用耐火砖砌成的加热炉内。多管等温反应器的设备结构见图 9-5 所示。

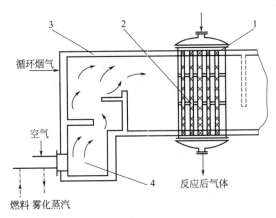

图 9-5　乙苯脱氢多管等温反应器
1—列管反应器；2—圆缺挡板；3—加热炉；4—喷嘴

　　为了保证气流均匀地通过每根管子，催化剂床层阻力必须相同，因此，均匀地装填催化剂十分重要。管间载热体可为冷却水、沸腾水、加压水、高沸点有机溶剂、熔盐、熔融金属等。载热体选择主要考虑的是床层内要维持的温度。对于放热反应，载热体温度应较催化剂床层温度略低，以便移出反应热，但二者的温度差不能太大，以免造成靠近管壁的催化剂过冷、过热。载热体在管间的循环方式可为多种，以达均匀传热为目的。

　　外加热式列管反应器优点是反应器纵向温度较均匀，易于控制，不需要高温过热蒸汽，蒸汽耗量低，能量消耗少。其缺点在于需要特殊合金钢（如铜锰合金），结构较复杂，检修不方便。

2. 绝热式反应器

　　绝热式反应器不与外界进行任何热量交换，对于一个放热反应，反应过程中所放出的热量，完全用来加热系统内气体。对于乙苯脱氢吸热反应，反应过程中所需要的热量依靠过热水蒸气供给，而反应器外部不另行加热。因此随着反应的进行，温度会逐渐下降，温度变化

的情况主要取决于反应吸收的热量。原料转化率越高，一般来说吸收的热量越多，由于温度的这种变化，使反应器的纵向温度自气体进口处到出口处逐渐降低。当乙苯转化率为37%时，出口气体温度将比进口温度低333K左右，为了保证靠近出口部分的催化剂有良好的工作条件，气体出口温度不允许低于843K，这样就要求气体进口温度在903K以上。又为防止高温预热时乙苯蒸气过热所引起的分解损失，必须将乙苯和水蒸气分别过热，然后混合进入反应器，绝热式反应器为直接传热，使沿设备横向截面的温度比管式反应器均匀。

绝热式反应器的优点是结构比较简单，反应空间利用率高，不需耐热金属材料，只要耐火砖就行了，检修方便，基建投资低。其缺点是温度波动大，操作不平稳，消耗大量的高温（约983K）蒸汽并需用水蒸气过热设备。

3. 绝热式脱氢过程的改进

绝热式反应器一般只适用于反应热效应小，反应过程对温度的变化不敏感及反应过程单程转化率较低的情况。为了克服单段绝热反应器的缺点，降低原料和能量的消耗，后来在乙苯脱氢的反应器及生产工艺方面有了很多改进措施，效果较好。

将几个单段绝热反应器串联使用，在反应器间增设加热炉。或是采用多段式绝热反应器，即将绝热反应器的床层分成很多小段，而在每段之间设有换热装置，反应器的催化剂放置在各段的隔板上，热量的导出或引入靠段间换热器来完成。段间换热装置可以装在反应器内，也可设在反应器外。加热用过热水蒸气按反应需要分配在各段分别导入，多次补充反应所需热量。这样不仅降低了反应器初始原料的入口温度，也降低了反应器物料进、出口气体的温差，转化率可提高到65%～70%，选择性在92%左右。

从理论上讲将床层分的段数愈多则愈接近等温反应器，但是段数愈多，结构愈复杂，这样就使其结构简单的优点消失了。生产中多采用两段绝热式反应器，第一段使用高选择性催化剂以提高选择性；第二段使用高活性的催化剂，由此来改善因反应深度加深而导致温度下降对反应速率不利的影响，该种措施可使乙苯转化率提高到64.2%，选择性为91.1%，水蒸气消耗量由单段的6.6t/t（苯乙烯），降低到4.5t/t（苯乙烯），生产成本降低16.9%。

图9-6所示是三段绝热式径向反应器结构。每一段均由混合室、中心室、催化剂室和收集室组成。催化剂放在由钻有细孔的钢板制成的内、外圆筒壁之间的环形催化剂室中。乙苯蒸气与一定量的过热水蒸气进入混合室混合均匀，由中心室通过催化剂室内圆筒壁上的小孔进入催化剂层径向流动，并进行脱氢反应，脱氢产物从外圆筒壁的小孔进入催化剂室外与反应器外壳间环隙的收集室。然后再进入第二段的混合室，在此补充一定量的过热水蒸气，并经第二段和第三段进行脱氢反应，直至脱氢产物从反应器出口送出。

此种反应器的反应物由轴向流动改为催化剂层的径向流动，可以减小床层阻力，使用小颗粒催化剂，从而提高选择性和反应速率。其制造费用低于列管等温反应器，水蒸气用量比一段绝热反应器少，温差也小，乙苯

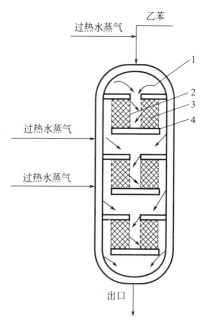

图9-6　三段绝热式径向反应器
1—混合室；2—中心室；
3—催化剂室；4—收集室

转化率可达 60%以上。

此外还有提出以等温反应器和绝热反应器联用，以及在三段绝热反应器中使用不同的催化剂，采用不同的操作条件等改进方案的，也都有一定好的效果。

四、乙苯催化脱氢生产苯乙烯的操作条件

影响乙苯脱氢反应的因素主要有温度、压力、水蒸气用量、原料纯度和催化剂等。

1. 反应温度

由乙苯脱氢的主副反应可知，乙苯脱氢反应是可逆强吸热反应。从热力学方面分析可知，升高反应温度，反应平衡常数增大，乙苯平衡转化率提高，苯乙烯平衡收率提高；从动力学上分析，反应温度升高，反应速率加快，乙苯转化率提高。升温对脱氢反应有利。脱氢反应温度的确定不仅要考虑获取最大的产率，还要考虑提高反应速率与减少副反应。乙苯脱氢反应温度对乙苯转化率和苯乙烯产率的影响见表 9-3 所示。

表 9-3　乙苯脱氢反应温度的影响

项　　目	853K	873K	893K	913K
乙苯转化率/%	53.0	62.0	72.5	87.0
苯乙烯的产率/%	94.3	93.5	92.0	89.4

由表 9-3 可以看出，随着反应温度由 853K 升高到 913K，乙苯的转化率增加，而苯乙烯的产率下降。这是由于烃类物质在高温下不稳定，容易发生许多副反应，甚至分解成碳和氢，当反应温度为 873K 时，基本没有裂解副产物生成，当反应温度超过 873K 后，随着反应温度升高，裂解副反应的增加的速率比主反应增加的速率更快，副产物苯、甲苯、苯乙炔和聚合物等生成量增多，苯乙烯产率下降。

适宜的反应温度还应根据催化剂活性温度范围来确定，一般采用 853~893K，新催化剂的反应温度控制在 853K 左右，催化剂使用中期的反应温度控制在 873K，催化剂使用后期的反应温度可提高到 888~893K。

2. 反应压力

乙苯脱氢反应是体积增大的反应，降低压力对反应有利，其平衡转化率随反应压力的降低而升高，反应温度、压力对乙苯脱氢平衡转化率的影响如表 9-4 所示。

表 9-4　压力对乙苯脱氢反应平衡转化率的影响

压力:101.3kPa		压力:10.1kPa	
温度/K	平衡转化率/%	温度/K	平衡转化率/%
465	10	390	10
565	30	455	30
620	50	505	50
675	70	565	70
780	90	630	90

由表 9-4 中数据可见，压力从 101.3kPa 降低到 l0.1kPa，若要获得相同的平衡转化率，所需要的脱氢温度可以降低 100℃左右；而在相同的温度条件时，由于压力从 101.3kPa 降低到 10.1kPa，平衡转化率则可提高 20%~40%。

3. 水蒸气用量

低压有利于乙苯平衡转化率，但真空条件下进行高温操作易燃易爆物料，在工业上极不

安全。为了保证乙苯脱氢反应在高温减压下安全操作，在工业生产中常采用加入水蒸气稀释剂的方法降低反应产物的分压，从而达到减压操作的目的。这样，既降低了反应组分的分压，推动了平衡向生成苯乙烯的方向进行，又避免了真空操作，保证了生产的安全运行。

反应器中通入的水蒸气还有以下几个方面的作用。首先，由于水蒸气的热容较大，通入过热水蒸气，可以供给脱氢反应所需要的部分热量，有利于反应温度的稳定。其次，水蒸气可以脱除催化剂表面的积炭，恢复催化剂的活性，延长催化剂的再生周期。另外，水蒸气能将吸附在催化剂表面的产物置换，有利于产物脱离催化剂表面，加快产品生成速率。最后，助催化剂氧化铁在氢气中会被还原成低价氧化态，甚至被还原成金属铁，而金属铁对深度分解反应具有催化作用，通入水蒸气可以阻碍氧化铁被过度还原，以获得较高的选择性。

水蒸气用量增多，乙苯平衡转化率提高，而当水蒸气与乙苯的用量摩尔比超过 9∶1 时，乙苯转化率已经无明显提高，而能耗增大，设备生产能力降低。

根据生产实践，采用水蒸气与乙苯的用量摩尔比为（6～9）∶1。

4. 原料纯度

若原料气中有二乙苯，则二乙苯在脱氢催化剂上也能脱氢生成二乙烯基苯，在精制产品时容易聚合而堵塔。出现此种现象时，只能用机械法清除，所以要求原料乙苯沸程应在135～136.5℃之间。原料气中二乙苯含量小于 0.04%。

5. 空速

空速小，停留时间长，原料乙苯转化率可以提高，但同时因为连串副反应增加，会使选择性下降，而且催化剂表面结焦的量增加，致使催化剂运转周期缩短；但若空速过大，又会降低转化率，导致产物收率太低，未转化原料的循环量大，分离、回收消耗的能量也上升。所以最佳空速范围应综合原料单耗、能量消耗及催化剂再生周期等因素选择确定。

任务三　乙苯催化脱氢生成苯乙烯生产过程的操作与控制

一、乙苯催化脱氢生成苯乙烯的开车操作

如果首次开工时购买并储存了足够的乙苯，或是停工后再次开工时有足够的烃化液和乙苯储备，可以采用有烃化液开工步骤。这种开工方式开工时间短，开工过程容易控制，软化水的消耗最少并且可以多回收乙苯分离部分的副产蒸汽。有烃化液开工的总体开工步骤如下。

① 热载体升温，烷基化反应部分苯循环升温。

② 脱氢部分真空试验合格后进行氮气循环升温，使脱氢反应器床层温度达到 200℃以上，然后开始主蒸汽升温。

③ 当脱氢反应器入口温度达到 550℃后开始由罐区半负荷向脱氢部分投乙苯，产生的脱氢尾气先排大气。

④ 在循环苯塔用苯开工稳定后，吸收塔和稳定塔用氮气充至操作压力，然后由罐区将烃化液送进吸收塔塔釜，吸收塔和稳定塔塔按顺序开工。

⑤ 当循环苯塔釜温逐渐上升时，逐步加大循环苯塔底再沸器燃料气量和提高回流至正常值。塔釜液面过高时可先送往罐区烃化液罐，分析合格后送 T-204 塔。

⑥ 乙苯精馏塔和多乙苯塔按顺序开工，乙苯精馏塔釜液作为循环吸收剂送到吸收塔。

⑦ 当乙苯精馏塔塔产生的回收蒸汽并入 1.0MPa 蒸汽管网后，脱氢部分投用尾气洗涤

系统，启动尾气压缩机和氢气压缩机抽真空，达到设计真空度后逐步提高乙苯投料量，同时调整水烃比，最终达到设计指标。

二、乙苯催化脱氢生成苯乙烯的正常停车操作

1. 正常停车操作

① 接到停车通知后，逐步减少乙苯进料流量，以 10℃/h 速率降低炉顶温度至 800℃ 后恒温。

② 在 800℃ 恒温下，仍按一定的速率减少乙苯进料量，直至切断乙苯。800℃ 恒温结束后，以 15℃/h 速率降低炉顶温度至 750℃，关小烟囱挡板角度。

③ 750℃ 恒温 1h，逐步减少水蒸气进入量，再关小烟囱挡板角度，以减少空气进入量。

④ 以 15℃/h 速率降低炉顶温度至 500℃，减少水蒸气进入量。

⑤ 500℃ 恒温 17h，恒温过程中，第三小时开始进一步减少水蒸气进入量，交替切换动力空气，控制动力空气的流量。

⑥ 恒温结束后，以 15℃/h 速率降低炉顶温度至 150℃，继续以一定流量通动力空气。150℃ 恒温 2h，关小烟囱挡板角度。

⑦ 恒温结束切断动力空气阀，关小烟囱挡板角度。并以 20℃/h 速率降低炉顶温度至熄火，然后自然降温。

⑧ 切断循环上水，排净存水，必要时要加盲板。

2. 停车注意事项

① 切断或使用水蒸气、空气、燃料、乙苯、循环水时要及时与调度联系。

② 火焰调节要均匀，温度不可以突升或突降。

③ 停车时要切断报警系统的仪表。

④ 停车过程中，要加强巡回检查，发现故障应尽快处理。

⑤ 停车过程中，各温度、压力、流量、液位的记录要完整。

三、乙苯催化脱氢生成苯乙烯的紧急停车操作

1. 紧急停工原则

① 本装置发生重大事故，经努力处理而不能解除事故，外装置发生重大事故，严重威胁本装置安全生产，应进行紧急停工。

② 各岗位及班组人员要及时发现初期事故，并尽可能将事故消灭在萌芽时期，及时汇报车间及工厂生产运行调度中心，并降温、降量处理。

③ 如果事故扩大，班组控制不住，请求调度中心调来消防车掩护，同时事故设备能停止进料。

④ 当油烟较大时，可佩戴巴固呼吸器进入现场进行救火，防止人员中毒。

⑤ 如遇到危险源泄漏时，并出现大面积的火灾时，在不影响事故处理或已经基本处理完的情况下，可切断装置全部电源，防止引起电路着火，引起其他事故。

⑥ 通过紧急疏散通道疏散无关人员。

⑦ 在装置失控的情况下，按照人员的撤退路线，及时撤到安全地带，防止人员伤亡。

⑧ 装置发生下列情况按紧急停工方案处理

a. 本装置发生重大事故，经努力处理，仍不能消除，并继续扩大或其他有关装置发生火灾、爆炸事故，严重威胁本装置安全运行，应紧急停工。

b. 炉子、高温管道、乙苯过热器、精馏塔严重漏油着火或其他冷换设备、机泵设备发生爆炸或火灾事故，应紧急停工。

c. 泵、苯塔底油泵、塔底泵发生故障，无法修复，备用泵又不能启动，可紧急停工。

d. 停原料、停水、停电、停汽、停仪表风、计算机长时间死机可紧急停工。

e. 紧急停工时，操作人员得到调度或车间同意后，加强组织领导，保持镇静，忙而不乱。首先要准确判断，然后进行果断处理。

2. 原则性步骤

① 加热炉立即熄火，打开吹扫蒸汽，向炉膛内大量吹气。

② 关闭各进料，按顺序停掉塔底泵，最后停回流泵。

③ 脱氢工序要严密监视各炉子及高温管道的变形情况，保护好催化剂，严防将水带进反应器。

④ 苯乙烯精馏工序要及时排放焦油，避免焦油在塔内聚合。

⑤ 罐区工序要配合脱氢、精馏工序，及时停泵，关闭泵出入口阀。

⑥ 紧急停工过程中，必须保证机泵冷却水系统运转正常，冬季停工，必须保证水伴热和电伴热正常运行。

任务四　乙苯催化脱氢生成苯乙烯生产过程的 HSE 管理

一、苯乙烯的安全性

苯乙烯毒性中等，可燃，在特定条件下猛烈发生聚合。苯乙烯在空气中允许浓度为 0.1mg/L，浓度过高，接触时间过长，则对人体有一定危害。在 400～500mg/kg 时可觉察其气味，液体、蒸气对眼睛、呼吸系统有刺激作用。蒸气浓度高时对中枢神经起抑制作用，在 2500mL/m³ 浓度下，被实验的动物可以忍受 1h 而不受伤害；在 1000mL/m³ 浓度中停留时间超过 30min 则可以致命。操作人员 8h 工作环境可忍受的浓度为 50mL/m³。

苯乙烯口服毒性较小，对眼睛刺激的痛感只是短暂的。与皮肤短时间（5min 以下）接触无害，长时间（1h 以上）接触会引起水肿。加入的对叔丁基邻苯二酚（TBC）会引起皮肤过敏。

二、苯乙烯对环境的影响

1. 污染来源

苯乙烯用于有机合成，特别是生产合成橡胶，苯乙烯还广泛用于生产聚醚树脂、增塑剂和塑料等。在维修设备时通过阀门，或在定期采样通过松开的压盖泄漏到空气中。

2. 危险特性

苯乙烯的蒸气与空气可形成爆炸性混合物。遇明火、高热或与氧化剂接触，有引起燃烧爆炸的危险。遇酸性催化剂如路易斯催化剂、齐格勒催化剂、硫酸、氯化铁、氯化铝等都能产生猛烈聚合，放出大量热量。其蒸气相对密度比空气大，能在较低处扩散到相当远的地方，遇明火会引着回燃。苯乙烯燃烧（分解）的产物为一氧化碳和二氧化碳。

三、苯乙烯应急情况处置方法

1. 泄漏应急处理

迅速撤离泄漏污染区人员至安全区，并进行隔离，严格限制出入。切断火源。佩戴好面具、手套收集漏液，并用砂土或其他惰性材料吸收残液，转移到安全场所。切断被污染水体，用围栏等物限制洒在水面上的苯乙烯扩散。中毒人员转移到空气新鲜的安全地带，脱去污染外衣，冲洗污染皮肤，用大量水冲洗眼睛，淋洗全身，漱口。大量饮水，不能催吐，即送医院。加强现场通风，加快残存苯乙烯的挥发并驱赶蒸气。

2. 防护措施

呼吸系统防护：空气中浓度超标时，佩戴过滤式防毒面具（半面罩）。紧急事态抢救或撤离时，建议佩戴空气呼吸器。

眼睛防护：一般不需要特殊防护，高浓度接触时可戴化学安全防护眼镜。

身体防护：穿防毒物渗透工作服。

手防护：戴防苯耐油手套。

其他：工作现场禁止吸烟、进食和饮水。工作毕，淋浴更衣。保持良好的卫生习惯。

3. 急救措施

皮肤接触：脱去被污染的衣着，用肥皂水和清水彻底冲洗皮肤。

眼睛接触：立即提起眼睑，用大量流动清水或生理盐水彻底冲洗至少15min。就医。

吸入：迅速脱离现场至空气新鲜处，保持呼吸道通畅；如呼吸困难，给输氧；如呼吸停止，立即进行人工呼吸，就医。

食入：饮足量温水，就医。

灭火方法：尽可能将容器从火场移至空旷处。喷水冷却容器，直至灭火结束。灭火剂：泡沫、二氧化碳、干粉、砂土，用水灭火无效，遇大火，消防人员须在有防护掩蔽处操作。

 **知识拓展**

聚苯乙烯你了解多少？

（一）聚苯乙烯的定义与分类

聚苯乙烯是指由苯乙烯单体经自由基缩聚反应合成的聚合物，英文名称为polystyrene，简称PS。它是一种无色透明的热塑性塑料，具有高于100℃的玻璃化温度，因此经常被用来制作各种需要承受开水的温度的一次性容器，以及一次性泡沫饭盒等。

聚苯乙烯（PS）包括普通聚苯乙烯、发泡聚苯乙烯（EPS）、高抗冲聚苯乙烯（HIPS）及间规聚苯乙烯（SPS）。普通聚苯乙烯树脂为无毒、无臭、无色的透明颗粒，似玻璃状脆性材料，其制品具有极高的透明度，透光率可达90％以上，电绝缘性能好，易着色，加工流动性好，刚性好及耐化学腐蚀性好等。普通聚苯乙烯的不足之处在于性脆，冲击强度低，易出现应力开裂，耐热性差及不耐沸水等。

（二）聚氯乙烯的合成方法

1. 本体聚合

获得的PS纯净度高，主要用来制造对电性能要求高的制品。

2. 悬浮聚合

获得的PS分子量高、分布窄，但纯度不如本体聚合PS，可用来制造一般日用品、工业用品和PS泡沫塑料。

3. 乳液聚合

主要用于涂料和 PS 泡沫塑料。

4. 溶液聚合

主要用于配制清漆。

（三）聚苯乙烯的结构

聚苯乙烯的分子链上交替连接着侧苯基。由于侧苯基的体积较大，有较大的位阻效应，而使聚苯乙烯的分子链变得刚硬，因此，玻璃化温度比聚乙烯、聚丙烯都高，且刚性脆性较大，制品易产生内应力。

由于侧苯基在空间的排列为无规结构，因此聚苯乙烯为无定形聚合物，具有很高的透明性。侧苯基具有很大的空间位阻，造成 PS 分子链很僵硬，玻璃化温度为 80℃。侧苯基的存在使聚苯乙烯的化学活性要大一些，苯环所能进行的特征反应如氯化、硝化、磺化等聚苯乙烯都可以进行。

此外，侧苯基可以使主链上 α-氢原子活化，在空气中易氧化生成过氧化物，并引起降解，因此制品长期在户外使用易变黄、变脆。但由于苯环为共轭体系，使得聚合物耐辐射性较好，在较强辐射的条件下，其性能变化较小。

（四）聚苯乙烯的性能

1. 基本特征

聚苯乙烯为无色、无味的透明刚性固体，透光率可达 88%～90%，制品质硬，落地时会有金属般的响声。聚苯乙烯的密度在 1.04～1.07g/cm³ 之间，尺寸稳定性好，收缩率低。聚苯乙烯容易燃烧，点燃后离开火源会继续燃烧，并伴有浓烟。

2. 力学性能

聚苯乙烯属于一种硬而脆的材料，无延伸性，拉伸时无屈服现象。聚苯乙烯的拉伸、弯曲等常规力学性能在通用塑料中是很高的，但其冲击强度很低。聚苯乙烯的力学性能与合成方式、相对分子质量大小、温度高低、杂质含量及测试方法有关。

3. 热性能

聚苯乙烯的耐热性能较差，热变形温度为 70～95℃，长期使用温度为 60～80℃。聚苯乙烯的热导率较低，为 0.10～0.13W/(m·K)，基本不随温度的变化而变化，是良好的绝热保温材料。聚苯乙烯泡沫是目前广泛应用的绝热材料之一。聚苯乙烯的线膨胀系数较大，与金属相差悬殊甚大，故制品不易带有金属嵌件。此外，聚苯乙烯的许多力学性能都显著受到温度的影响。

4. 电性能

聚苯乙烯是非极性的聚合物，使用中也很少加入填料和助剂，因此具有良好的介电性能和绝缘性，其介电性能与频率无关。由于其吸湿率很低，电性能不受环境湿度的影响，但由于其表面电阻和体积电阻均较大，又不吸水，因此易产生静电，使用时需加入抗静电剂。

5. 耐化学药品性

聚苯乙烯的化学稳定性比较好，可耐各种碱、一般的酸、盐、矿物油、低级醇及各种有机酸，但不耐氧化酸，如硝酸和氧化剂的侵蚀。聚苯乙烯还会受到许多烃类、酮类及高级脂肪酸的侵蚀，可溶于苯、甲苯、乙苯、苯乙烯、四氯化碳、氯仿、二氯甲烷以及酯类当中。此外，由于聚苯乙烯带有苯基，可使苯基 α-位置上的氢活化，因此聚苯乙烯的耐气候性不好，如果长期暴露在日光下会变色变脆，其耐光性、氧化性都较差，使用时应加入抗氧剂。但聚苯乙烯具有较优的耐辐射性。

6. 加工性

聚苯乙烯是一种无定形的聚合物，没有明显的熔点，从开始熔融流动到分解的温度范围很宽，在 120～180℃之间，且热稳定性较好，因此，成型加工可在很宽的范围内进行。聚苯乙烯由于其成型温度范围宽且流动性、热稳定性好，所以可以用多种方法加工成型，如注射、挤出、发泡、吹塑、热成型等。

（五）聚苯乙烯的加工生产

1. 预发泡或简单发泡，设定最终产品的密度

在此过程中含有发泡剂的聚合物颗粒在加热条件下软化，发泡剂挥发。其结果是每个珠粒内产生膨胀，形成许多泡孔。泡孔的数量（最终密度）由加热温度和受热时间来控制。这个过程中，珠粒必须保持分散和自由流动状态。

工业化生产时，发泡过程是将可发性 PS 直接置于蒸汽中进行的，一般通过珠粒和蒸汽在搅拌釜中的连续混合完成反应，反应设备（如预发泡机）是以保持外界压力常压敞口的，并使已发泡的珠粒从顶端溢出。有的生产厂为了保证停留时间更均衡或是当某些可发性 DPS 需要比较高的温度时采用间歇釜。发泡以后珠粒要经熟化处理，使空气逐步掺入到泡孔中。

2. 将熟化的预发泡珠粒放入具有特定型腔的模具中

对于小型的和复杂结构的产品，成型时要采用文氏管作用设备（如灌料枪），借助空气流将珠粒吹至模腔中。大型的产品可依自身重力充满模腔。将充满粒料的模腔密闭并加热，珠粒受热软化，使泡孔膨胀。珠粒发泡膨胀至填满相互间的空隙，并黏结成均匀的泡沫体。此时这个泡沫体仍然是柔软的并承受泡孔内热气体的压力。从模具中取出制品之前，须使气体渗出泡孔和降低温度使制品形状稳定，这一般是采用向模具内壁喷水的方法。

由于成型模具是双层壁的，因此发泡 PS 的成型被称为"蒸气室成型"。模具内壁尺寸即为实际制品的尺寸，模具内壁上有气孔，以使蒸汽透过泡沫体并使热气扩散出去。双层壁之间的空间形成蒸汽室，其中通入用于加热珠粒的蒸汽。对于多数制品，发泡 PS 的成型压力低于 276kPa。模具为铝制并按制品要求铸成一定形状。发泡 PS 的成型由于成型压力低、成型设备成本低，因此是一种经济的生产方法。

（六）聚苯乙烯的应用

聚苯乙烯经常被用来制作泡沫塑料制品。聚苯乙烯还可以和其他橡胶类型高分子材料共聚生成各种不同力学性能的产品。日常生活中常见的应用有各种一次性塑料餐具，透明 CD 盒等。发泡聚苯乙烯（保丽龙）于建筑材料使用上，自 2003 年广泛使用于中空楼板隔声隔热材。

项目十　苯酚生产过程操作与控制

知识目标 ▶▶▶

1. 了解苯酚和丙酮的性质与用途。
2. 了解苯酚的生产方法，理解各生产方法的优缺点。
3. 掌握异丙苯法生产苯酚的工艺原理、工艺流程和工艺条件。
4. 了解异丙苯法生产苯酚工艺过程中所用设备的作用、结构和特点。
5. 了解异丙苯法生产苯酚的开停车操作步骤和事故处理方法。
6. 了解异丙苯法生产苯酚的 HSE 管理。

能力目标 ▶▶▶

1. 能够通过分析比较各种苯酚生产方法，确定苯酚的生产路线。
2. 能识读并绘制带控制点的异丙苯法生产苯酚的工艺流程。
3. 能对异丙苯法生产苯酚的工艺过程进行转化率、收率、选择性等计算，通过给定的装置处理能力能进行装置的简单物料衡算。
4. 能对异丙苯法生产苯酚工艺过程进行工艺控制（包括工艺参数调节和开停车操作）。
5. 能对异丙苯法生产苯酚的工艺过程中可能出现的事故拟定事故处理预案。

任务一　苯酚生产的工艺路线选择

一、苯酚和丙酮的性质与应用

1. 苯酚的性质与应用

苯酚俗名石炭酸，为无色针状或白色块状有芳香味的晶体。当接触光或暴露在空气中时，有逐步转为红色的趋势，如有碱性物质存在时，可加速这一转化过程。苯酚溶解于乙醇、乙醚、氯仿、甘油、二硫化碳中，在室温下稍溶于水，几乎不溶于石油醚，65.5℃时，苯酚和水可以任意比例互溶。苯酚的沸点为 454.8K，熔点为 314.1K，闪点为 351K。苯酚具有一定的腐蚀性，溅在皮肤上能引起灼伤。空气中苯酚的允许浓度为 0.005mg/L。苯酚水排入江河会污染水质。苯酚的毒性程度为极度危害介质类，对各种细胞有直接损害，对皮肤和黏膜有强烈腐蚀作用，工作场所苯酚最高允许浓度为 5mg/L。

苯酚的化学性质活泼，能发生取代、缩合等反应。如苯酚与过量的溴水作用时，会生成 2,4,6-三溴苯酚，反应式为如下式所示。

苯酚和甲醛在酸性或者是碱性条件下，都能生成酚醛树脂。前者为线型结构树脂，后者为高度网状结构的不溶性树脂。苯酚和甲醛在酸性条件溶液中的反应如下式所示。

苯酚是有机化工中的重要原料，用途很大。它是生产酚醛树脂、己内酰胺、尼龙66、环氧树脂和聚碳酸酯的重要原料，也广泛应用于医药、农药、染料及橡胶助剂等方面。近几年来，在世界范围内，苯酚的产量以年8%增长率上升。

2. 丙酮的性质与应用

丙酮是无色、透明、易燃、易挥发的液体，具有特殊刺激性气味，略甜。沸点为329.7K，凝固点为178.6K，闪点（密闭）为235K，易燃。其蒸气能与空气形成爆炸混合物，爆炸范围是2.55%～12.80%（体积分数）。在空气中爆炸极限为2.56%～13%，空气中允许浓度0.40mg/L。

丙酮与水、乙醇、二甲基甲酰胺、氯仿、乙醚及大多数油品互溶。它是油脂、树脂、纤维素的良好溶剂，它能溶解25倍体积的乙炔。丙酮是重要的有机溶剂，同时又是表面活性剂、药物、有机玻璃、环氧树脂的原料。

丙酮的化学性质也很活泼，能发生取代、加成、缩合、热解等反应。例如，丙酮在碱性条件下，与氢氰酸加成，生成氰基异丙醇（又称丙酮氰醇）。

丙酮氰醇与浓硫酸和甲醇作用，即生成有机玻璃单体——甲基丙烯酸甲酯。

丙酮和苯酚在碱性条件下，发生缩合反应，生成环氧树脂的重要单体——双酚A。

由于丙酮具有优良的物理和化学性质，在工业上用途很广。它不仅在油漆工业、炸药生产、萃取和乙炔装钢瓶时作溶剂。而且在合成其他有机溶剂、去垢剂、表面活性剂、有机玻璃和环氧树脂生产中，也是很重要的原料。

二、苯酚的生产方法

1834年德国化学家隆格（F. F. Runge）首先从煤焦油中提取得苯酚，当时称为石炭酸。第一次世界大战以前苯酚全部来自煤焦油，称为天然苯酚；自第一次世界大战起发现2,4,6-三硝基苯酚是很好的炸药后，苯酚的需求量剧增，天然苯酚远不能满足要求，从而出现了多种合成苯酚的方法。1923年美国孟山都公司（Monsanto Co.）苯磺化碱熔法合成苯酚工业装置投产，1924年美国Dow化学公司开发了氯苯水解法合成苯酚的工艺，以后又相继出现了新的合成方法，如环己酮-环己醇法、甲苯-苯甲酸法和异丙苯法等。第二次世界大战结束时，天然苯酚占苯酚总产量的10%；到1965年仅有4%是从煤焦油和石油焦油得到的。现在苯酚主要用合成方法进行生产。其主要的生产方法如下。

1. 苯磺化碱熔法

其反应式如下。

$$C_6H_6 + H_2SO_4 \longrightarrow C_6H_5SO_3H + H_2O$$

$$2C_6H_5SO_3H + Na_2SO_3 \longrightarrow 2C_6H_5SO_3Na + SO_2 + H_2O$$

$$C_6H_5SO_3Na + 2NaOH \longrightarrow C_6H_5ONa + Na_2SO_3 + H_2O$$

$$2C_6H_5ONa + SO_2 + H_2O \longrightarrow 2C_6H_5OH + Na_2SO_3$$

此法是最古老的方法，它用浓硫酸作磺化剂，于 170～185℃ 使苯经汽化后进行气相磺化而转变为苯磺酸；然后用副产物亚硫酸钠中和，控制温度在 100℃ 左右，而得苯磺酸钠；再于 300～365℃ 进行碱熔，使苯磺酸钠与熔融状态的烧碱作用，生成苯酚钠及溶解于水的亚硫酸钠，结晶使其分离；经浸渍分离后的苯酚钠溶液，在 60～80℃ 用二氧化硫（或稀硫酸）酸化而得粗品；经减压蒸馏即得成品。副产亚硫酸钠经干燥回收，总收率 80%。此法生产设备简单，材质要求不高，收率较高，产品质量好；但浓缩阶段能耗高，酸碱消耗大，设备使用期短，不能连续化生产，副产品为废料。

2. 氯苯水解法

其主要反应式如下。

$$C_6H_6 + Cl_2 \longrightarrow C_6H_5Cl + HCl$$

$$C_6H_5Cl + 2NaOH \longrightarrow C_6H_5ONa + NaCl + H_2O$$

$$C_6H_5ONa + HCl \longrightarrow C_6H_5OH + NaCl$$

利用电解食盐所得氯气和氢氧化钠为原料，由苯和氯气反应生成氯苯及盐酸，将氯苯与苛性钠水溶液（10%）按 1∶1.25（摩尔比）混合后，加入二苯醚，以氯化亚铜作催化剂，在 31.87MPa 压力和 400℃ 温度条件下，反应生成苯酚钠和水，再酸化而得。

此法氯化过程比磺化法简便，副产物易分离，生产规模大；缺点是采用高压操作，对设备要求高，并且设备腐蚀严重。

3. 拉西法

其主要反应式如下。

$$2C_6H_6 + 2HCl + O_2 \longrightarrow 2C_6H_5Cl + 2H_2O$$

$$C_6H_5Cl + H_2O \longrightarrow C_6H_5OH + HCl$$

苯在固体钼催化剂存在下，于 220～270℃ 的高温进行氧氯化反应，生成氯苯和水。氯苯在高温（420℃）蒸汽下进行催化水解，得苯酚和氯化氢，氯化氢再回到第一步反应中去。

此法原料只需要苯，氯化氢可循环利用，只需补充少量。缺点是能量消耗大（用于压缩空气），由于高温及酸性大，因而腐蚀较严重。本法的单程转化率较低（10%～15%），因此在蒸馏时需处理大量的循环未反应物料。

4. 异丙苯法

以丙烯、苯为原料，其主要反应式如下。

此法能同时生产苯酚和丙酮（比例为 1 : 0.6），比其他生产方法成本大大降低。本法的主要优点是原料来自石油气中的丙烯和苯及空气，便于大型化、连续化生产；缺点是从氧化产物中回收苯酚的工艺比较复杂。目前世界上 90% 苯酚的生产采用此法。

5. 甲苯氧化法

此法是美国道化学公司开发的，它包括两步：第一步是甲苯氧化成苯甲酸；第二步是苯甲酸在铜催化剂存在下被氧化成苯酚。该方法原料比较单一，除甲苯外，只需空气及水蒸气；反应时除生成二氧化碳外，其他副产物生成少，工艺过程比较简单，设备投资少，水、电消耗低，在甲苯价格适宜条件下，此法可与异丙苯法相竞争。

$$2C_6H_5CH_3 + 3O_2 \xrightarrow[140℃，2atm（1atm=101325Pa）]{钴催化剂} 2C_6H_5COOH + 2H_2O$$

$$2C_6H_5COOH + O_2 \xrightarrow[240℃]{铜催化剂} 2C_6H_5OH + 2CO_2$$

6. 环己烷法

由苯加氢得环己烷，再氧化得环己酮、环己醇和水，再进一步脱氢得苯酚和氢，其优点是投资低，产品质量好。但环己烷成本比苯高，副产物氢必须合理利用。由于环己酮是生产己内酰胺的中间体，在采用此法生产聚酰胺纤维时，用于生产苯酚受到了限制。

此外，还有常温常压一步法合成苯酚。此法以铜和镍为催化剂，直接用氧气氧化，同时电解，可以获得苯酚。工艺上失活的铜催化剂，用氢作为还原剂还原，效果很好。该法有望成为制造低成本苯酚的方法得到工业应用。

7. 苯直接氧化法

苯在催化剂作用下直接被氧化生成苯酚，一步完成，反应简单。反应方程式如下。

苯直接氧化法制备苯酚反应简单，可一步完成，但催化剂的选择性低、产物收率低，主产物和副产物分离困难，研究多年苯直接氧化法制备苯酚仍未实现工业化，如果能找到合适的催化剂和反应条件，苯直接氧化法将是制备苯酚的一种理想方法。

三、苯酚生产的工艺技术发展

1. 异丙苯法苯酚生产的工艺改进

对于异丙苯法苯酚生产工艺的改进主要集中在氧化工序的节能降耗、完善 CHP 提浓和分解工序等方面。

（1）氧化工序　氧化工序的流程为：新鲜与循环异丙苯进料进入一个或多个氧化器，与空气接触，然后氧化产物 CHP 进入提浓段，而剩余空气物流进入冷凝器以最大限度地移除烃类和异丙苯，最后进入含木炭吸附物的雾沫分离器。该氧化过程为放热反应。

Sunoco/UOP 公司对氧化工序的改进包括：采用高效木炭吸附技术从剩余空气中回收痕量产物；使用紧急水喷淋装置，避免了氧化器过热破裂；降低放空气中氧气含量，从而降低空气压缩机负荷；将倾析器与提浓段真空系统结合起来，可省去放空气体洗涤器；将进料凝聚过滤器与混合进料缓冲罐结合在一起等。这些技术改进的目的是降低装置的投资成本和操作成本。

GE/Lummus 工艺与 Sunoco/UOP 工艺的不同之处在于其氧化工序采用高压系统。该公司对氧化流程进行了改进，可清除循环异丙苯物流中的酸性物质和其他制约氧化活性的物质，从而可提高氧化速率。但高压反应工艺副产物较多，且需要高压空气，因此增加了装置的运行成本。

KBR 也采用高压氧化技术，并完全取消了碳酸钠洗涤系统，从而降低了装置投资成本和运行成本，且液体流量减少了 75%。但同 GE/Lummus 工艺一样，高压系统的缺点就是导致低 CHP 收率和高压缩机成本。

（2）提浓、分解工序　通常来自氧化工序的 CHP 需提浓至 75%～85%（质量分数）后才可分解为苯酚和丙酮。对于大型苯酚装置而言，较为经济的做法是采用两塔提浓系统，利用第二只氧化反应器的热量和低压蒸汽在第一预闪塔中将异丙苯汽化，从而减小主闪蒸塔的尺寸，并降低 CHP 的提浓温度。闪蒸塔塔顶主要为异丙苯，循环至氧化工序；塔底为 CHP，冷却后进入分离段。

Sunoco/UOP 工艺对提浓段的改进之处在于：与氧化段进行热量联合；在闪蒸塔冷凝器中采用 Packinox 型换热器；用动力活板门替代杠杆控制的泵式冷凝罐。改进的目的同样是为了节能和节省装置投资成本。

在 CHP 分解工序，通常加入少量水以保持优化的反应条件。在硫酸催化剂作用下，CHP 分解为苯酚和丙酮，同时使异丙苯氧化反应主要副产物二甲基苯甲醇（DMPC）脱水生成 α-甲基苯乙烯（AMS）。AMS 加氢后再生成异丙苯，可用于循环。

为了获得较高的苯酚收率，Sunoco/UOP 技术做了如下改进：采用先进的工艺控制系统，监控未反应的 CHP 含量；降低循环比，从 100∶1 降至 25∶1；在 CHP 进入分解反应器前加入水，省去了水注入泵。该工艺的特点是提高了装置经济性和产品收率。AMS 收率高达 85%～90%。

GE/Lummus 公司也改进了分解技术，采用 NH_3 和 H_2SO_4 联合催化剂使反应系统保持优化的酸性条件，提高了产品收率。KBR 公司称其采用了"沸腾分解"的设计理念，用汽化循环丙酮的方法来冷却分解反应器，苯酚选择性可达 99.5%。该工艺的特点是提高了工艺控制的灵活性，并采用连锁关闭系统以提高工艺的安全性。

（3）苯酚分离与提纯　粗苯酚提纯后才能达到下游产品生产要求。在 Sunoco/UOP 工艺中，苯酚丙酮初步分离后，从粗丙酮中回收异丙苯和 AMS 并循环。粗苯酚经分离出甲基苯并呋喃（MBF）和剩余 AMS 后，再经蒸馏后得到提纯产品。Sunoco/UOP 对该工序的改进有：

① 用化学方法和树脂处理的方法将 MBF 和 AMS 转化为高沸点组分并分离，而不采用传统的共沸分离的方法；

② 省去了酸中和系统，GE/Lummus 也采用催化分离的方法提纯苯酚，而 KBR 则改进了热量组合利用系统，使蒸汽消耗量降至 2.4kg 蒸汽/kg 苯酚，且产品中羰基化学品总含量低于 5mg/kg。

2. 替代工艺的开发

异丙苯氧化法工艺联产大量丙酮（苯酚和丙酮的产率比为 1∶0.6），副产物丙酮的市场波动制约了装置的整体经济性。另外苯酚产品需要精制，消耗大量的能源。因此苯酚合成工艺在完善传统技术的同时，正向节能、少废、不联产丙酮的方向发展。

（1）Shell 公司"Spam"新工艺　Shell 公司开发了以丙烯和 C_4 烯烃为原料生产苯酚和甲乙酮的新工艺，称为"Spam"。与传统工艺相比，该工艺副产丙酮较少，且生产成本较低。目前该工艺已在美国休斯敦研发基地进行了中试验证，即将在新加坡建首套工业装置，生产能力为 30 万～40 万吨/年苯酚和 13 万～14 万吨/年甲乙酮。

（2）苯直接氧化制苯酚工艺　苯一步法氧化制苯酚工艺特点是原子经济性高，且过程简单，产品收率高，对环境污染也小，是绿色的有机化工生产工艺。目前已经研究了包括 N_2O、H_2O_2、H_2/O_2、O_2 等为氧化剂合成苯酚的方法，有些工艺已进行中试验证，并具有工业化应用前景。

EniChem 公司开发的工艺以 H_2O_2 为氧化剂，其关键是采用一种两相反应溶剂体系，其中有机相为原料苯和有机溶剂（如乙腈），含水相为 H_2O_2 和催化剂。催化剂包括含氮的杂芳族化物的羧酸配体、无机或有机溶剂以及 Fe^{2+} 和 Fe^{3+} 盐类物质。该工艺属均相反应过程。Solutia 公司（原 Monsanto）和俄罗斯 Boreskov 催化研究院共同开发了 AlphOx 工艺，以金属改性的 ZSM-5 分子筛为催化剂，采用己二酸装置副产 N_2O 为氧化剂，在固定床绝热反应器中进行反应。该工艺已在 Solutia 位于美国佛罗里达州 Pensacola 的示范装置上得到验证，现正与 GTC 技术公司共同商讨建工业规模装置。日本丸善石化等公司合作开发了钯膜催化氧化苯制苯酚工艺。该工艺采用套管反应器，苯和 O_2 的气态化合物通入覆盖有薄钯膜的多孔 α-氧化铝管内，H_2 通入壳层。H_2 游离于钯膜外表面，被钯膜吸附并离解、活化后，生成的氢原子进入氧化铝管内，和 O_2 反应得到活泼的氧原子，氧原子进一步与苯环的双键反应生成苯酚。

日本东京大学开发了苯与分子氧直接合成苯酚的铼沸石催化剂，制备方法是采用化学气相沉积法将甲基三氧化铼沉积到 HZSM-5 孔道中。当原料转化率为 5.5% 时，催化剂的选择性达 90%，产物收率为 5%。该工艺副产 CO_2，易于分离，未反应的苯再循环使用，从而可有效合成苯酚。从目前研究情况来看，以 N_2O 为氧化剂、采用 Fe-ZSM-5 催化剂苯直接氧化制苯酚工艺最具工业应用前景，因此是目前的研究重点。

四、苯酚生产的工艺路线选择

目前苯酚工业生产方法主要包括异丙苯氧化法和甲苯氧化法两种，其中异丙苯氧化法生产能力约占世界苯酚总产能的 90% 以上。该法首先将异丙苯在液相中氧化生成过氧化氢异丙苯（CHP），然后 CHP 经提浓后用硫酸分解，得到苯酚和丙酮，最后用树脂中和制得含苯酚/丙酮混合物的分解液，再经精馏、分离提纯得到合格产品。异丙苯法主要技术供应商有 KBR、GE/Lummus、Sunoco/UOP 和日本三井化学等。甲苯氧化法是甲苯在钴盐催化剂的作用下，用空气氧化生成苯甲酸，然后在铜催化剂的作用下苯甲酸再与空气和水蒸气作用转化为苯酚和二氧化碳。该法最早是由美国 Dow 化学公司开发成功的，1962 年实现工业化生产，其特点是甲苯原料来源广泛，不联产丙酮，且工艺过程简单，能量得到了综合利用。但其最大缺点是易生成焦油，从而导致原料消耗和产品成本较高。甲苯氧化法与异丙苯氧化法生产苯酚的竞争性取决于原料甲苯和苯的价格差异。

任务二　异丙苯法制备苯酚的工艺流程组织

一、异丙苯法制备苯酚的工艺原理

1. 异丙苯法制备苯酚的反应原理

异丙苯法制备苯酚的过程是由苯和乙烯通过烷基化反应生成异丙苯、异丙苯氧化生成过氧化氢异丙苯、过氧化氢异丙苯酸性水解生成苯酚、丙酮三步完成。

（1）异丙苯的生成

① 主反应　主要反应如下：

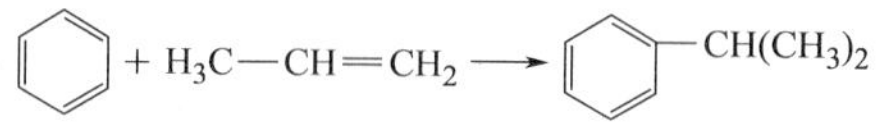

② 副反应　主要副反应如下：

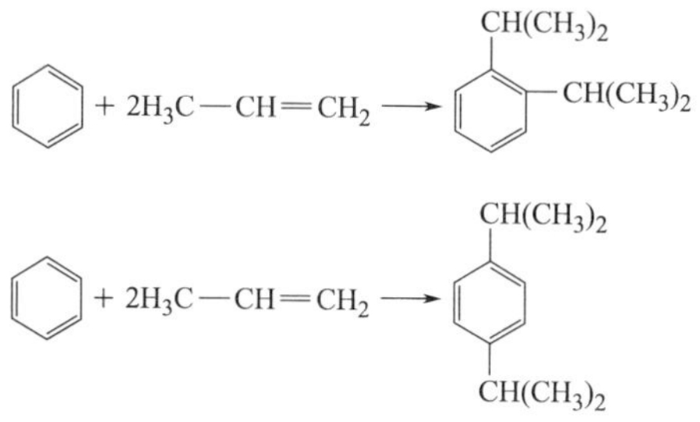

烷基转移反应：

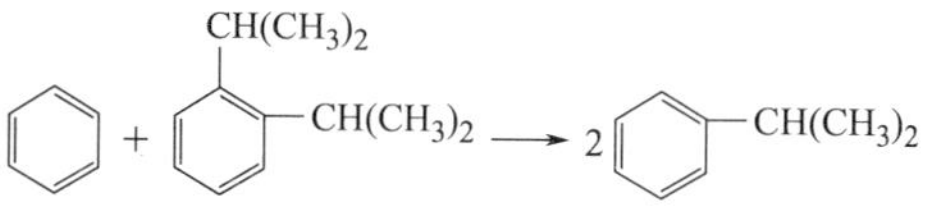

（2）异丙苯的氧化反应

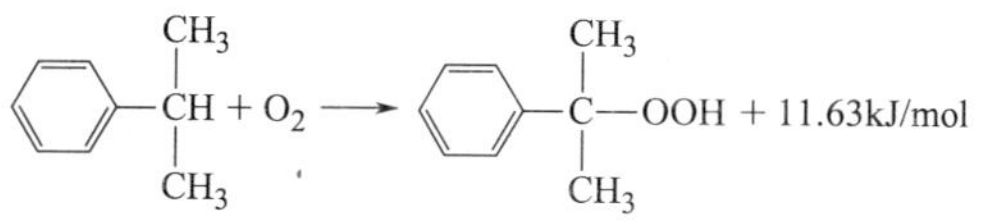

由于过氧化氢异丙苯的热稳定性较差，受热后能自行分解，所以在氧化条件下，还有许多副反应发生，反应式如下：

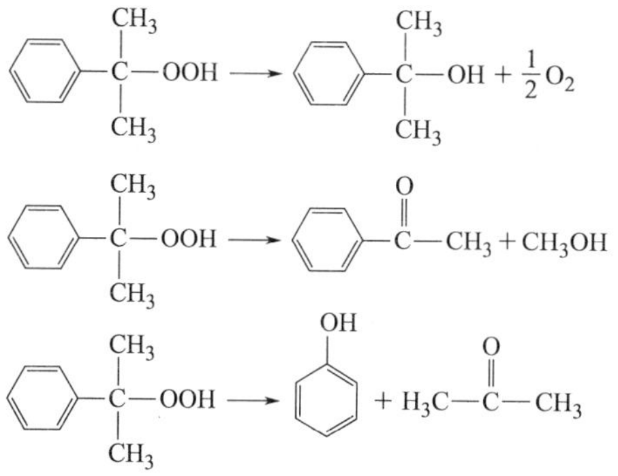

$$CH_3OH + \frac{1}{2}O_2 \longrightarrow HCHO + H_2O$$

$$HCHO + \frac{1}{2}O_2 \longrightarrow HCOOH$$

这些副反应的发生，不仅使得氧化液的组成复杂，而且某些副产物还对氧化反应起到抑制作用。例如，微量的酚会严重抑制氧化反应的进行，生成的含羧基、羟基的物质不仅阻滞氧化反应，还能促使过氧化氢异丙苯的分解。

（3）过氧化氢异丙苯的分解　在酸性催化剂的作用下，过氧化氢异丙苯可分解为苯酚、丙酮。其化学反应方程式如下。

$$\underset{\underset{CH_3}{|}}{\overset{\overset{CH_3}{|}}{C}}-OOH \xrightarrow{H^+} \text{(苯酚)} + H_3C-\overset{\overset{O}{\|}}{C}-CH_3 + 252.7kJ/mol$$

在发生主反应的同时还伴有副反应发生，而生成的副产物具有相互作用的能力，从而使催化分解过程的产物非常复杂。其主要的副反应如下所示。

$$\underset{\underset{CH_3}{|}}{\overset{\overset{CH_3}{|}}{C}}-OOH \longrightarrow \overset{\overset{CH_3}{|}}{C}=CH_2 + H_2O + \frac{1}{2}O_2$$

$$2\overset{\overset{CH_3}{|}}{C}=CH_2 \longrightarrow \overset{\overset{CH_3}{|}}{\underset{\underset{CH_3}{|}}{C}}-CH=C-CH_3$$

$$2H_3C-\overset{\overset{O}{\|}}{C}-CH_3 \longrightarrow \overset{H_3C}{\underset{H_3C}{}}C=CH-\overset{\overset{O}{\|}}{C}-CH_3 + H_2O$$

这些副反应不仅降低了苯酚、丙酮的收率，而且使产品的分离也变得困难。

2. 异丙苯法制备苯酚的催化剂

（1）异丙苯的生成部分所用的催化剂　　合成异丙苯所用的催化剂主要有金属卤化物，如氯化铝；强无机酸，如固体磷酸；磺酸型离子交换树脂和分子筛。

固体磷酸催化剂由活性组分、载体和添加剂构成。磷酸是催化剂的活性组分，载体主要有三类：第一类是含氧化硅类的载体，其典型的代表是硅藻土，其中二氧化硅含量大于90％，这是目前在工业上经常采用的一种载体；第二类是硅酸铝，它包括天然的硅酸铝，如漂白土和膨润土以及人工合成的硅酸铝；第三类是金属的氧化物，如结晶的氧化铝（α、β、γ、η、θ）以及其他耐火氧化物，如氧化硅、氧化锆、氧化镁或它们的混合物。为了提高催化剂的压缩强度和硬度，在催化剂中加入第三组分——添加剂，目前所用的主要添加剂有皂石、滑石、铁的氧化物、卤素化合物、硫的氧化物和镁铝的氧化物等。加入添加剂不仅延长了催化剂的寿命，也使其活性有所提高。目前工业上所用的磷酸催化剂中，磷酸的含量一般在50％～80％，添加剂含量不超过5％，其余为载体。

（2）异丙苯的氧化反应所用的催化剂　　异丙苯的液相氧化与一般烃类的液相氧化相似，是按自由基链锁反应历程进行，包括链的引发、增长和终止三个过程。由于反应生成的过氧化氢异丙苯在氧化条件下能部分分解成自由基从而加速链的引发以促进反应进行，因而异丙苯的氧化反应是一种非催化自动氧化反应。

（3）过氧化氢异丙苯酸性分解所用的催化剂　　过氧化氢异丙苯酸性分解反应所用的催化剂有：硫酸以及磺酸型离子交换树脂等。硫酸作为催化剂，价廉易得，但酸性分解液中所生的硫酸盐，容易堵塞管道，腐蚀设备。所以目前主要采用强酸性阳离子交换树脂作为过氧化氢异丙苯分解反应的催化剂。

二、异丙苯法制备苯酚的工艺流程

由苯和丙烯作为原料通过异丙苯法生产苯酚丙酮的工艺过程包括苯和丙烯反应生成异丙苯、异丙苯氧化生成过氧化氢异丙苯和过氧化氢异丙苯酸性分解三部分构成，图10-1给出了异丙苯法生产苯酚的工艺流程框图。

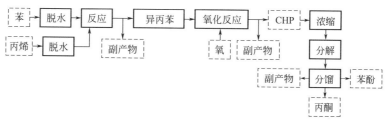

图 10-1　异丙苯法生产苯酚的工艺流程框图

由生产苯酚的示意图可以看出，异丙苯法合成苯酚流程比较长，苯酚的生产是由过氧化氢异丙苯分解而得到的，而过氧化氢异丙苯又是由异丙苯氧化而得到的，而异丙苯又是由苯和丙烯合成的，因此，工艺流程包括苯烷基化合成异丙苯、异丙苯氧化合成过氧化氢异丙苯和过氧化氢异丙苯分解生成苯酚联产丙酮三段。

1. 苯烷基化合成异丙苯的工艺流程

（1）异丙苯生产的方法　异丙苯最早用作汽油的添加剂，以提高汽油的抗震性，现在则适用于生产苯酚和丙酮的中间体。异丙苯的合成是由丙烯和苯进行烷基化而制取，目前工业上生产异丙苯的方法主要有三种。第一种，以三氯化铝为催化剂进行气液相反应；第二种，以磷酸-硅藻土为催化剂进行气固相反应；第三种，在硫酸存在下进行液相烷基化反应。本项目对以磷酸-硅藻土为催化剂进行气固相反应的异丙苯合成原理和工艺加以详细描述。下面先对以三氯化铝为催化剂进行气液相反应和在硫酸存在下进行液相烷基化反应合成异丙苯的工艺过程进行简单说明。

用三氯化铝为催化剂进行的烷基化反应，工艺过程主要有烃化反应、催化剂配合物的分离、水解中和烃化液的精制等。苯和丙烯以 0.3～0.4 摩尔比进入反应器，反应温度约为 108℃，压力为 0.2～0.25MPa。生成的烃化液进入配合物沉降槽，利用密度差分离催化剂配合物。配合物返回反应器，烃化液则由上部溢流口流出并进入水解塔，除去未被分离的 $AlCl_3$。水由水解塔上部加入，烃化液由下部加入，经逆流接触进行水解。水解后的烃化液具有一定的酸性。为保证烃化液为酸性，向烃化液中加入稀碱进行中和，之后再水洗。经两次水洗的烃化液送入烃化液成品槽静置，并依靠重力差将其中水分分出。

液相烷基化反应是以 90％硫酸作催化剂，温度为 25～45℃，苯与丙烯的摩尔比为5∶1，硫酸与烃类化合物之比为 1∶1，生成的烷基化产物中含 22％～27％的异丙苯和 2％～3％的二烷基苯。

（2）以磷酸-硅藻土为催化剂进行气固相反应生产异丙苯的工艺流程　磷酸-硅藻土为催化剂的气相法生产异丙苯的工艺流程如 10-2 所示。

按照丙烯和苯（摩尔比）为（0.3～0.5）∶1 的比例，丙烷-丙烯馏分和原料苯分别进入混合器 1 混合，混合后进入预热器 2 预热，即与反应后的产物气进行热交换回收热量，预热后进入蒸发器 3 蒸发，并加入少量的水蒸气。经蒸发器蒸发的混合气体，进入固定床反应器4 进行反应，反应后的产物气体经预热器 2 冷却，送入分离系统。

经冷却的产物混合气体进入脱丙烷精馏塔 5，脱丙烷精馏塔在加压条件下操作，丙烷及未反应的丙烯从塔顶蒸出；异丙苯、多异丙苯及未反应的苯从塔釜采出。

从脱丙烷塔釜采出的液体混合物，经节流阀减压后送入脱苯塔 6，脱苯塔在常压下操作，塔顶蒸出的苯冷凝后，部分回流，部分返回混合器；塔釜采出液送入异丙苯塔 7。

异丙苯塔在常压下操作，塔顶产品为异丙苯，塔釜采出的多异丙苯需分离回收利用。

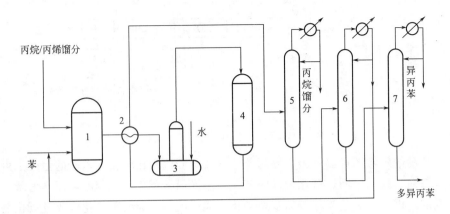

图 10-2　异丙苯的生产工艺流程

1—混合器；2—预热器；3—蒸发器；4—固定床反应器；5—脱丙烷精馏塔；6—脱苯塔；7—异丙苯塔

2. 异丙苯氧化工艺流程

异丙苯氧化过程的工艺流程如图 10-3 所示。空气加压至 0.45MPa（表）并被过热后由氧化塔 1 底部送入塔内。用碱配制成 pH 值为 8.5～10.5 的精异丙苯，从储槽 4 送出加热后由氧化塔顶进入塔内与空气逆流接触。氧化塔为板式塔，氧化温度为 110～120℃。氧化塔顶部排出含有少量氧的气体混合物，经冷凝器 5 将异丙苯冷凝后送入气液分离器 6。液相为异丙苯，回收使用，不凝气放空。由氧化塔底部排出的反应物料送入降膜蒸发器 7 增浓后进入第一提浓塔 2，将大部分未转化的异丙苯蒸出。塔釜得到浓度为 70%～80% 的过氧化氢异丙苯，经冷凝后进入第二提浓塔 3。其塔釜得到浓度为 88% 过氧化氢异丙苯，塔顶的凝液与第一蒸发塔的凝液混合后加入 8%～12%（质量分数）的 NaOH 中和沉降，分出的碱液循环使用，异丙苯循环回氧化系统。

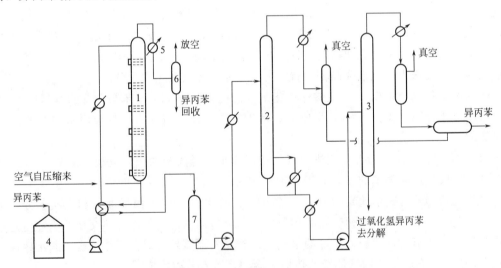

图 10-3　氧化过程工艺流程图

1—氧化塔；2,3—第一、第二提浓塔；4—储槽；5—冷凝器；6—气液分离器；7—降膜蒸发器

3. 过氧化氢异丙苯的分解及分解液的分离

过氧化氢异丙苯的分解及分解液精制过程的工艺流程图如图 10-4 所示。

来自氧化系统的氧化液进入分解塔 1 的底部与酸性循环氧混合，并在分解塔中发生分解

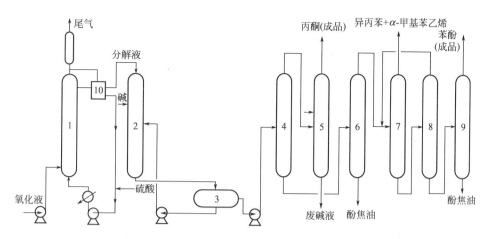

图 10-4　分解精制过程工艺流程图

1—分解塔；2—中和水洗塔；3—沉降槽；4—粗丙酮塔；5—精丙酮塔；
6—割焦塔；7—第一脱烃塔；8—第二脱烃塔；9—精酚塔；10—缓冲罐

反应。分解液由分解塔的顶部溢流进入缓冲罐 10，大部分分解液循环回分解塔，少量的分解液进入中和水洗塔 2 洗去其中的酸。在中和水洗塔的上部，分解液、碱液及循环碱液并流操作，塔釜液送沉降槽 3，分出碱液和分解液，碱液循环使用。槽上部的中性分解液送入分离系统，经粗丙酮塔 4、精丙酮塔 5、割焦塔 6，第一脱烃塔 7、第二脱烃塔 8 和精酚塔 9 后得到成品苯酚和丙酮。

三、异丙苯法制备苯酚的典型设备

1. 苯烷基化反应器

磷酸-硅藻土气相法生产异丙苯的反应设备采用列管式固定床催化反应器。列管式固定床催化反应器的结构如图 10-5 所示。

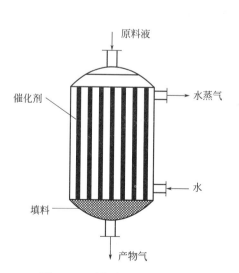

图 10-5　列管式固定床反应器

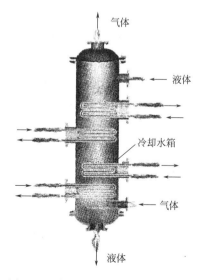

图 10-6　多段内冷却型鼓泡床反应器

列管式固定床催化反应器的工作原理：在列管式反应器的列管内填充催化剂颗粒，管间通热载体。原料气体自上而下通过催化剂床层发生反应，反应放出的热量由床层通过管壁传递给管外的热载体。为使原料气体均匀地分布到每根催化剂管中，在反应器顶部的原料气体入口处设置气体分布板，为了防止催化剂漏出，在固定床反应器的列管下口填充填料。

2. 异丙苯氧化反应器和蒸发器

异丙苯的氧化反应为气液相放热反应，而高温下氧化产物很容易分解。为及时移走反应热，维持一定的反应温度，异丙苯氧化反应器多采用多段内冷却型鼓泡床反应器，反应器的结构如图 10-6 所示。

蒸发是提高溶液浓度的主要方法，异丙苯氧化产物的分离采用蒸发操作提浓过氧化氢异丙苯。过氧化氢异丙苯提浓操作采用的蒸发设备有升膜蒸发器和降膜蒸发器。升膜蒸发器和降膜蒸发器结构分别如图 10-7、图 10-8 所示。

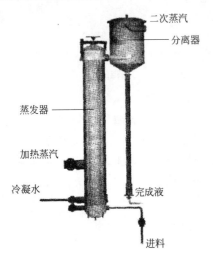

图 10-7　升膜蒸发器的结构示意图

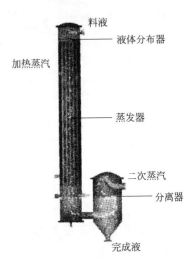

图 10-8　降膜蒸发器的结构示意图

3. 过氧化氢异丙苯分解釜

过氧化氢异丙苯的分解，工业上一般采用分解釜，三个分解釜串联，分解釜分为上下两段，为及时移走反应热，分解釜设有夹套和盘管，还装有循环冷却器和搅拌器，原料液从釜下部加入，由釜上部溢出。

四、异丙苯法制备苯酚的操作条件

1. 异丙苯生产的操作条件

（1）反应温度　最适宜的反应温度与空速和原料的配比也有关系，当空速低且原料的配比大时，采用较低的反应温度，异丙苯的产率就很高；而原料的配比小而空速大时则采用较高的反应温度，反应的收率较高，但温度不宜过高。工业上的反应温度一般在 200～250℃为宜。

（2）反应的压力　压力对反应的影响不大，一般反应压力控制在 3～4MPa。

（3）空速　空速对反应结果影响较大。其影响结果见表 10-1。

表 10-1　空速对异丙苯产率的影响

空速/h⁻¹	产率（按丙烯计）/%		空速/h⁻¹	产率（按丙烯计）/%	
	120～170℃	超过 170℃		120～170℃	超过 170℃
0.37	61	16	3.0	40	10
1.0	54	16	4.0	35	6
2.0	44	11			

由表 10-1 可以看出，随着空速的增加，异丙苯的产率明显下降，这一趋势在反应温度高时有所减缓。目前一般用液体空速表示，一般取液体空速在 $1h^{-1}$ 左右。

（4）原料配比　丙烯和苯的配比直接影响到丙烯的转化率和异丙苯的产率。丙烯和苯的摩尔比为 （0.3～0.5）∶1。

（5）原料纯度　合成异丙苯使用的固体磷酸催化剂，对水分比较敏感，为了使苯的烷基化反应能顺利进行，对原料的要求是：苯含水量小于 150mg/kg，有的报道要求 50mg/kg，硫化物含量不超过 2mg/kg。丙烯含水量小于 150mg/kg，或者 50mg/kg 以下，而且不含乙烯和丁烯，但可含一定量的丙烷（作为稀释剂，减少多烃化物的生成；带走反应热）。

2. 过氧化氢异丙苯生产中的操作条件

（1）反应温度　温度与转化率的关系见图 10-9。由图可见，温度越高，转化率越大。其原因是该反应具有较大的活化能，温度越高，反应速率常数越大，反应速率越高。当反应温度由 110℃ 升到 120℃ 时，反应速率常数增加两倍。在主反应速率提高的同时，副反应速率也相应增加。据研究，对副反应而言，温度由 110℃ 升到 120℃，反应速率提高 2～3 倍，使反应的选择性大大降低。因此，控制反应温度对提高反应速率和过氧化氢异丙苯的收率至关重要。通常反应温度控制在 105～120℃ 之间。

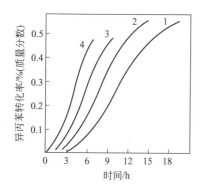

图 10-9　各种温度时异丙苯氧化的动力学曲线
1—110℃；2—115℃；3—120℃；4—125℃

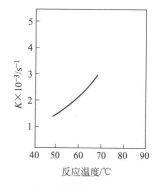

图 10-10　树脂催化分解过氧化氢异丙苯
的反应平衡常数与温度的关系

（2）原料异丙苯中杂质　原料中的杂质可以分为两类：一类是本身对反应速率影响很小，但由于杂质本身在反应条件下也发生反应，生成其他产物，而使产品过氧化氢异丙苯纯度下降，这类杂质主要有苯、甲苯、乙苯、丁苯及二异丙苯；另一类本身就是阻化剂，对反应速率有较大的影响。在反应开始时，由于这类杂质的存在常导致反应不能进行，常见的有硫化物、酚类及不饱和烃类等。因此，对这些杂质要严格加以限制。在工业生产中，一般要求原料中，乙苯含量小于 0.03%，丁苯含量小于 0.01%，酚含量小于 3mg/kg，总硫含量小于 2mg/kg，氧含量小于 4mg/kg。

（3）反应压力　压力对异丙苯氧化无特殊影响，反应一般在 0.4～0.5MPa 下进行。适当加压是为了提高氧分压，从而提高反应速率。但过高的压力也无益处，压力过高对反应速率影响不大，而设备费用和操作费用随着压力的升高而增大。

3. 过氧化氢异丙苯分解的操作条件

（1）反应温度　反应温度的影响见图 10-10。由图可见，反应温度越高，反应速率越快。温度升高，相应的过氧化氢异丙苯扩散速率加快，从而加快了反应速率。但温度过高会使过氧化氢异丙苯的分解速率加快，副产物生成量增加。另外，温度升高易使离子交换树脂失效。因此，温度不宜超过 80℃。

（2）杂质　过氧化氢异丙苯中的杂质对反应速率有影响。在氧化反应过程中，为了控制介质的 pH 值，一般在异丙苯中加有 Na_2CO_3 或 NaOH。因此，如过氧化氢异丙苯中含有 Na^+，则 Na^+ 可与活性基团中的氢发生交换，使树脂失去活性。因此，氧化反应后，应对氧化液进行水洗，除去其中的 Na^+。

另外，过氧化氢异丙苯中还含有苯乙酮、二甲基苯基甲醇、α-甲基苯乙烯等杂质。在分解反应中，这些杂质会进一步发生聚合、缩合等反应，而生成一些大分子的呈焦油状的副产物，它们将树脂表面覆盖，从而使树脂活性降低。因此，要求过氧化氢异丙苯中的杂质要尽量低一些。

（3）停留时间　过氧化氢异丙苯分解反应采用不同的停留时间对生成亚异丙基丙酮量有较大的影响。停留时间越长，亚异丙基丙酮生成量越大。反应停留时间对生成亚异丙基丙酮的影响见表 10-2。

表 10-2　反应停留时间对生成亚异丙基丙酮的影响

序号	停留时间/min	亚异丙基丙酮/%	备注
1	50	0.026	
2	100	0.059	
3	150	0.081	原料过氧化氢异丙苯浓度为 82.39%
4	200	0.105	
5	250	0.140	

任务三　异丙苯法生产苯酚的操作与控制

一、异丙苯法生产苯酚的开车操作

以烃化塔的开车操作步骤为例加以说明。

1. 隔离

切断烃化反应器混合进料床间及过滤器出口管线切断阀，使反应、过滤系统及其他系统隔离。

2. 泄漏率实验

用真空泵将烃化反应器及过滤器以及其连接管线抽真空至 0.133~0.199MPa，然后切断真空泵保持 1h，如果真空度小于 0.033MPa，然后用氮气升压至 0.05MPa。

3. 置换

用真空泵将反应、过滤系统抽真空到 0.133~0.199MPa，然后用氮气升压。

4. 含氧量分析

置换操作三次后，取样分析系统中气体含量，如果氧含量小于 0.2%（质量分数），则合格，否则重新置换合格。合格后系统保持 0.05~0.07MPa，并保持其他系统置换气体不得再进入反应及过滤系统。

二、异丙苯法生产苯酚的正常停车操作

以烃化塔的正常停车操作步骤为例加以说明。

烃化反应器的停车与其他系统紧密配合，除紧急停车外，不得单独停车，其停车的重要环节有如下几点。

① 先停水注入，防止催化剂失活。

② 停丙烯进料，但循环苯必须注入 4h，或通至反应器进出口无温差，以消耗残存的丙烯。

③ 用真空或氮气置换烃化反应器。

④ 置换后，在反应器前后管线加盲板，与其他系统隔离。

⑤ 如卸催化剂，则应在催化剂加热时，马上按规程操作。

三、异丙苯法生产苯酚的紧急停车操作

① 当系统设备严重泄露苯、丙烯、烃化液、异丙苯、二异丙苯或碱液大量泄漏时，应立即停车，防止进一步泄漏造成更大的事故，同时采取有效的措施，防止环保事故的发生。

② 烃化反应器停车时，首先要停丙烯和苯的进料，调节降低反应器的压力并泄压，然后观察泄漏部位，如必须停车倒空才能消除漏点则按照停车倒空步骤，倒空反应器中的物料进行处理。

③ 脱苯塔系统停车：首先关闭再沸器加热汽，塔釜采出和塔顶采出进行紧急停车（但不用泄压倒空）关闭现场各进料阀，防止跑料，将物料囷于塔内以备开车时节省开车时间。

④ 氧化单元紧急停车时，应立即停止进料，启用连锁装置，并同时采取必要措施，防止环保事故的发生。

⑤ 系统降温，如果可能，尽量不要通入急冷水。

⑥ 现场断空气进料，氧化塔降温，如果投用急冷水，在冷却后，停急冷水。

⑦ 停车的情况告诉相关单位。

⑧ 关闭控制台上的 CHP 系统内的加热源。

⑨ 手动启动紧急连锁系统。

⑩ 停提浓进料，控制好塔，储罐液面，如可能，继续塔的回流，并控制好塔釜液面。塔顶无蒸汽时停泵，并关喷射泵系统。

⑪ 关氧化塔空气和异丙苯进料；关闭所有的酸和碱。

⑫ 在紧急停车后再次开车时，要检查苯酚含量，防止污染循环异丙苯罐，异丙苯进料罐要防止苯酚进入氧化系统。

任务四　异丙苯法生产过程的 HSE 管理

一、苯酚对环境和人体的危害

1. 健康危害

苯酚对皮肤、黏膜有强烈的腐蚀作用，可抑制中枢神经或损害肝、肾功能。

2. 苯酚对环境的危害

污染来源：苯酚用于生产或制造炸药、肥料、焦炭、照明气、灯黑、涂料、除漆剂、橡胶、石棉品、木材防腐剂、合成树脂、纺织物、药品、药物制剂、香水、酚醛塑料和其他塑料，以及聚合物的中间体。也可在石油、制革、造纸、肥皂、玩具、墨水、农药、香料、染料等行业中使用。在医药上用作消毒剂、杀虫剂、止痒剂等。在实验室中用作溶剂、试剂。

酚类化合物在微生物和光解的作用下，在环境中分解较快。研究结果表明，在夏季 4h 之内酚的浓度可以从 125×10^{-9} 下降到 10×10^{-9} 以下，而这种酚的降解速率随着河水中微生物数量均增加而增加，在冬季最冷的天气里，酚的降解速率则很弱。另外，酚的降解速率与水中溶解氧量成正比，酚的生物富集程度很低。

苯酚对人体任何组织都有显著的腐蚀作用。如接触眼，能引起角膜严重损害，甚至失明。接触皮肤后，不引起疼痛，但在暴露部位最初呈现白色，如不迅速冲洗清除，能引起严重灼伤或全身性中毒。苯酚为细腻原浆毒物，能使蛋白质发生变质和沉淀，故对各种细胞有直接损害。因此，任何暴露途径都可能产生全身性影响。通常酚中毒主要由皮肤吸收所引起，其腐蚀性随液体的 pH 值、溶解性及分解度和温度等条件而异。

危险特性：遇明火、高热或与氧化剂接触有引起燃烧爆炸的危险。

燃烧（分解）产物：一氧化碳、二氧化碳。

二、苯酚应急处理处置方法

1. 泄漏应急处理

隔离泄漏污染区，限制出入。切断火源。建议应急处理人员戴自给式呼吸器，穿防毒服。少量泄漏：用干石灰、苏打灰覆盖。大量泄漏：收集回收或运至废物处理场所处置。

2. 水体被污染

水体沿岸上游污染源的事故排放；陆地事故（如交通运输过程中的翻车事故）发生后经土壤流入水体，也有槽罐直接翻入路边水体的情况。

① 查明水体沿岸排放废水的污染源，阻止其继续向水体排污。

② 如果是液体苯酚的槽车发生交通事故，应设法堵住裂缝或迅速筑一道土堤拦住液流；如果是在平地，应围绕泄漏地区筑隔离堤；如果泄漏发生在斜坡上，则可沿污染物流动路线，在斜坡下方筑拦液堤。在某些情况下，在液体流动的下方迅速挖一个坑也可以达到阻止泄漏的污染物的同样效果。

③ 在拦液堤或拦液坑内收集到的液体须尽快移到安全密封的容器内，操作时采取必要安全保护措施。

④ 已进入水体中的液体或固体苯酚处理较困难，通常采用适当措施将被污染水体与其他水体隔离的手段，如可在较小的河流上筑坝将其拦住，将被污染的水抽排到其他水体或污水处理厂。

3. 土壤污染

各种高浓度废水（包括液体苯酚）直接污染土壤，固体苯酚由于事故倾洒在土壤中。

① 固体苯酚污染土壤的处理方法较为简单，使用简单工具将其收集至容器中，视情况决定是否要将表层土剥离做焚烧处理。

② 液体苯酚污染土壤时，应迅速设法制止其流动，包括筑堤、挖坑等措施，以防止污染面扩大或进一步污染水体。

③ 最为广泛应用的方法是使用机械清除被污染土壤并在安全区进行处置，如焚烧。

④ 如环境不允许大量挖掘和清除土壤时，可使用物理、化学和生物方法消除污染。如对地表封闭处理；地下水位高的地方采用注水法使水位上升，收集从地表溢出的水；通过翻耕以促进苯酚蒸发的自然降解法等。

4. 防护措施

（1）呼吸系统防护　可能接触其粉尘时，佩戴自吸过滤式防尘口罩。紧急事态抢救或撤离时，应该佩戴自给式呼吸器。

（2）眼睛防护　戴化学安全防护眼镜。

（3）身体防护　穿透气型防毒服。

（4）手防护　戴防化学品手套。

（5）其他　工作现场禁止吸烟、进食和饮水。工作完毕，淋浴更衣。单独存放被毒物污染的衣服，洗后备用。保持良好的卫生习惯。

5. 急救措施

（1）皮肤接触　立即脱去被污染的衣着，用甘油、聚乙烯乙二醇或聚乙烯乙二醇和酒精混合液（7∶3）抹洗，然后用水彻底清洗。或用大量流动的清水冲洗至少15min，就医。

（2）眼睛接触　立即提起眼睑，用大量流动清水或生理盐水彻底冲洗至少15min，就医。

（3）吸入　迅速脱离现场至空气新鲜处，保持呼吸道通畅；如呼吸困难，给输氧；如呼吸停止立即进行人工呼吸。就医。

（4）食入　立即给饮植物油15～30mL，催吐，就医。

6. 灭火方法

消防人员须佩戴防毒面具、穿全身消防服。灭火剂有水、抗溶性泡沫、干粉、二氧化碳。

苯酚的下游产品——酚醛树脂

（一）酚醛树脂的物理化学性质

酚醛树脂也叫电木，又称电木粉，英文名称phenolic resin，简称PF，相对密度1.25～1.30，是酚与醛经聚合制得的合成树脂统称，原为无色或黄褐色透明物，因含有游离分子而呈微红色，市场销售往往加着色剂而呈红、黄、黑、绿、棕、蓝等颜色，有颗粒、粉末状。耐弱酸和弱碱，遇强酸发生分解，遇强碱发生腐蚀。不溶于水，溶于丙酮、酒精等有机溶剂中。对水、弱酸、弱碱溶液稳定。由苯酚和甲醛在催化剂条件下缩聚、经中和、水洗而制成的树脂。因选用催化剂的不同，可分为热固性和热塑性两类。主要包括线型酚醛树脂、热固性酚醛树脂和油溶性酚醛树脂。

（二）酚醛树脂的分类

酚醛树脂分为热塑性和热固性两类。

1. 热塑性酚醛树脂

热塑性酚醛树脂也称为两步法酚醛树脂，为浅色至暗褐色脆性固体，溶于乙醇、丙酮等溶剂中，长期具有可溶可熔性，仅在六亚甲基四胺或聚甲醛等交联剂存在下，才固化（加热时可快速固化）。主要用于制造压塑粉，也用于制造层压塑料、清漆和胶黏剂。

2. 热固性酚醛树脂

热固性酚醛树脂也称为一步法酚醛树脂，可根据需要制成固体、液体和乳液，都可在热或（和）酸作用下不用交联剂即可交联固化。为指导树脂合成和成型加工，常将其固化过程分为A、B、C三个阶段。具有可溶可熔性的预聚体称作A阶酚醛树脂；交联固化为不溶不熔的最终状态称C阶酚醛树脂；在溶剂中溶胀但又不完全溶解，受热软化但不熔化的中间状态称B阶酚醛树脂。热固性酚醛树脂存放过程中黏度逐渐增大，最后可变成不溶不熔的 C 阶树脂。因此，酚醛树脂的存放期一般不超过 3～6 个月。热固性酚醛树脂可用于制造各种层压塑料、压塑粉、层压塑料；制造清漆或绝缘、耐腐蚀涂料；制造日用品、装饰品；制造隔声、隔热材料等。常见的高压电插座、胶黏剂和改性其他高聚物。

（三）酚醛树脂的重要性能

1. 高温性能

酚醛树脂最重要的特征就是耐高温性，即使在非常高的温度下，也能保持其结构的整体性和尺寸的稳定性。正因为这个原因，酚醛树脂才被应用于一些高温领域，例如耐火材料、摩擦材料、黏结剂和铸造行业。

2. 黏结强度

酚醛树脂一个重要的应用就是作为黏结剂。酚醛树脂是一种多功能，与各种各样的有机和无机填料都能相容的物质。设计正确的酚醛树脂，润湿速度特别快。并且在交联后可以为磨具、耐火材料、摩擦材料以及电木粉提供所需要的机械强度，耐热性能和电性能。

水溶性酚醛树脂或醇溶性酚醛树脂被用来浸渍纸、棉布、玻璃、石棉和其他类似的物质为它们提供机械强度、电性能等。典型的例子包括电绝缘和机械层压制造，离合器片和汽车滤清器用滤纸。

3. 高残碳率

在温度大约为 1000℃ 的惰性气体条件下，酚醛树脂会产生很高的残碳，这有利于维持酚醛树脂的结构稳定性。酚醛树脂的这种特性，也是它能用于耐火材料领域的一个重要原因。

4. 低烟低毒

与其他树脂系统相比，酚醛树脂系统具有低烟低毒的优势。在燃烧的情况下，用科学配方生产出的酚醛树脂系统，将会缓慢分解产生氢气、碳氢化合物、水蒸气和碳氧化物。分解过程中所产生的烟相对少，毒性也相对低。这些特点使酚醛树脂适用于公共运输和安全要求非常严格的领域，如矿山、防护栏和建筑业等。

5. 抗化学性

交联后的酚醛树脂可以抵制任何化学物质的分解，例如汽油、石油、醇、乙二醇和各种碳氢化合物。

（四）酚醛树脂的生成和缩聚反应原理

酚醛树脂是由苯酚和甲醛的缩聚而成。

1. 加聚反应和缩聚反应

加聚反应和缩聚反应是合成有机高分子的两种基本反应。这两种反应虽然都由单体（小分子）产生高聚物（大分子）的反应，但它们还是有着本质的区别。

加聚反应是加成聚合反应的简称，是指以不饱和烃或含不饱和键的物质为单体，通过不饱和键的加成，聚合成高聚物的反应。例如，乙烯加聚成聚乙烯，是在适当的温度、压强和催化剂存在的条件下，乙烯分子中的双键会断裂其中的一个键，发生加成反应，使乙烯分子里的碳原子结合成为很长的键。

缩聚反应是指单体间相互反应，生成高分子化合物同时生成小分子的聚合反应。酚醛树脂是由苯酚和甲醛在催化剂条件下缩聚而成。反应机理是苯酚羟基邻位上的两个氢原子比较活泼，与甲醛醛基上的氧原子结合为水分子，其余部分连接起来成为高分子化合物——酚醛树脂。反应的方程式可以表示为：

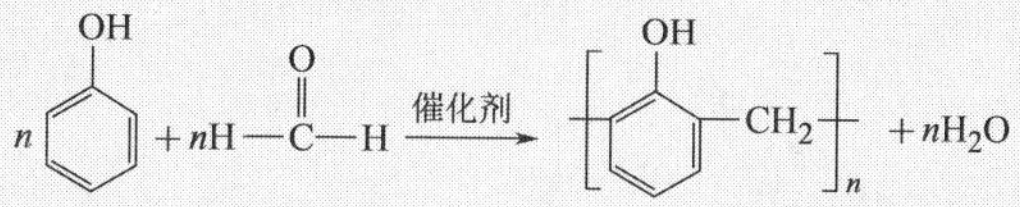

如果采用不同的催化剂，苯酚羟基对位上的氢原子也可以和甲醛进行缩聚，使分子链之间发生交联，生成体型酚醛树脂。

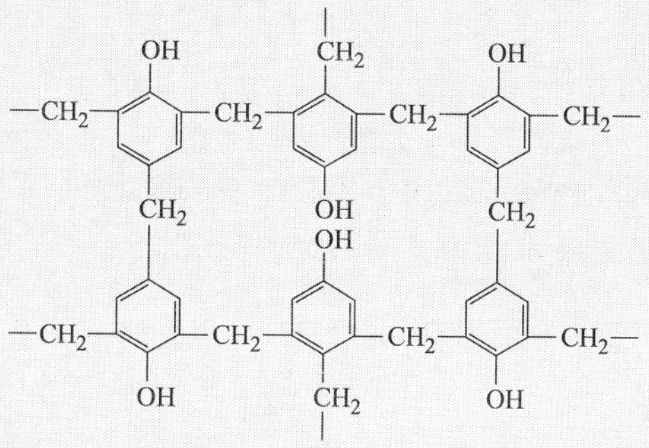

体型酚醛树脂绝缘性很好，是用作电木的原料。另外，以玻璃纤维作骨架，以酚醛树脂为肌肉，组合固化制成复合材料即玻璃钢。

2. 合成反应

酚醛树脂的合成反应分为两步，首先是苯酚与甲醛的加成反应，随后是缩合及缩聚反应。

（1）加成反应

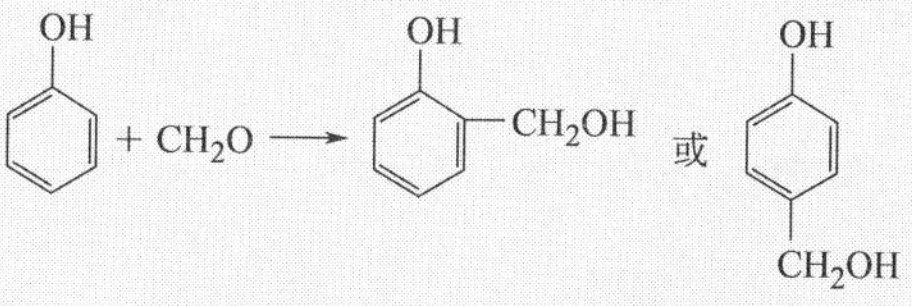

一元羟甲基苯酚

在适当条件下，一元羟甲基苯酚继续进行加成反应，就可生成二元及多元羟甲基苯酚：

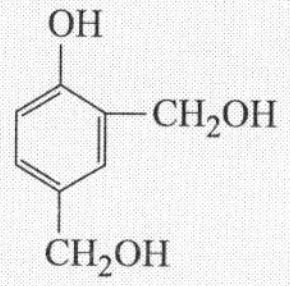

二元羟甲基苯酚 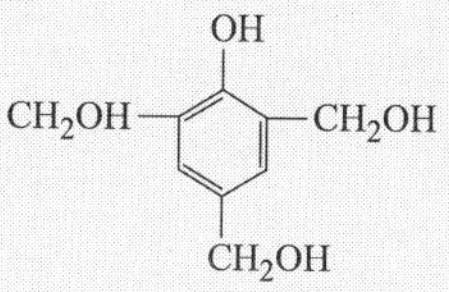　　　　多元羟甲基苯酚

（2）缩合及缩聚反应　随反应条件的不同可以发生在羟甲基苯酚与苯酚分子之间，也可发生在各个羟甲基苯酚分子之间。

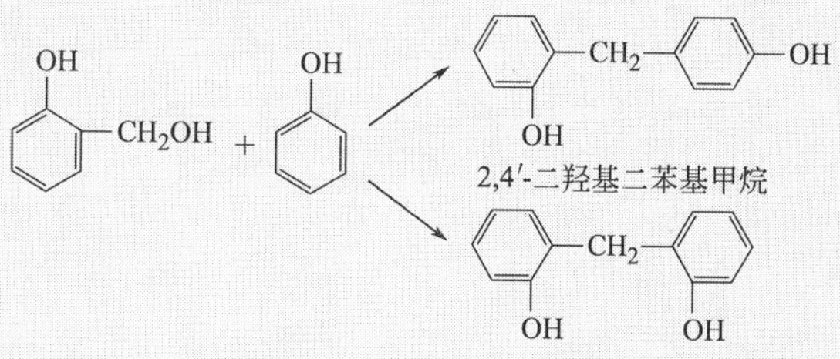

2,4'-二羟基二苯基甲烷

2,2'-二羟基二苯基甲烷

4,4′-二羟基二苯基甲烷

反应不断进行的结果，将缩聚形成一定分子量的酚醛树脂，由于缩聚反应具有逐步的特点，中间产物相当稳定因而能够分离而加以研究。

参 考 文 献

[1]　梁凤凯，陈学梅. 有机化工生产技术与操作. 北京：化学工业出版社，2010.

[2]　吴指南. 基本有机化工工艺学. 北京：化学工业出版社，2010.

[3]　邹长军. 石油化工工艺学. 北京：化学工业出版社，2010.

[4]　马长捷，刘振河. 有机化工产品运行控制. 北京：化学工业出版社，2011.

[5]　蔡世干. 石油化工工艺学. 北京：中国石化出版社，2006.

[6]　梁凤凯，舒均杰. 有机化工生产技术. 北京：化学工业出版社，2003.

[7]　韩冬冰. 化工工艺学. 北京：中国石化出版社，2008.

[8]　中国石油天然气集团公司人事服务中心编制. 乙二醇装置操作工. 北京：中国石化出版社，2008.

[9]　邴涓林. 聚氯乙烯工艺技术. 北京：化学工业出版社，2007.

[10]　王松汉. 乙烯工艺与技术. 北京：中国石化出版社，2000.

[11]　王松汉. 乙烯装置技术与运行. 北京：中国石化出版社，2009.

[12]　周忠元，陈桂珍. 化工安全技术与管理. 北京：化学工业出版社，2002.